微信小程序
开发实战入门

◎ 张光河 主编

刘芳华 段高华 吴福英 参编

U0249053

清华大学出版社

北京

内 容 简 介

本书是一本微信小程序开发入门级的教程,全书分为两部分,第一部分主要介绍微信小程序开发的基础知识;第二部分重点介绍微信小程序开发实战项目。全书共分为 6 章,第 1～4 章为第一部分,第 5 章和第 6 章为第二部分,各章内容简介如下。

第 1 章简要介绍微信小程序的产生背景及其作用,如何准备开发者账号,如何下载、安装和使用微信开发者工具,如何创建一个微信小程序项目并进行调试和发布,并详细介绍小程序项目的目录结构;第 2 章重点介绍小程序的框架,包括逻辑层和视图层两部分;第 3 章重点介绍小程序的组件;第 4 章重点介绍小程序的API;第 5 章介绍资讯类微信小程序开发的全过程;第 6 章介绍音乐类微信小程序开发的全过程。第 5 章和第 6 章的小程序实战项目开发不但综合使用了第 1～4 章的基础知识,同时还将软件开发时的需求分析、总体设计、编码和调试过程融合其中。

本书内容重点突出,语言精练易懂,可作为微信小程序开发人员的首选教材,也可作为普通高等院校计算机及相关专业微信小程序课程入门级教材,还可供计算机及相关专业的教学人员、前端工程师和微信小程序开发的爱好者使用。高职高专类学校也可以选用本教材,使用时可以根据学校和学生的实际情况略去某些章节。

图书在版编目(CIP)数据

微信小程序开发实战入门/张光河主编. —北京:清华大学出版社,2022.3(2023.9 重印)
ISBN 978-7-302-56506-2

Ⅰ. ①微…　Ⅱ. ①张…　Ⅲ. ①移动终端—应用程序—程序设计　Ⅳ. ①TN929.53

中国版本图书馆 CIP 数据核字(2020)第 182550 号

责任编辑:贾　斌
封面设计:刘　键
责任校对:胡伟民
责任印制:宋　林

出版发行:清华大学出版社
　　　　　网　　　址:http://www.tup.com.cn,http://www.wqbook.com
　　　　　地　　　址:北京清华大学学研大厦 A 座　　　　　邮　　编:100084
　　　　　社 总 机:010-83470000　　　　　邮　　购:010-62786544
　　　　　投稿与读者服务:010-62776969,c-service@tup.tsinghua.edu.cn
　　　　　质量反馈:010-62772015,zhiliang@tup.tsinghua.edu.cn
　　　　　课件下载:http://www.tup.com.cn,010-83470236
印 装 者:三河市龙大印装有限公司
经　　销:全国新华书店
开　　本:185mm×260mm　　印　张:24.5　　　　　字　　数:615 千字
版　　次:2022 年 5 月第 1 版　　　　　印　　次:2023 年 9 月第 3 次印刷
印　　数:3201～4400
定　　价:69.80 元

产品编号:089422-01

前言 FOREWORD

微信小程序(Mini Program)是一种不需要下载安装即可使用的应用,它实现了应用的"触手可及",用户扫一扫或搜一下即可打开应用。在第五届世界互联网大会上,微信小程序商业模式获选世界互联网领先科技成果。微信小程序在目前主流的前端技术基础上,提供了自己的框架和 API,由于其与微信无缝结合,使得开发者能够快速开发出各种应用。目前微信小程序应用数量超过 100 万,覆盖 200 多个细分行业,日活用户达到 2 亿,已有 150 万开发者,这充分说明了小程序具有美好的未来。

本书是一本学习微信小程序开发的入门级教材,若读者已经有 HTML、CSS、ES5 或 ES6 和 JavaScript 方面的知识,则能更快地借助本书开启微信小程序开发之旅。为了能让使用本书的读者尽快上手微信小程序的开发,在设计和挑选教材内容时,有以下考虑。

(1)本书第 1 章在简要介绍微信小程序的产生背景之后,针对初学者详细讲解了如何准备开发者账号;如何搭建开发环境,包括微信开发者工具的下载、安装和使用;如何创建一个微信小程序项目;如何使用模拟器和真机调试并运行微信小程序项目;最后介绍了微信小程序项目的目录结构。

(2)本书第 2 章介绍小程序的框架,包括逻辑层和视图层两部分。在逻辑层主要描述了如何注册小程序、如何构造注册页面、什么是页面的生命周期,页面路由的管理、模块化的具体方法和 API 的分类;在视图层中则主要涉及 WXML、WXSS、WXS、事件系统和基础组件等方面的内容。尽管逻辑层和视图层中会涉及 CSS、ES6 或 JavaScript 方面的知识,但考虑本书的重点是微信小程序的开发,故未浪费篇幅介绍之,而是打算后续以电子资源的方式分享给读者。

(3)第 3 章介绍小程序的组件。由于微信小程序提供了大量的基础组件给开发者使用,限于篇幅,仅重点介绍视图容器组件、基础内容组件、表单组件、导航组件和媒体组件,建议初学者熟练掌握。对于本章简单介绍的地图组件、画布组件和其他组件,尽管在实际开发某些小程序的过程中也会遇到,但对于初学者而言,可以先不深究。

(4)第 4 章介绍小程序的 API。和小程序的组件一样,微信小程序中有丰富的微信原生 API 提供给开发者使用,同样是限于篇幅和针对初学者的原因,本章只重点介绍基础类、界面类、网络类、数据缓存类、媒体类、位置类、转发类、画布类、文件类、开放接口和设备类涉及的 API,而把路由类、Worker、第三方平台、WXML 和广告涉及的 API 全部归入其他类,仅作简单介绍。

(5)第 5 章介绍资讯类微信小程序实战项目。重点介绍 app.json 在小程序中的作用,小程序的组件 scroll-view、view、swiper、image、switch、text 等的用法;以及 bindtap 和 wx.navigateTo 的使用。此外,本章在讲解资讯类实战项目时,融合了软件工程中项目开发的需求分析、总体设计、编码和测试的过程。

（6）第 6 章介绍音乐类微信小程序实战项目。这一项目不但使用了第 5 章中的部分组件，还使用了音频组件 audio 和 progress 组件，本章重点介绍了这两个组件的用法。此外，本章还介绍 app.js 在小程序中的作用；wx:if…wx:else、wx:for 和 block 的用法；以及 wx. createInnerAudioContext()、wx. getBackgroundAudioManager()、wx. getStorageSync()、wx. setStorageSync()和 wx. navigateBack()的用法。

（7）第 5 章和第 6 章的实战项目在数据访问方面的侧重点不一样，第 5 章的项目使用的是离线数据，重点是微信小程序项目的开发流程；第 6 章的实战项目部分使用了在线数据，更侧重于在线数据的访问。

本书还包含大量的配套电子资源，包括课件、源程序、教学大纲、教案、上机实验教程、习题和其他微信小程序的实战项目等。

参加本书编写的还有刘芳华老师、吴福英老师和段高华老师。感谢在本书编写过程中家人给予的支持和帮助！

作者在编写本教材的过程中，参阅了大量的相关教材和专著，尤其是微信小程序开发的官方网站，在本人撰写此书时被设定为浏览器启动时默认打开的网站，在此向各位原著者致敬和致谢！

由于作者水平有限，加上时间仓促，书中难免存在不妥或错误，恳请读者批评指正！

作　者

2021 年 12 月

目录 CONTENTS

第1章

微信小程序入门

← Chapter 1

本章主要介绍微信小程序的入门知识,包括什么是微信小程序和如何开发小程序两部分。对于打算开发小程序的开发者,可准备好开发者账号,下载并安装小程序的开发工具,按照本章创建 Hello World 小程序项目的教程开始自己的小程序之旅。

本章学习目标

- 了解微信小程序的由来和功能。
- 了解小程序的目录结构。
- 掌握开发小程序开发的流程。
- 掌握小程序开发工具的下载、安装和使用。

1.1 微信小程序概述

1.1.1 微信小程序简介

微信小程序,简称小程序,英文名为 Mini Program。根据微信小程序官网(https://developers.weixin.qq.com/miniprogram/introduction/)的介绍,小程序是一种全新的连接用户与服务的方式,它可以在微信内被便捷地获取和传播,同时具有出色的使用体验。

小程序并非凭空冒出来的一个概念。从 2016 年 1 月 9 日微信团队首次提出应用号的概念,到 2017 年 1 月 9 日微信小程序正式上线,再到微信小程序商业模式获选世界互联网领先科技成果,小程序的发展可谓日新月异。表 1-1 简要展示了小程序发展的历程。

表 1-1 小程序发展的历程

序号	时 间	事 件
1	2016 年 1 月 9 日	2016 微信团队首次提出应用号的概念
2	2016 年 1 月 11 日	2016 微信公开课 Pro 版,张小龙发表演讲,阐述微信的四大价值观,第一次在公开场合提出"以服务为主",开发一个新的形态叫作"应用号"
3	2016 年 9 月 22 日	微信公众平台对外发送小程序内测邀请,内测名额 200 个
4	2016 年 11 月 3 日	微信小程序公开测试,开发完成后可以提交审核,但公开测试期间不能发布
5	2016 年 12 月 28 日	张小龙在广州举行的微信公开课中,第一次完整阐述了小程序,并解答了外界对微信小程序所关心的问题

续表

序号	时　　间	事　　件
6	2016 年 12 月 30 日	微信公众平台对外公告,上线的微信小程序最多可生成 10 000 个带参数的二维码
7	2017 年 1 月 9 日	微信小程序正式上线
8	2017 年 1 月 22 日	微信增加社交分类,允许提交社交类小程序
9	2017 年 1 月 25 日	微信开始允许直播类小程序上线
10	2017 年 3 月 27 日	个人可以申请小程序,扫二维码可打开小程序
11	2017 年 4 月 14 日	全面开放小程序入口
12	2017 年 8 月 10 日	一个小程序最多可关联 50 个公众号
13	2018 年 1 月 15 日	2018 微信公开课 Pro 版在广州举办,以"玩一个小游戏才是正经事"为题,微信游戏产品总监孙春光在活动中进行了分享
14	2018 年 1 月 25 日	小程序支持跳转 App
15	2018 年 6 月 15 日	代码包总上限为 8MB
16	2019 年 1 月 9 日	微信小程序发布两周年。微信团队展示了广场舞、家长群以及社区小店三个新的小程序场景

从表中的数据可以看到,小程序自从正式发布以来,功能更新的频率相当高,这也说明小程序在不断完善之中。按照张小龙对小程序的定义可知:小程序的特点是"无须下载安装,应用触手可及,用完即走。"

与在 iOS 和 Android 上开发 App 相比,开发小程序显得更加容易,几乎不需要什么编程方面的训练就可以直接上手,这给很多想做程序员的非计算机专业人员提供了机会。

1.1.2　小程序的功能

从目前的情况来看,小程序的功能已经变得非常强大,例如从最为基本的关键字搜索到常用的扫码,再到地理定位、对话分享和微信支付等,还有公众号关联、第三方平台的支持和开发的接口等。小程序的常用功能简要介绍如下。

1 关键字搜索

小程序上线后,开发人员都希望被更多的用户使用。为了方便用户精准的搜索查找小程序,只要在搜索引擎中的输入栏中,输入相应的关键字,搜索引擎就会列出与关键字相关的内容。

2 扫码功能

小程序允许使用扫码功能,包括普通二维码、小程序码和小程序二维码。小程序最开始使用的是常规方形的二维码,后面微信专门为此设计了一套菊花码,之所以将小程序和普通的二维码进行区分,是为了减少用户的扫码疑虑。

3 对话分享

用户可以分享小程序或其中的任何一个页面给单个微信好友或微信群;也可以将 App 链接分享到微信,点开就是小程序;还可以按下小程序内的转发按钮,将相应的内容分享给单个微信好友或微信群。

4 微信支付

在公众平台注册并完成微信认证的小程序,可以接入微信支付功能,从而满足了在小程序内销售商品或内容时的收款需求。用户打开商家小程序下单,输入支付密码并完成支付后,返回商家小程序,随后通过微信支付公众号下发账单消息。

5 公众号关联

为了进一步扩展小程序的使用场景,便于用户使用小程序的服务,公众号可关联小程序,并可在公众号图文消息、自定义菜单、模板消息等场景中使用已关联的小程序。公众号可关联同一主体的 10 个小程序,不同主体的 3 个小程序,一个小程序可关联最多 500 个公众号。

6 第三方平台

小程序运营者,可以一键授权给第三方平台,通过第三方平台来完成业务。第三方平台在小程序的前后端开发上同直接开发小程序有所区别,在帮助旗下已授权的小程序进行代码管理时,需先开发完成小程序模板,再将小程序模板部署到旗下小程序账号中。

此外,小程序还有推广服务、营销服务、数据魔方、用户分组、信息管理、渠道管理、权限管理、咨询系统、门店系统、会员卡券、商城系统、官网系统、自定义标签、独享空间等功能。

随着小程序相关的应用进一步增多,小程序有望开放更多接口,提供更加丰富的功能。

1.2 小程序的开发准备

1.2.1 准备开发者账号

在开发小程序之前,请先在微信公众平台注册一个小程序账号,具体操作如下。

在浏览器的地址栏输入网址 https://mp.weixin.qq.com/cgi-bin/wx,将打开如图 1-1 所示界面,可以看到微信小程序的开放注册范围,包括个人、企业、政府、媒体和其他组织。

图 1-1 微信小程序的开放注册范围

　　若在当前页面滚动鼠标滑轮至页面中部,可以看到有开发文档、开发工具、设计指南和小程序 DEMO 等辅助资源,这些资源可用于帮助开发者更好地开发小程序。继续在当前页面滚动鼠标滑轮至当前页面底部,可以看到小程序开发的接入流程。如图 1-2 所示,小程序开发的接入流程分为四步,依次是:

　　(1) 注册。

　　(2) 小程序信息完善。

　　(3) 开发小程序。

　　(4) 提交审核和发布。

图 1-2　微信小程序的接入流程

　　注意:此时若单击"前往注册"按钮,将直接转到小程序注册的第一步,即账号信息界面。

　　开发者也可以在浏览器的地址栏输入网址 https://mp.weixin.qq.com/,此时将打开如图 1-3 所示的界面。

　　单击右上角的"立即注册"按钮,将打开图 1-4 所示的账号类型选择界面。此界面中包括四种账号类型,即"订阅号""服务号""小程序"和"企业微信"。

　　单击"小程序"按钮,将打开如图 1-5 所示的界面。在这里可以看到,小程序注册一共有三步,即账号信息、邮箱激活和信息登记。

　　1 账号信息

　　用户在账号信息填写界面需按要求提供邮箱、密码、确认密码和验证码,然后选中"你已阅读并同意《微信公众平台服务协议》及《微信小程序平台服务条款》",最后单击"注册"按钮。

图 1-3 注册小程序账号

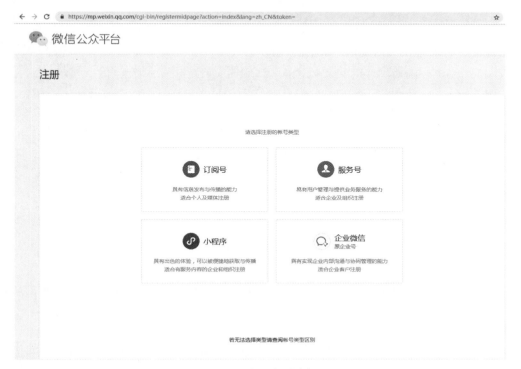

图 1-4 账号类型选择

图 1-5　小程序注册之账号信息

2 邮箱激活

此时会看到邮箱激活的提醒,如图 1-6 所示。

图 1-6　小程序注册之邮箱激活

单击"登录邮箱"按钮进入到邮箱中,可以看到微信团队发送的标题为"请激活你的微信小程序"的邮件。

3 信息登记

单击激活账号的链接,将打开图 1-7 所示的用户信息登记界面。用户根据自己的实际情况填写相关信息。

对于欲从事小程序开发的学习人员而言,主体类型建议选择"个人"。在单击"个人"后,将在其下方出现图 1-8 所示的内容需要填写。

图 1-7 小程序注册之信息登记（一）

图 1-8 小程序注册之信息登记（二）

　　请注意管理员身份验证需要管理员本人扫描二维码,此时假定用户已经绑定银行卡并完成实名认证。扫码后手机上会显示管理员的姓名和身份证号,检查无误后在真实手机(通常简称为"真机")上点击"确定"。

　　用户在图 1-8 中单击"继续"后将会提交主体信息,并弹出"请确认以下提交的主体信息"对话框。在对话框中单击"确定"后将弹出"信息提交成功"的提示对话框,如图 1-9 所示。

图 1-9　信息提交成功

单击"前往小程序",将出现图 1-10 所示的小程序管理界面。

图 1-10　小程序管理界面

至此，已经完成开发者账号的注册，接下来还要完善小程序的基本信息。

1.2.2　完善基本信息

打开网址 https://mp.weixin.qq.com/，输入开发者账号和密码，并单击"登录"，将会出现图1-11所示的扫码验证身份的界面。

图 1-11　扫码验证身份

用户通过扫码验证身份之后，将进入到图1-10所示的界面。可以看到小程序的发布流程分为小程序信息、小程序开发与管理和版本发布，其中小程序开发与管理又包括开发工具、添加开发者、配置服务器和帮助文档四部分。

单击"填写"按钮，将弹出填写小程序信息的界面，在此界面需要提供小程序名称、小程序简称（选填）、小程序头像、小程序介绍和服务类目。

如图1-12所示，此处用于填写小程序名称。若用户输入的小程序名称与已有的小程序名称重复，系统会要求重新提交一个新的名称，但如果用户认为已有名称侵犯了自己的合法权益，也可以单击超链接"侵权投诉"。欲详细了解小程序命名规则，可单击超链接"名称规则"查看小程序名称及简称设置规范。

图 1-12　填写小程序名称

如果所输入的小程序名称没有被占用,将显示你的名字可以使用,如图 1-13 所示。

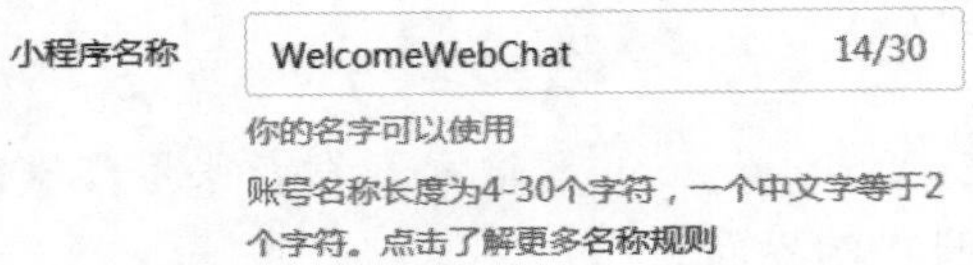

图 1-13　填写的小程序名称可以使用

注意:由于小程序简称是选填的,所以此处略过对其介绍。

如图 1-14 所示,此处用于上传小程序头像。单击"选择图片",将弹出标题为"打开"的对话框,用户可以根据小程序头像对图片格式的要求选择适合的图片进行上传。

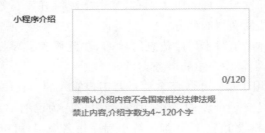

图 1-14　上传的小程序头像

如图 1-15 所示,此处用于填写小程序的介绍。此处务必注意不得填写国家相关法律法规禁止的内容。

图 1-15　填写小程序介绍

如图 1-16 所示,此处用于选择小程序的服务类目。

图 1-16　选择服务类目

服务类目可从两个下拉列表中选择,第一个下拉列表显示大类,在其中选择某一个大类后,其对应的小类将出现在第二个下拉列表中,每个大类及对应的小类如表 1-2 所示。

表 1-2 服务类目的大类和小类

序号	大　　类	小　　类
1	工具	记账、日历、天气、办公、预约/报名、字典、图片、计算类、报价/比价、信息查询、效率、健康管理、企业管理
2	体育	体育培训、在线健身
3	游戏	竞技游戏、其他游戏、休闲游戏、动作游戏
4	餐饮	餐厅排队、点评与推荐、菜谱
5	旅游	旅游攻略、出境 WiFi
6	教育	婴幼儿教育、在线教育、教育信息服务、特殊人群教育、教育装备
7	商业服务	律师、会展服务
8	生活服务	家政、丽人、摄影/扩印、婚庆服务、环保回收/废品回收
9	出行与交通	代驾
10	快递业与邮政	装卸搬运、快递、物流

在完成小程序名称和小程序介绍的填写、小程序头像的上传和服务类目的选择之后,可单击"提交"按钮。若成功提交上述信息,将显示图 1-17 所示界面。细心的读者可以发现此图与图 1-10 极为相似,但图 1-10 中的"填写"按钮在此图中已经不见了,取而代之的是文字"已完成"。

图 1-17 小程序信息完善后的界面

> **注意**：单击左侧"开发"，将在右侧打开相应页面。选择"开发设置"，在"开发者 ID"
> 处可以查看到自己的 APPID(小程序 ID)，具体操作过程可参考配套的课件。

如果只是一个人开发小程序，无须添加开发者，但如果是多人合作开发，则应该单击"添加开发者"按钮，进入到成员管理页面，对小程序的项目成员和体验成员进行管理。请注意管理员、项目成员和体验成员在小程序开发时的角色差别。

管理员可在"成员管理"中添加、删除项目成员，并设置项目成员的角色。

项目成员是指参与小程序开发或运营的成员，包括运营者、开发者及数据分析者，项目成员可登录小程序管理后台。

体验成员是指参与小程序内测体验的成员，体验成员可使用体验版小程序，但不属于项目成员。管理员及项目成员均可添加、删除体验成员。

1.3 小程序的开发工具

1.3.1 开发工具的下载和安装

在图 1-17 中单击超链接"普通小程序开发者工具"，将打开图 1-18 所示界面。如概览处文本所述，为了帮助开发者简单和高效地开发和调试微信小程序，腾讯推出了全新的微信开发者工具，集成了公众号网页调试和小程序调试两种开发模式。

图 1-18 小程序开发工具

单击图 1-18 中"概览"下方文本中超链接"微信开发者工具"，将打开图 1-19 所示的页面。可供下载的开发工具有开发版(Nightly Build)、预发布版(RC Build)和稳定版(Stable Build)。

图 1-19 小程序开发工具下载界面

请大家根据自己电脑的实际配置决定下载 Windows 64、Windows 32 或 Mac OS 的某一个版本。本书下载的为稳定版 Windows 64 版本(wechat_devtools_1.02.1904090_x64),双击该文件安装此开发工具,弹出如图 1-20 所示的运行文件的界面。

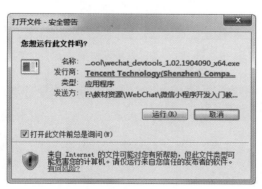

图 1-20 小程序开发工具安装

单击"运行"按钮,将显示安装向导界面,如图 1-21 所示。

单击"下一步"按钮,将显示许可证协议界面,如图 1-22 所示。

单击"我接受",将显示选定安装位置界面,如图 1-23 所示。

单击"安装"(建议初学者使用默认的"目标文件夹"),将显示正在安装的界面,如图 1-24 所示。

微信 web 开发者工具安装完成后,将显示如图 1-25 所示界面。

至此,开发工具的下载和安装完成,接下来介绍如何使用这一开发工具。

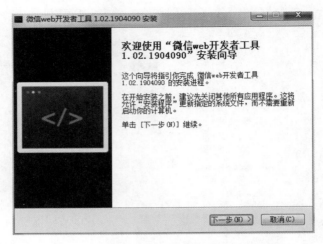

图 1-21 安装向导

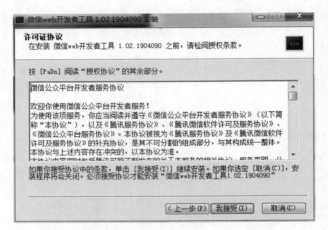

图 1-22 许可证协议

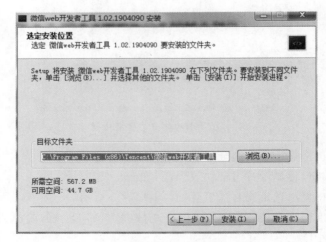

图 1-23 选定安装位置

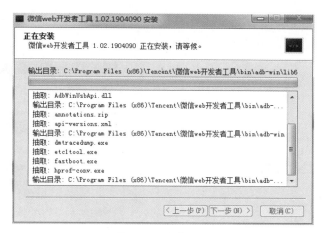

图 1-24 正在安装

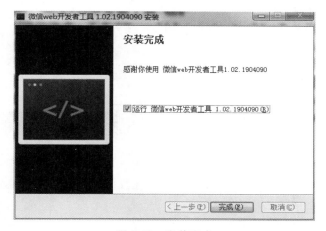

图 1-25 安装完成

1.3.2 开发工具的使用

在电脑桌面双击启动微信开发者工具后,将会显示如图 1-26 所示的界面。开发者需用微信扫码,通过认证后才能继续。

开发者使用微信扫码成功后,将显示图 1-27 所示的界面。

用户手机上将显示图 1-28 所示的界面。

点击"确认登录"后,在电脑桌面上将显示图 1-29所示的开发工具启动界面。

为了演示微信开发者工具的使用,我们在此处打开一个已经创建好的 Hello World 小程序(下一节将详细讲解如何创建该项目),如图 1-30 所示。

和绝大部分集成开发环境类似,微信开发者工具集成了项目创建、代码编辑和调试、项目预览(手机模拟

微信开发者工具

v1.02.1904090

欢迎使用微信开发者工具

图 1-26 扫码登录界面

器)等小程序开发时所需的功能。这些基本功能分布在菜单栏、工具栏、模拟器、调试器、编辑器和目录树中,接下来简要介绍开发者常用的功能。

图 1-27　扫码登录界面　　　　　　　　图 1-28　手机上确认登录界面

图 1-29　开发工具启动界面

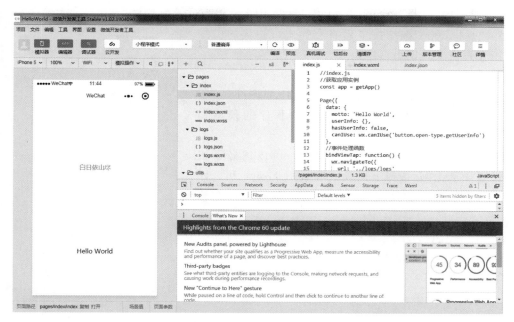

图 1-30　打开小程序后的界面

1 菜单栏

如图 1-31 所示,菜单栏中包括"项目""文件""编辑""工具""界面""设置"和"微信开发者
工具"菜单。

各菜单常用功能如下。

项目 文件 编辑 工具 界面 设置 微信开发者工具

图 1-31　菜单栏

(1)"项目"菜单下常用的功能有"新建项目""导入
项目"和"打开最近项目";

(2)"文件"菜单下常用的功能有"新建文件""保存"和"保存所有";

(3)"编辑"菜单下的大部分功能都是用于代码编辑,如"左缩进""右缩进"和"格式化代
码"等;

(4)"工具"菜单下最为常用的功能有"编译""刷新""预览"和"上传";

(5)"界面"菜单主要用于显示或隐藏工具栏、模拟器、编辑器、目录树和调试器;

(6)"设置"菜单不仅涉及微信开发工具的外观、快捷键、编辑、代理、安全和语言设置,还
涉及项目设置;

(7)"微信开发者工具"菜单下常用的功能有"切换账号""关于""调试"和"更换开发模式"。

2 工具栏

工具栏如图 1-32 所示。

图 1-32　工具栏

其中的按钮从左到右依次介绍如下。

(1)"模拟器""编辑器"和"调试器"按钮用于显示或隐藏模拟器、编辑器和调试器,这与
"界面"菜单下的"模拟器""编辑器"和"调试器"功能相同;

(2)"编译"和"预览"按钮与菜单栏中"工具"菜单下的"编译"和"预览"效果相同,"上传"

按钮与菜单栏中"工具"菜单下的"上传"效果相同。

（3）"真机调试"按钮按下后将会弹出可扫描的二维码，用于在真机上调试小程序。

3 模拟器

模拟器（即手机模拟器，简称模拟器）如图 1-33 所示，它用于模拟各种型号的手机，用于小程序的预览和调试。

手机模拟器用于调试和预览小程序，可以选择手机型号、设置显示比例、选择上网模式和模拟 Home 和返回操作、设置或取消静音及设置模拟器在电脑屏幕的左侧或右侧等。

4 调试器

图 1-34 所示为调试器，它可以用于小程序调试时查看其输出、显示资源文件、查看缓存数据和代码预览等。包括 Console、Sources、Network、Security、AppData、Storage 和 Sensor 等。

图 1-33　模拟器

图 1-34　调试器

5 编辑器和目录树

图 1-35 所示为编辑器和目录树，其中左边为目录树，右边为代码编辑区。在目录树中单击某一文件名，都会在代码编辑区打开这一文件名对应的文件。

请注意：不论是单击菜单栏中的"界面"菜单下的"编辑器"，还是单击工具栏中的"编辑器"按钮，都将会同时显示或隐藏"编辑器"（包括"目录树"和代码编辑区），但"目录树"和"编辑器"的显示或隐藏满足以下条件。

（1）当"目录树"显示时，隐藏"编辑器"将会使"目录树"同时隐藏，显示"编辑器"将会使"目录树"同时显示；

（2）当"目录树"隐藏时，隐藏或显示"编辑器"不会改变"目录树"的隐藏状态，即无论是隐藏或显示"编辑器"，"目录树"都是隐藏的；

（3）当"编辑器"隐藏时，目录树必定同步被隐藏，无论"目录树"子菜单是否被选中（即便选中，也是灰色不可用的状态）；

（4）当"编辑器"显示时，目录树显示或隐藏依赖于"目录树"子菜单是否被选中而定；

（5）若当前界面仅有"编辑器"显示时，无法将其隐藏。如果有"模拟器"或"调试器"也显示在当前界面上，则"编辑器"可以隐藏。

关于开发工具使用的更多的细节，请大家在开发小程序时自行体验。相信在学习了上述有关开发工具的介绍之后，接下来大家都可以开始自己的小程序开发之旅。

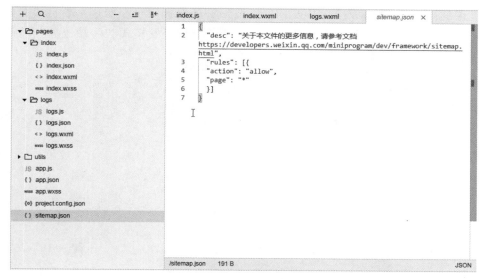

图 1-35　编辑器和目录树

1.4　创建小程序项目

1.4.1　新建项目

启动微信开发者工具,在图 1-36 所示界面单击"＋"创建新的小程序项目,将显示图 1-35 所示界面。默认的"项目名称"为 miniprogram-test-1;默认的"目录"为 C：\ Users \ Administrator\WeChatProjects\miniprogram-test-1;默认的 AppID 为空;默认的"开发模式"为"小程序";默认的"后端服务"为"不使用云服务";默认的"语言"为 JavaScript。

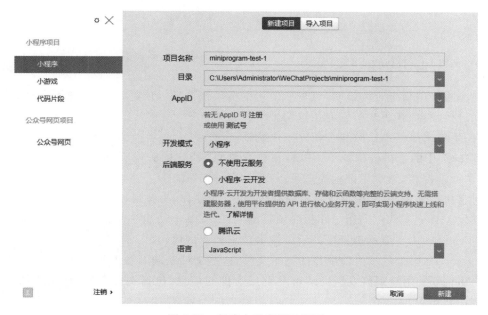

图 1-36　新建小程序项目界面

依次在"项目名称"处输入 HelloWorld,在"目录"处选择用于存储这一项目的文件夹(建议创建文件夹 Chapter01),并输入开发者的 AppID,剩余"开发模式""后端服务"和"语言"均保持默认值不变。单击"新建",将打开图 1-37 所示界面。

图 1-37　新建小程序项目界面

1.4.2　预览和调试项目

在对小程序项目进行调试时,既可以使用手机模拟器进行预览,也可以使用真机对程序的运行效果进行预览,接下来分别介绍这两种方式。

1 在手机模拟器中预览和在计算机中调试

在图 1-37 中的手机模拟器里用鼠标模拟手指点击"获取头像呢称",将显示如图 1-38 界面,即要求微信授权,继续用鼠标模拟手指点击"允许"。

此时将出现如图 1-39 所示效果("白日依山尽"为呢称,头像未显示)。

在开发工具中有调试器用于小程序项目的调试,其基本功能简要介绍如下。

(1) Console 用于显示小程序的错误输出信息和调试代码。

(2) Sources 用于显示当前项目的脚本文件,这些文件是被开发工具处理过的。

(3) Network 用于观察发送的请求和调用文件的信息,包括文件名称、存储路径、文件大小及其调用状态等。

(4) Security 用于显示网络请求所用的域名是否安全。

图 1-38　要求微信授权

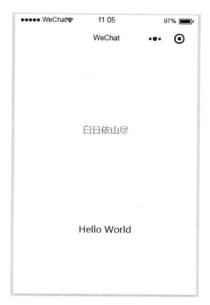

图 1-39　手机模拟器中预览效果

（5）Storage 用于显示当前项目的数据存储情况。

（6）AppData 用于实时显示当前项目的数据情况。

2 在真机中预览和远程调试

如图 1-40 所示，单击工具栏上的"预览图标"，将生成一个二维码供真机扫描，此二维码将在一段时间之后失效。若用手机微信扫描二维码，将在真机中显示出与手机模拟器上一样的预览效果图。

图 1-40　真机预览扫码

如图 1-41 所示，单击工具栏上的"真机调试"图标，将生成一个二维码供真机扫描，此二维码将在一段时间之后失效。

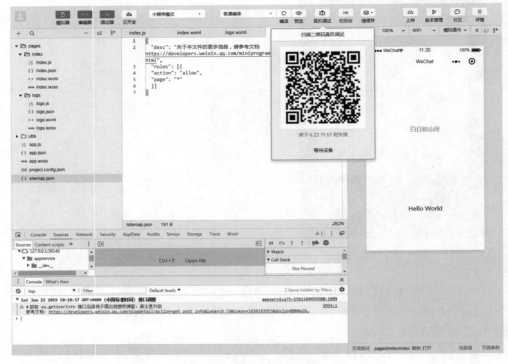

图 1-41　真机调试扫码

若用真机微信扫描该二维码，将在其中显示出图 1-42 所示的效果图。

图 1-42　真机调试项目

此时计算机上将出现图 1-43 所示的界面,可以在右侧看到真机的型号、运行的系统、微信的版本、基础库版本等信息。

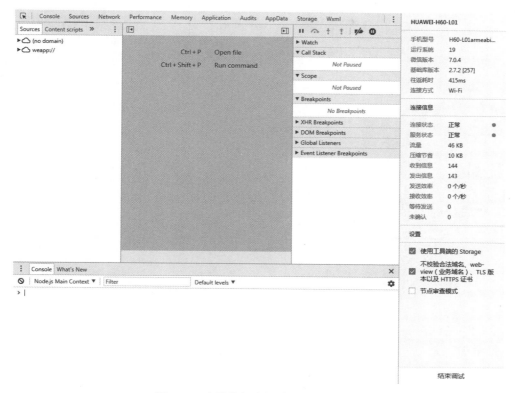

图 1-43　在计算机上调试项目时的效果

1.4.3　发布项目

在编写代码时,想要看到小程序的运行效果,可以通过在模拟器上或是真机上预览小程序实现,但若希望非开发人员(如体验用户)使用小程序,则需要将代码上传,从而实现小程序项目的发布。

在开发工具栏右侧单击"上传"按钮,将弹出图 1-44 所示的对话框。

在对话框中单击"确定",将弹出图 1-45 所示界面。开发者即可保留系统推荐的版本号和项目备注,也可以自己输入版本号(注意:仅限字母和数字)和项目备注。

在完成了版本号和项目备注的填写后,单击"上传"按钮,将出现图 1-46 所示提示,表明上传代码完成。

此时进入到小程序管理页面,单击"版本管理",如图 1-47 所示,可以看到有三种类型的版本,分别是线上版本、审核版本和开发版本。其中,刚上传成功的代码在开发版本处。

单击"选为体验版本",将弹出图 1-48 所示的对话框。

单击"提交"按钮,将弹出图 1-49 所示界面,具有体验者权限的用户可以通过扫描该二维码体验这一小程序。

开发者也可以继续单击"提交审核"按钮,此时将弹出图 1-50 所示对话框让开发者确认此次提交。

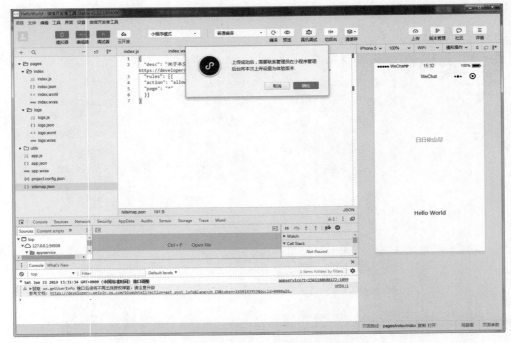

图 1-44　单击"上传"按钮后的对话框

版本号	1.0.0（推荐）
	仅限字母、数字、.
项目备注	白日依山尽 在 2019年6月22日下午3点34分 提交上传

取消　　上传

图 1-45　版本号和项目备注

✔ 上传代码完成 6 分钟前 ✕

编译后代码包大小：4.3 KB

图 1-46　上传代码完成

版本管理 ⑦

线上版本

尚未提交线上版本

审核版本

你暂无提交审核的版本或者版本已发布上线

开发版本

版本号	开发者	白日依山尽		提交审核 ﹀
1.0	提交时间	2019-06-22 16:09:00		选为体验版本
	描述	白日依山尽 在 2019年6月22日下午4点08分 提交上传		删除

图 1-47　成功上传开发版本

图 1-48 体验版设置

图 1-49 生成体验版

选择"已阅读并了解平台审核规则",并单击"下一步",将弹出图 1-51 所示界面。开发者需提供"功能页面""标题"和"所在服务类目"等信息,然后单击"提交审核"按钮。

若提交成功,在"版本管理"处可以看到"审核版本"下刚提交的待审核的小程序,如图 1-52 所示。

可以单击"详情"按钮查看该小程序的情况,如图 1-53 所示。

通过审核的版本将成为正式发布的版本,所有微信用户均可以使用。

提交审核的相关须知 ✕

确认提交审核？

提交给微信团队审核前，请确保：

- 提交的小程序功能完整，可正常打开和运行，而不是测试版或 Demo
  小程序的调试和预览可在开发者工具进行。 多次提交测试内容或 Demo，将
  受到相应处罚。

- 已仔细阅读《微信小程序平台运营规范》和《微信小程序平台审核常见被拒
  绝情形》

☐ 已阅读并了解平台审核规则

下一步 　　取消

图 1-50 确认提交审核

提交审核

配置功能页面 至少填写一组，填写正确的信息有利于用户快速搜索出你的小程序

功能页面1

功能页面 pages/index/index ▾

标题 WelcomeWebChat 14/32

所在服务类目 教育 ▾ 　婴幼儿教育 ▾ 　幼儿园小... ▾
功能页面和服务类目必须一一对应，且功能页面提供的内容必须符合该类
目范围

标签
标签用回车分开，填写与页面功能相关的标签，更容易被搜索

⊕ 添加功能页面

提交审核

图 1-51 提交审核

版本管理
线上版本
尚未提交线上版本
审核版本
版本号
1.0
审核中
开发者
白日依山尽
提交审核时间
2019-06-22 16:49:00
描述
白日依山尽 在 2019年6月22日下午4点14分 提交上传
详情
开发版本
版本号
1.0
开发者
白日依山尽
提交时间
2019-06-22 16:14:00
描述
白日依山尽 在 2019年6月22日下午4点14分 提交上传
提交审核

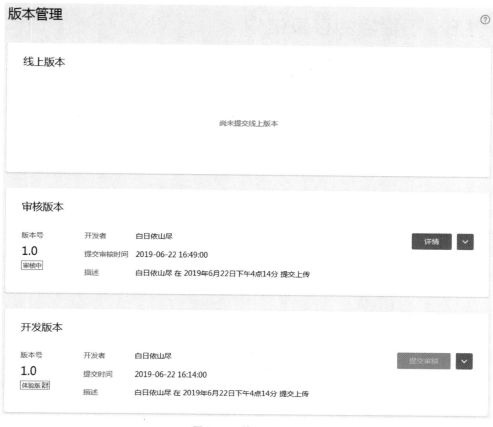

图 1-52 待审核版本

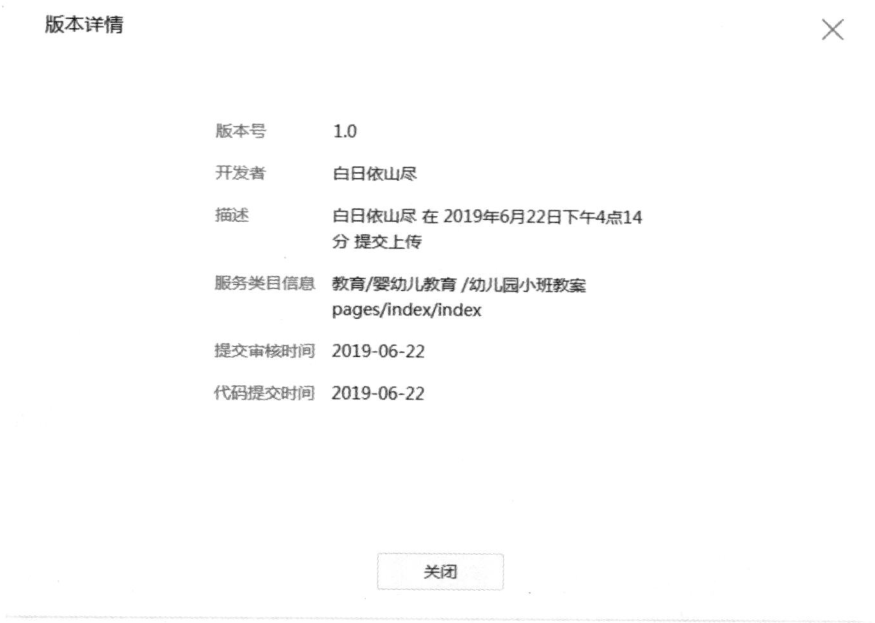

版本详情
版本号 1.0
开发者 白日依山尽
描述 白日依山尽 在 2019年6月22日下午4点14分 提交上传
服务类目信息 教育/婴幼儿教育 /幼儿园小班教案 pages/index/index
提交审核时间 2019-06-22
代码提交时间 2019-06-22
关闭

图 1-53 待审核版本详情

1.5　小程序的目录结构

从上一节创建的 HelloWorld 小程序项目可以看到,其目录结构包括页面文件、公共文件、app 文件和配置文件,如图 1-54 所示。

```
project.config.json ×
1   {
2     "description": "项目配置文件",
3     "packOptions": {
4       "ignore": []
5     },
6     "setting": {
7       "urlCheck": true,
8       "es6": true,
9       "postcss": true,
10      "minified": true,
11      "newFeature": true,
12      "autoAudits": false
13    },
14    "compileType": "miniprogram",
15    "libVersion": "2.7.1",
16    "appid": "wx4fe2ea981b460b0c",
17    "projectname": "HelloWorld",
18    "debugOptions": {
19      "hidedInDevtools": []
20    },
21    "isGameTourist": false,
22    "simulatorType": "wechat",
23    "simulatorPluginLibVersion": {},
24    "condition": {
25      "search": {
26        "current": -1,
27        "list": []
28      },
29      "conversation": {
30        "current": -1,
31        "list": []
32      },
33      "game": {
34        "currentL": -1,
35        "list": []
36      },
37      "miniprogram": {
38        "current": -1,
39        "list": []
40      }
41    }
42  }
```

图 1-54　小程序的目录结构　　　　　图 1-55　项目配置文件 project. config. json

1.5.1　配置文件

配置文件包括 project. config. json 和 sitemap. json,均位于项目的根目录下。项目配置文件 project. config. json 用于记录项目的相关信息,如项目名称、类库版本、模拟器的类型和调试选项等,如图 1-55 所示。

如图 1-56 所示为 sitemap. json 文件,它被用来配置小程序及其页面是否允许被微信索引。

在 sitemap. json 文件中,rules 配置项指定了索引规则,每项规则为一个 JSON(JavaScript Object Notation,是一种轻量级的数据交换格式,它基于 JavaScript Programming Language, Standard ECMA-262 3rd Edition-December 1999 的一个子集)对象,属性如表 1-3 所示。

```
sitemap.json   ×
1   {
2     "desc": "关于本文件的更多信息，请参考文档 https://developers.weixin.qq.com/miniprogram/dev/framework/sitemap.html",
3     "rules": [{
4       "action": "allow",
5       "page": "*"
6     }]
7   }
```

图 1-56　sitemap.json 文件

表 1-3　rules 的属性

序号	属性名	必填	取 值 说 明
1	action	否	命中该规则的页面是否能被索引
2	page	是	* 表示所有页面，不能作为通配符使用
3	params	否	当 page 字段指定的页面在被本规则匹配时可能使用的页面参数名称的列表（不含参数值）
4	matching	否	当 page 字段指定的页面在被本规则匹配时，此参数说明 params 匹配方式
5	priority	否	优先级，值越大则规则越早被匹配，否则默认从上到下匹配

属性 matching 取值说明如表 1-4 所示。

表 1-4　属性 matching 取值说明

序号	值	说　明
1	exact	当小程序页面的参数列表等于 params 时，规则命中
2	inclusive	当小程序页面的参数列表包含 params 时，规则命中
3	exclusive	当小程序页面的参数列表与 params 交集为空时，规则命中
4	partial	当小程序页面的参数列表与 params 交集不为空时，规则命中

微信现已开放小程序内搜索，开发者可以通过编辑 sitemap.json 文件来实现管理后台页面的收录开关，从而配置小程序页面是否允许微信索引。若开发者允许微信索引，微信会通过爬虫的形式，为小程序的页面内容建立索引。当用户的搜索词条触发该索引时，小程序的页面将可能展示在搜索结果中。

图 1-57 为官方文档提供的一个 sitemap.json 文件实例。

```
{
  "rules":[{
    "action": "allow",
    "page": "path/to/page",
    "params": ["a", "b"],
    "matching": "exact"
  }, {
    "action": "disallow",
    "page": "path/to/page"
  }]
}
```

图 1-57　官方文档提供的一个 sitemap.json 文件实例

由于属性 params 的值为["a"，"b"]，而属性 matching 的值为 exact，即当小程序页面的参数列表等于 params 时，规则命中。具体如下：

（1）path/to/page？a=1&b=2 => 优先索引。

（2）path/to/page => 不被索引。

（3）path/to/page？a=1 => 不被索引。

（4）path/to/page？a=1&b=2&c=3 => 不被索引。

（5）其他页面都会被索引。

> **注意**：如果没有 sitemap.json，则默认为所有页面都允许被索引。

1.5.2 App 文件

小程序主体部分由三个放在项目的根目录下的文件组成，分别为 app.js，app.json 和 app.wxss。尽管这三个文件的后缀不同，但文件名均为 App，故将其称为 App 文件，三个文件的作用如表 1-5 所示。

表 1-5　app 文件的作用

序号	文件名	是否项目必需	说　　明
1	app.js	是	用于小程序逻辑，每个小程序都需要在本文件中调用 App 方法注册小程序示例，绑定生命周期回调函数、错误监听和页面不存在监听函数等
2	app.json	是	小程序的配置文件，包括所有页面的路径地址、导航栏样式和页面底部 tab 等
3	app.wxss	否	小程序的公共样式表，定义在本文件中的样式为全局样式，作用于每一个页面

接下来进一步介绍这三个文件。

1 app.js

请务必注意，App() 必须在 app.js 中调用且只能调用一次，否则会出现无法预期的后果。整个小程序只有一个 App 实例，是全部页面共享的。小程序通过 App(Object) 方法进行注册，所有内容都写在 App() 函数内部，并且用逗号隔开，其参数如表 1-6 所示。

表 1-6　App() 方法的 Object 参数

序号	属性	说　　明
1	onLaunch	该函数用于监听小程序初始化，在小程序初始化完成时触发，全局只触发一次
2	onShow	该函数用于监听小程序启动或小程序切换到前台运行，在小程序启动时，或从后台切换到前台显示时触发
3	onHide	该函数用于监听小程序切换到后台运行，在小程序从前台切换到后台时触发
4	onError	错误监听函数，在小程序发生脚本错误或 API 调用报错时触发

续表

序号	属性	说　明
5	onPageNotFound	监听页面是否不存在的函数。在小程序打开的页面不存在时,将触发 onPageNotFound()函数
6	其他	开发者可以添加任意的函数或数据变量到 Object 参数中,用 this 可以访问

图 1-58 是官方文档提供的一个 app.js 的示例代码。

```
// app.js
App({
  onLaunch (options) {
    // Do something initial when launch.
  },
  onShow (options) {
    // Do something when show.
  },
  onHide () {
    // Do something when hide.
  },
  onError (msg) {
    console.log(msg)
  },
  globalData: 'I am global data'
})
```

图 1-58　一个 app.js 的示例代码

注意:

(1) 生命周期函数均不是必需的,可根据实际情况选择实现或删除部分或全部。

(2) 某一小程序在前台运行是指该小程序在手机上运行,用户正在其界面上执行相应的操作,并保持不退出该小程序,也不切换至其他小程序或 App 所在的状态,某一小程序在后台运行是指该小程序在手机上运行,但当前并未被用户在手机上操作(即用户正在操作别的小程序或 App,但不在操作这一小程序),此时小程序并未被销毁。

(3) 在 App()内直接用 this 获取 App 实例,在其他 JS 文件中可使用 getApp()方法获取 APP 实例。

(4) globalData 为全局变量,其值为 'I am global data'。

2 app.json

app.json 文件用于对微信小程序进行全局配置,决定页面文件的路径(pages)、窗口表现(window)、设置多 tab(tabBar)、设置网络超时时间(networkTimeout)和开启 debug 模式(debug)等。图 1-59 是官方文档提供的一个包含了部分常用配置选项的 app.json 文件。

```
{
  "pages": [
    "pages/index/index",
    "pages/logs/index"
  ],
  "window": {
    "navigationBarTitleText": "Demo"
  },
  "tabBar": {
    "list": [{
      "pagePath": "pages/index/index",
      "text": "首页"
    }, {
      "pagePath": "pages/logs/logs",
      "text": "日志"
    }]
  },
  "networkTimeout": {
    "request": 10000,
    "downloadFile": 10000
  },
  "debug": true,
  "navigateToMiniProgramAppIdList": [
    "wxe5f52902cf4de896"
  ]
}
```

图 1-59　包含了部分常用配置选项的 app.json 文件

表 1-7 所示为 app.json 文件中配置选项的属性及说明。

表 1-7　app.json 文件中配置选项的属性及说明

序号	属　　性	说　　　　明
1	pages	用于指定小程序由哪些页面组成,每一项都对应一个页面的路径(含文件名)信息。文件名不需要写文件后缀,框架会自动去寻找对应位置的文件进行处理
2	window	用于设置小程序的状态栏、导航条、标题和窗口背景色等
3	tabBar	如果小程序是一个多 tab 应用(客户端窗口的底部或顶部有 tab 栏可以切换页面),可以通过 tabBar 配置项指定 tab 栏的表现,以及 tab 切换时显示的对应页面
4	networkTimeout	各类网络请求的超时时间,单位均为毫秒
5	debug	此配置项默认关闭,若在开发者工具中开启 debug 模式,可以帮助开发者快速定位一些常见的问题。在开发者工具的控制台面板,调试信息以 info 的形式给出,如 Page 的注册、页面路由、数据更新、事件触发等信息
6	functionalPages	是否启用插件功能页,默认关闭
7	subpackages	启用分包加载时,声明项目分包结构
8	workers	使用 Worker 处理多线程任务时,设置 Worker 代码放置的目录

续表

序号	属 性	说 明
9	requiredBackground-Modes	申明需要后台运行的能力,类型为数组。目前支持以下项目:①audio:后台音乐播放;②location:后台定位 注意:在此处申明了后台运行的接口,开发版和体验版上可以直接生效,正式版还需通过审核
10	plugins	声明小程序需要使用的插件
11	preloadRule	声明分包预下载规则
12	resizable	在 iPad 上运行的小程序可以设置支持屏幕旋转,默认关闭
13	navigateToMiniProgramAppIdList	当小程序需要使用 wx. navigateToMiniProgram 接口跳转到其他小程序时,需要先在配置文件中声明需要跳转的小程序 appId 列表,最多允许填写 10 个
14	usingComponents	在此处声明的自定义组件视为全局自定义组件,在小程序内的页面或自定义组件中可以直接使用而无需再声明
15	permission	小程序接口权限相关设置,字段类型为 Object,结构如表 1-8 所示
16	sitemapLocation	指明 sitemap. json 的位置
17	style	指定使用升级后的 weui 样式,微信客户端 7.0 开始,UI 界面进行了大改版。小程序也进行了基础组件的样式升级。app. json 中配置 "style":"v2" 可表明启用新版的组件样式

注意:选项 pages 和 sitemapLocation 为必填选项,其余选项均可不填。

表 1-8 为 permission 的字段类型 Object 的结构。

表 1-8 Object 的结构

属 性	类 型	必 填	描 述
scope. userLocation	PermissionObject	否	位置相关权限声明

其中,PermissionObject 结构如表 1-9 所示。

表 1-9 PermissionObject 的结构

属性	类型	必填	描 述
desc	string	是	小程序获取权限时展示的接口用途说明。最长 30 个字符

图 1-60 是官方文档提供的一个关于 permission 属性的配置实例。

```
{
  "pages": ["pages/index/index"],
  "permission": {
    "scope.userLocation": {
      "desc": "你的位置信息将用于小程序位置接口的效果展示" // 高速公路行驶持续后台定位
    }
  }
}
```

图 1-60 一个关于 permission 属性的配置实例

接下来介绍 window、tabBar 和 networkTimeout 属性。

（1）window 属性。表 1-10 显示了 window 的属性和说明。

表 1-10　window 的属性及说明

序号	属性	说明
1	navigationBarBackgroundColor	导航栏背景颜色，默认值为黑色（＃000000）
2	navigationBarTextStyle	导航栏标题颜色，目前能设置为 black 或 white，默认值为 white
3	navigationBarTitleText	导航栏标题文字内容
4	navigationStyle	导航栏样式，目前只能设置为默认样式（default）或自定义（custom），默认值为 default
5	backgroundColor	窗口的背景色，默认值为白色（＃ffffff）
6	backgroundTextStyle	下拉加载的样式，目前只能设置为 dark 或 light，默认为 dark
7	backgroundColorTop	顶部窗口的背景色，默认值为白色（＃ffffff），只对 iOS 有效
8	backgroundColorBottom	底部窗口的背景色，默认值为白色（＃ffffff），只对 iOS 有效
9	enablePullDownRefresh	是否开启全局的下拉刷新，默认值为 false
10	onReachBottomDistance	页面上拉触底事件触发时距页面底部距离，单位为 px，默认值为 50px
11	pageOrientation	屏幕旋转设置，目前只能设置为 auto、portrait 或 landscape，默认值为 portrait

> **注意**：属性 navigationBarBackgroundColor 和 backgroundColor 的类型为 HexColor，即十六进制 RGB 颜色值。如＃ff7f50，＃后的十六进制数 ff（即十进制 255）代表 R，十六进制数 7f（即十进制 127）代表 G，十六进制数 50（即十进制 80）代表 B。

（2）tabBar 属性。表 1-11 所示为 tabBar 属性及说明。

表 1-11　tabBar 的属性

序号	属性	说明
1	color	tab 上的文字默认颜色，仅支持十六进制颜色
2	selectedColor	tab 上的文字选中时的颜色，仅支持十六进制颜色
3	backgroundColor	tab 的背景色，仅支持十六进制颜色
4	borderStyle	tabBar 上边框的颜色，目前只能设置为 black 或 white，默认值为 black
5	list	tab 的列表，目前只能设置为最少 2 个、最多 5 个 tab
6	position	tabBar 的位置，目前只能设置为 bottom 或 top，默认值为 bottom
7	custom	是否自定义 tabBar，默认值为 false

> **注意**：属性 color、selectedColor 和 backgroundColor 均为 HexColor 类型，且需提供；属性 list 类型为 Array，也必须提供。

表 1-12 为 list 的属性值及说明。

表 1-12　list 的属性

序号	属　　性	说　　明
1	pagePath	页面路径,必须在 pages 中先定义
2	text	tab 上按钮文字
3	iconPath	图片路径,icon 大小限制为 40kb,建议尺寸为 81×81px,不支持网络图片。当 position 为 top 时,不显示 icon
4	selectedIconPath	选中时的图片路径,icon 大小限制为 40kb,建议尺寸为 81×81px,不支持网络图片。当 position 为 top 时,不显示 icon

注意：属性 pagePath 和 text 都必须提供。

（3）networkTimeout 属性。表 1-13 为 networkTimeout 属性值及说明。

表 1-13　networkTimeout 的属性

序号	属　　性	说　　明
1	request	wx. request 的超时时间
2	connectSocket	wx. connectSocket 的超时时间
3	uploadFile	wx. uploadFile 的超时时间
4	downloadFile	wx. downloadFile 的超时时间

注意：networkTimeout 属性中的 request、connectSocket、uploadFile 和 downloadFile 均为 number 类型,它们都不是必填的,默认值为 60 000ms。

3 app. wxss

WXSS(WeiXin Style Sheets)是一套样式语言,用于描述 WXML(WeiXin Markup Language)的组件样式。WXSS 用来决定 WXML 的组件应该怎么显示。为了适应广大的前端开发者,WXSS 具有 CSS 大部分特性。同时为了更适合开发微信小程序,WXSS 对 CSS 进行了扩充以及修改。与 CSS 相比,WXSS 扩展的特性包括尺寸单位和样式导入。

（1）尺寸单位：可以根据屏幕宽度进行自适应,规定屏幕宽为 750 responsive pixel(rpx)。假设屏幕宽度为 375px,共有 750 个物理像素,则 750rpx＝375px＝750 物理像素,也就是说 1rpx＝0.5px＝1 物理像素。

（2）样式导入：包括外联样式和内联样式,其中使用@import 语句可以导入外联样式表,@import 后跟需要导入的外联样式表的相对路径,用分号(;)表示语句结束,官方文档提供的一个示例如图 1-61 所示。

```
/** common.wxss **/
.small-p {
  padding:5px;
}
/** app.wxss **/
@import "common.wxss";
.middle-p {
  padding:15px;
}
```

图 1-61　使用@import 导入外联样式表

对于内联样式而言,框架组件上支持使用 style、class 属性来控制组件的样式。请注意以下两点。

(1) 请尽量避免将静态的样式写进 style 中,而是建议将静态的样式统一写到 class 中,以免影响渲染速度。style 接收动态的样式,在运行时会进行解析。

(2) class 用于指定样式规则,其属性值是样式规则中类选择器名(样式类名)的集合,样式类名不需要带上点(.),样式类名之间用空格分隔。

目前支持的选择器如表 1-14 所示。

表 1-14   目前支持的选择器及示例说明

序号	选择器	示 例 说 明
1	.class	例如".intro"表示选择所有拥有 class="intro"的组件
2	#id	例如"#firstname"表示选择拥有 id="firstname"的组件
3	element	例如"view"表示选择所有 view 组件
4	element,element	例如"view,checkbox"表示选择所有文档的 view 组件和所有的 checkbox 组件
5	::after	例如"view::after"表示在 view 组件后边插入内容
6	::before	例如"view::before"表示在 view 组件前边插入内容

注意:定义在 app.wxss 中的样式为全局样式,作用于每一个页面。

1.5.3   页面文件

小程序通常在根目录下创建一个 pages 文件夹用于保存所有页面文件。在图 1-53 中,文件夹 pages 下有两个二级文件夹 index 和 logs,每个文件夹里都有四种类型的文件组成,即 js、wxml、json 和 wxss,如表 1-15 所示。为了方便开发者减少配置项,每个文件夹下面有四种类型(每种类型一个,共四个文件)的文件用于描述页面,这些文件必须具有相同的路径与文件名。

表 1-15   四种类型的文件及说明

序号	文件类型	说 明
1	js	用于页面逻辑。对于小程序中的每个页面,都需要在页面对应的 js 文件中调用 Page 方法注册页面,指定页面的初始数据、生命周期回调、事件处理函数等
2	wxml	用于页面结构。WXML 是框架设计的一套标签语言,结合基础组件、事件系统,可以构建出页面的结构
3	json	用于页面配置。每一个小程序页面都可以使用该页面文件对应的 .json 文件来对本页面的窗口表现进行配置,页面中配置项会覆盖 app.json 的 window 中相同的配置项,但不会影响其他页面的配置项
4	wxss	用于页面样式表。该文件规定的为局部样式表,只作用于对应的页面。它将会覆盖公共样式表 app.wxss 中相同的选择器,但不会影响其他页面的样式

注意：js 类型的文件和 wxml 类型的文件是必需的，要完整了解 WXML 语法，请阅读第 2 章。

表 1-16 所示为 json 对象的属性。

表 1-16 json 的属性及说明

序号	属 性	说 明
1	navigationBarBackgroundColor	导航栏背景颜色，默认值为黑色(♯000000)
2	navigationBarTextStyle	导航栏标题颜色，目前能设置为 black 或 white，默认值为 white
3	navigationBarTitleText	导航栏标题文字内容
4	navigationStyle	导航栏样式，目前只能设置为默认样式(default)或自定义(custom)，默认值为 default
5	backgroundColor	窗口的背景色，默认值为白色(♯ffffff)
6	backgroundTextStyle	下拉加载的样式，目前只能设置为 dark 或 light，默认为 dark
7	backgroundColorTop	顶部窗口的背景色，默认值为白色(♯ffffff)，只对 iOS 有效
8	backgroundColorBottom	底部窗口的背景色，默认值为白色(♯ffffff)，只对 iOS 有效
9	enablePullDownRefresh	是否开启全局的下拉刷新，默认值为 false
10	onReachBottomDistance	页面上拉触底事件触发时距页面底部距离，单位为 px，默认值为 50px
11	pageOrientation	屏幕旋转设置，目前只能设置为 auto、portrait 或 landscape，默认值为 portrait
12	disableScroll	默认值为 false，设置为 true 则页面整体不能上下滚动。只在页面配置中有效，无法在 app.json 中设置
13	disableSwipeBack	禁止页面右滑手势返回，默认值为 false
14	usingComponents	页面自定义组件配置，类型为 Object

注意：页面配置中只能设置 app.json 中 window 对应的配置项，以决定本页面的窗口表现，所以无须写 window 这个属性。

图 1-62 为官方文档提供的一个配置示例。

```
{
  "navigationBarBackgroundColor": "♯ffffff",
  "navigationBarTextStyle": "black",
  "navigationBarTitleText": "微信接口功能演示",
  "backgroundColor": "♯eeeeee",
  "backgroundTextStyle": "light"
}
```

图 1-62 一个配置示例

通过调用 Page(Object object)方法注册小程序中的一个页面，该方法接受一个 Object 类型参数，具体如表 1-17 所示。

表 1-17　Page 方法的参数属性和说明

序号	属　　性	说　　明
1	data	页面的初始数据
2	onLoad	页面加载时触发。一个页面只会调用一次,可以在 onLoad 的参数 query 中获取打开当前页面路径中的参数
3	onShow	页面显示或切入前台时触发
4	onReady	页面初次渲染完成时触发。一个页面只会调用一次,代表页面已经准备妥当,可以和视图层进行交互
5	onHide	页面隐藏或切入后台时触发
6	onUnload	页面卸载时触发
7	onPullDownRefresh	在页面上监听用户下拉刷新事件的处理函数
8	onReachBottom	在页面上监听用户上拉触底事件的处理函数。可以在 app.json 的 window 选项中或页面配置中设置触发距离 onReachBottomDistance。在触发距离内滑动期间,本事件只会被触发一次
9	onShareAppMessage	监听用户点击页面内转发按钮(button 组件 open-type ="share")或右上角菜单"转发"按钮的行为,并自定义转发内容。只有定义了此事件处理函数,右上角菜单才会显示"转发"按钮
10	onPageScroll	监听用户滑动页面事件的处理函数。请只在需要的时候才在 page 中定义此方法,不要定义空方法
11	onResize	小程序屏幕旋转时触发。在默认情况下,小程序显示区域的尺寸自页面初始化起就不会发生变化。但若启用了屏幕旋转支持,则在屏幕旋转时,显示区域尺寸也会随着屏幕旋转而变化。从小程序基础库版本 2.4.0 开始,小程序在手机上支持屏幕旋转
12	onTabItemTap	当前是 tab 页时,点击 tab 时触发

除了表中的函数,开发者也可以添加任意的函数或数据到 Object 参数中,在页面的函数中用 this 可以访问。

图 1-63 是官方文档提供的一个用 Page()进行构造的简单页面。

```
//index.js
Page({
  data: {
    text: "This is page data."
  },
  onLoad: function(options) {
    // 页面创建时执行
  },
  onShow: function() {
    // 页面出现在前台时执行
  },
  onReady: function() {
    // 页面首次渲染完毕时执行
  },
  onHide: function() {
    // 页面从前台变为后台时执行
  },
```

图 1-63　使用 Page()进行构造的简单页面

```
onUnload: function() {
    // 页面销毁时执行
},
onPullDownRefresh: function() {
    // 触发下拉刷新时执行
},
onReachBottom: function() {
    // 页面触底时执行
},
onShareAppMessage: function () {
    // 页面被用户分享时执行
},
onPageScroll: function() {
    // 页面滚动时执行
},
onResize: function() {
    // 页面尺寸变化时执行
},
onTabItemTap(item) {
    // tab 点击时执行
    console.log(item.index)
    console.log(item.pagePath)
    console.log(item.text)
},
// 事件响应函数
viewTap: function() {
    this.setData({
        text: 'Set some data for updating view.'
    }, function() {
        // this is setData callback
    })
},
// 自由数据
customData: {
    hi: 'MINA'
}
})
```

图 1-63 使用 Page()进行构造的简单页面(续)

1.5.4 公共文件

小程序通常在根目录下创建一个 utils 文件夹,用于存放公共的 JS 文件,故称为公共文件。如图 1-64 中 utils 文件夹下的 util.js,里面有对日期和时间进行格式化的函数,通过 module.exports 对外公开接口,这样其他的页面就可以使用这些函数,这是一种模块化的办法。开发者也可以根据项目的需要,创建相关的文件夹存放文件。

exports 也可以对外公开接口,它是 module.exports 的一个引用,因此在模块里边随意更改 exports 的指向会造成未知的错误,所以更推荐开发者采用 module.exports 来公开模块接口。

小程序目前不支持直接引入 node_modules,开发者需要使用到 node_modules 时候建议拷贝出相关的代码到小程序的目录中,或者使用小程序支持的 npm 功能。

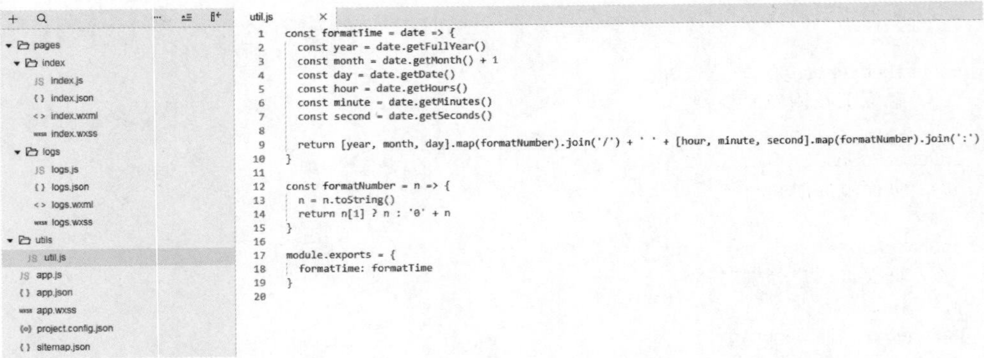

```
util.js        ×
1   const formatTime = date => {
2     const year = date.getFullYear()
3     const month = date.getMonth() + 1
4     const day = date.getDate()
5     const hour = date.getHours()
6     const minute = date.getMinutes()
7     const second = date.getSeconds()
8
9     return [year, month, day].map(formatNumber).join('/') + ' ' + [hour, minute, second].map(formatNumber).join(':')
10  }
11
12  const formatNumber = n => {
13    n = n.toString()
14    return n[1] ? n : '0' + n
15  }
16
17  module.exports = {
18    formatTime: formatTime
19  }
20
```

图 1-64　utils 文件夹下的 util.js

1.6　小结

　　本章首先简要介绍了微信小程序的由来和功能,然后详细演示了如何准备开发者账号并完善基本信息。为了使初学者能快速入门,在详细演示了微信小程序开发工具的下载和安装之后,简要介绍了该开发工具的使用,并以创建 HelloWorld 为例介绍了如何新建一个微信小程序项目、如何预览和调试项目、如何发布项目。最后以 HelloWorld 项目为例,简要解释了小程序的目录结构,包括配置文件、App 文件、页面文件和公共文件。

　　作为初学者或有一定编程基础的学习者,通常一开始就急于开始编写代码,不愿意认真仔细阅读第一章。古人云:"工欲善其事,必先利其器",因此,准备工作非常重要,否则可能"欲速则不达"。

小程序框架

本章的主要内容是小程序框架,包括逻辑层(App Service)和视图层(View)两部分,逻辑层将数据进行处理后发送给视图层,同时接收视图层的事件反馈。

小程序提供了自己的视图层描述语言 WXML 和 WXSS,以及基于 JavaScript 的逻辑层框架,并在视图层与逻辑层间提供了数据传输和事件系统,让开发者能够专注于数据与逻辑。小程序开发框架的目标是通过尽可能简单、高效的方式让开发者可以在微信中开发具有原生 APP 体验的服务,该框架有以下特点。

(1) 框架的核心是一个响应的数据绑定系统,可以让数据与视图非常简单地保持同步。这就意味着,当需要修改数据的时候,只要在逻辑层进行相应操作,视图层就会做相应的更新。

(2) 框架管理了整个小程序的页面路由,可以做到页面间的无缝切换,并给页面完整的生命周期。开发者需要做的只是将页面的数据、方法、生命周期函数注册到框架中,其他一切复杂的操作都交由框架处理。

(3) 框架提供了一套基础的组件,这些组件自带微信风格的样式以及特殊的逻辑,开发者可以通过组合基础组件,创建出强大的微信小程序。

(4) 框架提供了丰富的微信原生 API(Application Programming Interface,应用程序编程接口),可以方便地调用微信提供的一些接口,从而实现获取用户信息、本地存储、支付功能等。

本章主要分为逻辑层和视图层两部分进行介绍。在逻辑层重点介绍注册小程序、构造注册页面、页面的生命周期、页面路由、模块化和 API,在视图层重点介绍 WXML、WXSS、WXS、事件系统、基础组件和获取界面上节点信息。

本章学习目标

- 了解微信小程序的框架及特点。
- 了解小程序逻辑层和视图层包括的具体内容。
- 掌握开发小程序开发所需的编程知识。

2.1 逻辑层

小程序开发框架的逻辑层(即事务逻辑处理的地方)是由 JavaScript 编写的,对于小程序而言,逻辑层就是.js 脚本文件的集合,这意味着小程序开发框架的逻辑层使用 JavaScript 引擎为小程序开发者提供了 JavaScript 代码的运行环境以及微信小程序的特有功能。开发者写的所有代码最终将会打包成一份 JavaScript 文件,并在小程序启动的时候运行,直到小程序销毁。这一行为类似 ServiceWorker,所以逻辑层也称之为 App Service。

为了方便小程序的开发,小程序开发框架的逻辑层在 JavaScript 的基础上,增加了一些极为重要的方法,提供了具有自己特色的 API,具有模块化的能力,具体如下。

(1) 增加 App 和 Page 方法,进行小程序注册和页面注册;

(2) 增加 getApp 和 getCurrentPages 方法,分别用来获取 App 实例和当前页面栈;

(3) 提供了丰富的 API,如获取微信用户数据的 API、微信内置的扫一扫 API、微信支付的 API 等;

(4) 具有模块化的能力,每个页面都有独立的作用域。

> **注意**:由于小程序框架的逻辑层并非运行在浏览器中,因此 JavaScript 在 Web 中的一些能力都无法使用,如 window、document 等。

2.1.1　注册小程序

每个小程序都需要在 app.js 中调用 App 方法注册小程序实例,绑定生命周期回调函数、错误监听和页面不存在监听函数等。

1 App 方法

小程序通过使用 App 方法注册小程序,该方法接受一个 Object 参数,用其指定小程序的生命周期回调等。App 方法的具体形式如图 2-1 所示。

```
App(Object object)
```

图 2-1　App 方法的具体形式

> **注意**:App() 必须在 app.js 中调用,必须调用且只能调用一次。不然会出现无法预期的后果。

关于 Object 参数的简要说明参见第 1.5.2 节"App 文件",官方文档给出了 Object 参数的属性介绍,如图 2-2 所示。

```
onLaunch(Object object)
小程序初始化完成时触发,全局只触发一次。参数也可以使用 wx.getLaunchOptionsSync 获取。
参数:与 wx.getLaunchOptionsSync 一致

onShow(Object object)
小程序启动,或从后台进入前台显示时触发。也可以使用 wx.onAppShow 绑定监听。
参数:与 wx.onAppShow 一致

onHide()
小程序从前台进入后台时触发。也可以使用 wx.onAppHide 绑定监听。

onError(String error)
小程序发生脚本错误或 API 调用报错时触发。也可以使用 wx.onError 绑定监听。
参数:与 wx.onError 一致

onPageNotFound(Object object)
基础库 1.9.90 开始支持,低版本需做兼容处理。

小程序要打开的页面不存在时触发。也可以使用 wx.onPageNotFound 绑定监听。
参数:与 wx.onPageNotFound 一致
```

图 2-2　Object 参数的属性介绍

注意：

（1）wx.getLaunchOptionsSync()用于获取小程序启动时的参数，与App.onLaunch的回调参数一致。

（2）wx.onAppShow(function callback)用于监听小程序切前台事件。该事件与App.onShow的回调参数一致。

（3）wx.onAppHide(function callback)用于监听小程序切后台事件。该事件与App.onHide的回调时机一致。

（4）wx.onError(function callback)用于监听小程序错误事件。如脚本错误或API调用报错等。该事件与App.onError的回调时机与参数一致。

（5）wx.onPageNotFound(function callback)用于监听小程序要打开的页面不存在事件。该事件与App.onPageNotFound的回调时机一致。

由于wx.onAppHide(function callback)和wx.onError(function callback)较为简单，接下来简要介绍一下wx.getLaunchOptionsSync()、wx.onAppShow(function callback)和wx.onPageNotFound(function callback)。

从官方文档来看，wx.getLaunchOptionsSync()和wx.onAppShow(function callback)（分别对应App.onLaunch和App.onShow）的参数名称、类型及作用完全一致，具体如表2-1所示。

表2-1 App.onLaunch和App.onShow的参数

序号	属性	类型	说　　明
1	path	string	启动小程序的路径
2	scene	number	启动小程序的场景值
3	query	Object	启动小程序的query参数
4	shareTicket	string	当用户将小程序转发到任一群聊之后，此转发卡片在群聊中被其他用户打开时，可以在App.onLaunch或App.onShow获取到一个shareTicket
5	referrerInfo	Object	来源信息。从另一个小程序、公众号或App进入小程序时返回。否则返回{}

其中referrerInfo的结构如表2-2所示。

表2-2 referrerInfo的结构

序号	属性	类型	说　　明
1	appId	string	来源小程序、公众号或App的appId
2	extraData	Object	来源小程序传过来的数据，scene=1037或1038时支持

注意：部分版本在无referrerInfo的时候会返回undefined，建议使用options.referrerInfo && options.referrerInfo.appId进行判断。有关小程序、公众号或App的场景值的更多介绍请见附录。

wx.onPageNotFound(function callback)（与App.onPageNotFound的回调时机一致）对应的参数如表2-3所示。

表 2-3　wx.onPageNotFound(function callback)对应的参数

序号	属性	类型	说　明
1	path	string	不存在页面的路径
2	query	Object	打开不存在页面的 query 参数
3	isEntryPage	boolean	是否本次启动的首个页面(例如从分享等入口进来,首个页面是开发者配置的分享页面)

官方文档提供的示例代码如图 2-3 所示。

```
App({
  onPageNotFound(res) {
    wx.redirectTo({
      url: 'pages/...'
    }) // 如果是 tabbar 页面,请使用 wx.switchTab
  }
})
```

图 2-3　App.onPageNotFound 的示例代码

注意:
(1) 开发者可以在回调中进行页面重定向,但必须在回调中同步处理,异步处理(例如 setTimeout 异步执行)无效。
(2) 若开发者没有调用 wx.onPageNotFound 绑定监听,也没有声明 App.onPage-NotFound,当跳转页面不存在时,将推入微信客户端原生的页面不存在提示页面。
(3) 如果回调中又重定向到另一个不存在的页面,将推入微信客户端原生的页面不存在提示页面,并且不再第二次回调。

2 getApp 方法

整个小程序只有一个 App 实例,它是被全部页面共享的。开发者可以通过 getApp 方法获取到全局唯一的 App 示例,获取 App 上的数据或调用开发者注册在 App 上的函数。官方文档提供的示例代码如图 2-4 所示。

```
// xxx.js
const appInstance = getApp()
console.log(appInstance.globalData) // I am global data
```

图 2-4　getApp 方法的示例代码

注意:
(1) 不可以在 xxx.js 的 App()函数内部调用 getApp()方法,在 App()函数内部建议使用关键字 this 访问全局变量或函数。
(2) 通过 getApp()获取实例之后,不要私自调用生命周期函数。

关于注册小程序的更多内容可参见以下链接: https://developers.weixin.qq.com/miniprogram/dev/framework/app-service/app.html。

2.1.2　构造注册页面和页面的生命周期

1　构造注册页面

对于小程序中的每个页面,都需要在页面对应的 js 文件中进行注册,指定页面的初始数据、生命周期回调和事件处理函数等。简单的页面可以使用 Page 构造器进行构造,但对于复杂的页面,Page 构造器可能并不好用。此时可以使用 Component 构造器来构造页面。

1) 使用 Page 构造器注册页面

使用 Page 方法构造注册页面的示例代码参见第 1.5.3 节"页面文件",官方文档给出了 Page 方法的 Object 参数的属性说明,包括 data、生命周期回调函数、页面事件处理函数和组件事件处理函数,具体如下。

(1) data。data 是页面第一次渲染使用的初始数据。页面加载时,data 将会以 JSON 字符串的形式由逻辑层传至渲染层,因此 data 中的数据必须是可以转成 JSON 的类型,如字符串、数字、布尔值、对象和数组。

(2) 生命周期回调函数。

① onLoad(Object query)。该函数在页面加载时触发。一个页面只会调用一次,可以在 onLoad 的 Object 类型参数 query 中获取打开当前页面路径中的参数。

② onShow()。页面显示/切入前台时触发。

③ onReady()。页面初次渲染完成时触发。一个页面只会调用一次,代表页面已经准备妥当,可以和视图层进行交互。

> **注意**:对界面内容进行设置的 API 如 wx. setNavigationBarTitle,请在 onReady 之后进行。

④ onHide()。页面隐藏或切入后台时触发。如 wx. navigateTo 或底部 tab 切换到其他页面,小程序切入后台等。

⑤ onUnload()。页面卸载时触发。如 wx. redirectTo 或 wx. navigateBack 到其他页面时。

(3) 页面事件处理函数。

① onPullDownRefresh()。该函数用于监听用户下拉刷新事件,使用时请注意以下事项。

- 使用该函数需要在 app. json 的 window 选项中或页面配置中开启 enablePullDownRefresh;
- 可以通过 wx. startPullDownRefresh 触发下拉刷新,调用后触发下拉刷新动画,效果与用户手动下拉刷新一致;
- 当处理完数据刷新后,wx. stopPullDownRefresh 可以停止当前页面的下拉刷新。

② onReachBottom()。该函数用于监听用户上拉触底事件,使用时请注意以下事项。

- 使用该函数时可以在 app. json 的 window 选项中或页面配置中设置触发距离 onReachBottomDistance;
- 在触发距离内滑动期间,本事件只会被触发一次。

③ onPageScroll(Object object)。该函数用于监听用户滑动页面事件,其参数 object 的属性如表 2-4 所示。

表 2-4　onPageScroll(Object object)对应的参数 object 的属性

属性	类型	说　　明
scrollTop	Number	页面在垂直方向已滚动的距离(单位:px)

注意:
- 请只在需要的时候才在 page 中定义此方法,不要定义空方法,以减少不必要的事件派发对渲染层与逻辑层通信的影响。
- 请避免在 onPageScroll 中过于频繁的执行 setData 等引起逻辑层与渲染层通信的操作,尤其是每次传输大量数据,会影响通信耗时。

④ onShareAppMessage(Object object)。监听用户点击页面内转发按钮(button 组件 open-type="share")或右上角菜单"转发"按钮的行为,并自定义转发内容(基础库 2.8.1 起,分享图时支持云图片)。参数 object 的属性如表 2-5 所示。

表 2-5　onShareAppMessage(Object object)对应的参数 object 的属性

序号	属性	类型	说　　明
1	from	String	转发事件来源。 button:页面内转发按钮; menu:右上角转发菜单
2	target	Object	如果 from 值是 button,则 target 是触发这次转发事件的 button,否则为 undefined
3	webViewUrl	String	页面中包含 web-view 组件时,返回当前 web-view 的 url

注意:只有定义了此事件处理函数,右上角菜单才会显示"转发"按钮。

函数 onShareAppMessage(Object object)需要 return 一个 Object,用于自定义转发内容,返回内容如表 2-6 所示。

表 2-6　onShareAppMessage(Object object)对应的参数 object 的属性

序号	字段	默　认　值	说　　明
1	title	转发标题	当前小程序名称
2	path	转发路径	当前页面 path,必须是以/开头的完整路径
3	imageUrl	自定义图片路径,可以是本地文件路径、代码包文件路径或者网络图片路径。支持 PNG 及 JPG。显示图片长宽比是 5:4	使用默认截图

官方文档给出的 onShareAppMessage(Object object)示例代码如图 2-5 所示。

⑤ onResize(Object object)。该函数在小程序屏幕旋转时触发。显示区域指小程序界面中可以自由布局展示的区域。在默认情况下,小程序显示区域的尺寸自页面初始化起就不会发生变化。但以下两种方式都可以改变这一默认行为。

```
Page({
  onShareAppMessage: function (res) {
    if (res.from === 'button') {
      // 来自页面内转发按钮
      console.log(res.target)
    }
    return {
      title: '自定义转发标题',
      path: '/page/user?id = 123'
    }
  }
})
```

图 2-5 函数 onShareAppMessage(Object object)的示例代码

- 在手机上启用屏幕旋转支持。从小程序基础库版本 2.4.0 开始,小程序在手机上支持 屏幕旋转。通过在 app.json 的 window 段中设置"pageOrientation":"auto",或在页面 json 文件中配置"pageOrientation": "auto"可使小程序中的页面支持屏幕旋转。图 2-6 是 在单个页面 json 文件中启用屏幕旋转的示例代码。

```
{
  "pageOrientation": "auto"
}
```

图 2-6 单个页面 json 文件中启用屏幕旋转的示例代码

- 在 iPad 上启用屏幕旋转支持。从小程序基础库版本 2.3.0 开始,在 iPad 上运行的小 程序可以支持屏幕旋转。通过在 app.json 中添加"resizable": true 可使小程序支持 iPad 屏幕旋转,如图 2-7 的示例代码。

```
{
  "resizable": true
}
```

图 2-7 使小程序支持 iPad 屏幕旋转的示例代码

如果在小程序中添加了上述声明,则在屏幕旋转时,小程序将随之旋转,显示区域尺寸也 会随着屏幕旋转而变化。注意:在 iPad 上不能单独配置某个页面是否支持屏幕旋转。

有时,对于不同尺寸的显示区域,页面的布局会有所差异。此时可以使用 media query 来 解决大多数问题,但若只使用 media query 则无法控制一些精细的布局变化,此时可以使用 js 作为辅助。

在 js 中读取页面的显示区域尺寸,可以使用 selectorQuery.selectViewport。

页面尺寸发生改变的事件,可以使用页面的 onResize 来监听。对于自定义组件,可以使 用 resize 生命周期来监听,回调函数中将返回显示区域的尺寸信息(从基础库版本 2.4.0 开始 支持)。官方文档提供的示例代码如图 2-8 所示。

```
Page({
  onResize(res) {
    res.size.windowWidth     // 新的显示区域宽度
    res.size.windowHeight    // 新的显示区域高度
  }
})
Component({
  pageLifetimes: {
    resize(res) {
      res.size.windowWidth   // 新的显示区域宽度
      res.size.windowHeight  // 新的显示区域高度
    }
  }
})
```

图 2-8　使用页面的 onResize 来监听的示例代码

此外,还可以使用 wx.onWindowResize 来监听页面尺寸是否发生改变(但这不是推荐的方式)。

> **注意:**
> Android 微信版本 6.7.3 中,live-pusher 组件在屏幕旋转时方向异常。

⑥ onTabItemTap(Object object)。点击 tab 时触发。表 2-7 为 onTabItemTap 的参数及说明。

表 2-7　onTabItemTap 的参数及说明

序号	参　数	说　　明
1	index	被点击 tabItem 的序号,从 0 开始
2	pagePath	被点击 tabItem 的页面路径
3	text	被点击 tabItem 的按钮文字

图 2-9 为官方文档给出的示例代码,运行时将在控制台依次输出 index、pagePath 和 text。

```
Page({
  onTabItemTap(item) {
    console.log(item.index)
    console.log(item.pagePath)
    console.log(item.text)
  }
})
```

图 2-9　函数 onTabItemTap(Object object) 的示例代码

(4) 组件事件处理函数。Page 中还可以定义组件事件处理函数。在渲染层的组件中加入事件绑定,当事件被触发时,就会执行 Page 中定义的事件处理函数。图 2-10 所示为组件事件处理函数的示例代码。

① Page.route。到当前页面的路径,类型为 String。基础库 1.2.0 开始支持,低版本需做兼容处理。图 2-11 为 Page.route 的示例代码。

```
//视图层代码
< view bindtap = "viewTap"> click me </view>
//逻辑层代码
Page({
    viewTap: function() {
        console.log('view tap')
    }
})
```

图 2-10 onTabItemTap(Object object) 的示例代码

```
Page({
    onShow: function() {
        console.log(this.route)
    }
})
```

图 2-11 Page.route 的示例代码

② Page.prototype.setData(Object data，Function callback)。setData 函数用于将数据从逻辑层发送到视图层（异步），同时改变对应的 this.data 的值（同步）。表 2-8 为 setData 的参数及说明。

表 2-8 setData 的参数及说明

序号	字段	类型	说　　明
1	data	Object	必填字段，这次要改变的数据
2	callback	Function	选填字段，setData 引起的界面更新渲染完毕后的回调函数

注意：

• Object 以 key：value 的形式表示，将 this.data 中的 key 对应的值改变成 value。其中 key 可以是数据路径的形式，支持改变数组中的某一项或对象的某个属性，如：array[2].message，a.b.c.d，并且不需要在 this.data 中预先定义；

• 直接修改 this.data 而不调用 this.setData 是无法改变页面的状态的，还会造成数据不一致；

• 仅支持设置可 JSON 化的数据；

• 单次设置的数据不能超过 1024KB，请尽量避免一次设置过多的数据；

• 请不要把 data 中任何一项的 value 设为 undefined，否则这一项将不被设置并可能导致一些潜在问题。

如图 2-12 所示为官方文档提供的 setData 函数示例代码。

2）使用 Component 构造器构造注册页面

Component 构造器与使用 Page() 进行构造页面的主要区别是：Component 构造器的方法需要放在 methods：{ }里面。官方文档提供的示例代码如图 2-13 所示。

```
<!--视图层：index.wxml -->
<view>{{text}}</view>
<button bindtap = "changeText"> Change normal data </button>
<view>{{num}}</view>
<button bindtap = "changeNum"> Change normal num </button>
<view>{{array[0].text}}</view>
<button bindtap = "changeItemInArray"> Change Array data </button>
<view>{{object.text}}</view>
<button bindtap = "changeItemInObject"> Change Object data </button>
<view>{{newField.text}}</view>
<button bindtap = "addNewField"> Add new data </button>

//逻辑层 index.js
Page({
  data: {
    text: 'init data',
    num: 0,
    array: [{text: 'init data'}],
    object: {
      text: 'init data'
    }
  },
  changeText: function() {
    // this.data.text = 'changed data' // 不要直接修改 this.data
    // 应该使用 setData
    this.setData({
      text: 'changed data'
    })
  },
  changeNum: function() {
    // 或者,可以修改 this.data 之后马上用 setData 设置一下修改了的字段
    this.data.num = 1
    this.setData({
      num: this.data.num
    })
  },
  changeItemInArray: function() {
    // 对于对象或数组字段,可以直接修改一个其下的子字段,这样做通常比修改整个对象或数组更好
    this.setData({
      'array[0].text':'changed data'
    })
  },
  changeItemInObject: function(){
    this.setData({
      'object.text': 'changed data'
    });
  },
  addNewField: function() {
    this.setData({
      'newField.text': 'new data'
    })
  }
})
```

图 2-12　setData 函数示例代码

```
Component({
  data: {
    text: "This is page data."
  },
  methods: {
    onLoad: function(options) {
      // 页面创建时执行
    },
    onPullDownRefresh: function() {
      // 下拉刷新时执行
    },
    // 事件响应函数
    viewTap: function() {
      // ...
    }
  }
})
```

图 2-13 Component 构造器构造注册页面的示例代码

这种创建方式非常类似于自定义组件，可以像自定义组件一样使用 behaviors 等高级特性。

Component 构造器可用于创建自定义组件，调用 Component 构造器时可以指定组件的属性、数据和方法等。表 2-9 展示了 Component(Object object)方法中 Object 类型的参数。

表 2-9 Component(Object object)方法中 Object 类型的参数及说明

序号	定义段	类型	描　　述
1	properties	Object Map	组件的对外属性，是属性名到属性设置的映射表
2	data	Object	组件的内部数据，和 properties 一同用于组件的模板渲染
3	observers	Object	组件数据字段监听器，用于监听 properties 和 data 的变化
4	methods	Object	组件的方法，包括事件响应函数和任意的自定义方法
5	behaviors	String Array	类似于 mixins 和 traits 的组件间代码复用机制
6	created	Function	组件生命周期函数，在组件实例刚刚被创建时执行，注意此时不能调用 setData
7	attached	Function	组件生命周期函数，在组件实例进入页面节点树时执行
8	ready	Function	组件生命周期函数，在组件布局完成后执行
9	moved	Function	组件生命周期函数，在组件实例被移动到节点树另一个位置时执行
10	detached	Function	组件生命周期函数，在组件实例被从页面节点树移除时执行
11	relations	Object	组件间关系定义
12	externalClasses	String Array	组件接受的外部样式类
13	options	Object Map	一些选项（下文介绍相关特性时会涉及具体的选项设置，这里暂不列举）
14	lifetimes	Object	组件生命周期声明对象
15	pageLifetimes	Object	组件所在页面的生命周期声明对象
16	definitionFilter	Function	定义段过滤器，用于自定义组件扩展

生成的组件实例可以在组件的方法、生命周期函数和属性 observer 中通过 this 访问。组件包含的一些通用属性，如表 2-10 所示。

表 2-10　组件包含的一些通用属性及说明

序号	属性名	类型	描述
1	is	String	组件的文件路径
2	id	String	节点 id
3	dataset	String	节点 dataset
4	data	Object	组件数据，包括内部数据和属性值
5	properties	Object	组件数据，包括内部数据和属性值（与 data 一致）

组件包含的一些通用方法，如表 2-11 所示。

表 2-11　组件包含的一些通用方法及说明

方 法 名	参 数	描 述
setData	Object newData	设置 data 并执行视图层渲染
hasBehavior	Object behavior	检查组件是否具有 behavior，检查时会递归检查被直接或间接引入的所有 behavior
triggerEvent	String name，Object detail，Object options	触发事件
createSelectorQuery		创建一个 SelectorQuery 对象，选择器选取范围为这个组件实例内
createIntersectionObserver		创建一个 IntersectionObserver 对象，选择器选取范围为这个组件实例内
selectComponent	String selector	使用选择器选择组件实例节点，返回匹配到的第一个组件实例对象（会被 wx://component-export 影响）
selectAllComponents	String selector	使用选择器选择组件实例节点，返回匹配到的全部组件实例对象组成的数组
getRelationNodes	String relationKey	获取这个关系所对应的所有关联节点
groupSetData	Function callback	立刻执行 callback，其中的多个 setData 之间不会触发界面绘制（只有某些特殊场景中需要，如用于在不同组件同时 setData 时进行界面绘制同步）
getTabBar		返回当前页面的 custom-tab-bar 的组件实例
getPageId		返回页面标识符（一个字符串），可以用来判断几个自定义组件实例是不是在同一个页面内

官方文档给出的 Component 构造器创建自定义组件的示例代码，如图 2-14 所示。

注意：在 properties 定义段中，属性名采用驼峰写法（propertyName）；在 wxml 中，指定属性值时则对应使用连字符写法（component-tag-name property-name＝"attr value"），应用于数据绑定时采用驼峰写法（attr＝""）。表 2-12 为 properties 的定义。

```
Component({
  behaviors: [],
  // 属性定义(详情参见下文)
  properties: {
    myProperty: { // 属性名
      type: String,
      value: ''
    },
    myProperty2: String // 简化的定义方式
  },

  data: {}, // 私有数据,可用于模板渲染

  lifetimes: {
    // 生命周期函数,可以为函数,或一个在 methods 段中定义的方法名
    attached: function () { },
    moved: function () { },
    detached: function () { },
  },

  // 生命周期函数,可以为函数,或一个在 methods 段中定义的方法名
  attached: function () { }, // 此处 attached 的声明会被 lifetimes 字段中的声明覆盖
  ready: function() { },

  pageLifetimes: {
    // 组件所在页面的生命周期函数
    show: function () { },
    hide: function () { },
    resize: function () { },
  },

  methods: {
    onMyButtonTap: function(){
      this.setData({
        // 更新属性和数据的方法与更新页面数据的方法类似
      })
    },
    // 内部方法建议以下画线开头
    _myPrivateMethod: function(){
      // 这里将 data.A[0].B 设为 'myPrivateData'
      this.setData({
        'A[0].B': 'myPrivateData'
      })
    },
    _propertyChange: function(newVal, oldVal) {

    }
  }
})
```

图 2-14 Component 构造器创建自定义组件的示例代码

表 2-12　properties 的定义

序号	定义段	类型	描　　述
1	type		必填字段,属性的类型
2	optionalTypes	Array	属性的类型(可以指定多个)
3	value		属性的初始值
4	observer	Function	属性值变化时的回调函数

属性值的改变情况可以使用 observer 来监听,官方文档给出的示例代码如图 2-15 所示。

```
Component({
  properties: {
    min: {
      type: Number,
      value: 0
    },
    min: {
      type: Number,
      value: 0,
      observer: function(newVal, oldVal) {
        // 属性值变化时执行
      }
    },
    lastLeaf: {
      // 这个属性可以是 Number、String、Boolean 三种类型中的一种
      type: Number,
      optionalTypes: [String, Object],
      value: 0
    }
  }
})
```

图 2-15　Component 构造器使用 observer 来监听属性值的改变的示例代码

属性的类型可以为 String、Number、Boolean、Object 和 Array 其中之一,也可以为 null 表示不限制类型。目前,在新版本基础库中不推荐使用这个字段,而是使用 Component 构造器的 observers 字段代替,它更加强大且性能更好。

事实上,小程序的页面也可以视为自定义组件。因而,页面也可以使用 Component 构造器构造,它拥有与普通组件一样的定义段与实例方法,但此时要求对应 json 文件中包含 usingComponents 定义段。此时,组件的属性可以用于接收页面的参数,如访问页面/pages/index/index? paramA＝123＆paramB＝xyz,如果声明有属性 paramA 或 paramB,则它们会被赋值为 123 或 xyz。官方文档给出的示例代码如图 2-16 所示。

使用 Component 构造器来构造页面的一个好处是可以使用 behaviors 来提取所有页面中公用的代码段。例如,在所有页面被创建和销毁时都要执行同一段代码,就可以把这段代码提取到 behaviors 中,官方文档给出的示例代码如图 2-17 所示。

```
{
  "usingComponents": {}
}
Component({
  properties: {
    paramA: Number,
    paramB: String,
  },
  methods: {
    onLoad: function() {
      this.data.paramA // 页面参数 paramA 的值
      this.data.paramB // 页面参数 paramB 的值
    }
  }
})
```

图 2-16　Component 构造器包含 usingcomponents 定义段的示例代码

```
// page – common – behavior.js
module.exports = Behavior({
  attached: function() {
    // 页面创建时执行
    console.info('Page loaded!')
  },
  detached: function() {
    // 页面销毁时执行
    console.info('Page unloaded!')
  }
})
// 页面 A
var pageCommonBehavior = require('./page – common – behavior')
Component({
  behaviors: [pageCommonBehavior],
  data: { /* ... */ },
  methods: { /* ... */ },
})
// 页面 B
var pageCommonBehavior = require('./page – common – behavior')
Component({
  behaviors: [pageCommonBehavior],
  data: { /* ... */ },
  methods: { /* ... */ },
})
```

图 2-17　使用 behaviors 来提取所有页面中公用的代码段

关于构造注册页面的更多信息，可访问以下链接。

https://developers.weixin.qq.com/miniprogram/dev/reference/api/Page.html

2 页面的生命周期

小程序的生命周期包括小程序内各页面的生命周期和小程序自身的生命周期(定义为小

程序从启动到销毁的全过程）。对于小程序内某一页面的生命周期，如图 2-18 所示。

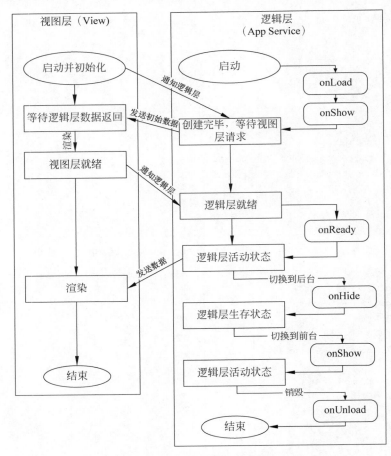

图 2-18   页面的生命周期

我们可以将某一页面的生命周期粗略地分为三个阶段，即启动阶段、数据交互阶段和结束阶段。

在启动阶段，该页面的视图层启动并初始化，此时逻辑层也同步启动，在触发 onLoad() 和 onShow() 函数之后，结束逻辑层的创建，等待响应视图层的请求。

在数据交互阶段，页面的视图层向逻辑层请求初始化页面的数据，逻辑层将这些数据发送给页面的视图层，完成第一次渲染，从而完成视图层的初始化，并处于就绪状态。

接下来，用户将操作该页面，逻辑层将处理用户的这些操作，并按用户的要求回传数据到视图层。

在结束阶段，页面的视图层和逻辑层都销毁自身。

请注意，若一个页面被隐藏（触发 onHide），其生命周期并未结束，只有该页面触发了 onUnload 函数才会被销毁。例如：在第 1 章图 1-58 中官方文档提供的常用配置选项的 app.json 文件中，tabBar 对应的首页和日志两个页面在切换时，一个页面在前台显示，另一个页面就是隐藏在后台，这时两个页面的生命周期均未结束。后续章节中的小程序实例中，也会通过配置 tabBar 产生两个或两个以上的页面，这些页面切换时，各自的生命周期均未结束。

更多关于页面生命周期的内容，请访问以下链接。

https://developers. weixin. qq. com/miniprogram/dev/framework/app-service/page-life-cycle. html

2.1.3 页面路由

在小程序中,所有页面的路由全部由框架进行管理。框架以栈的形式维护了当前的所有页面。当发生路由切换的时候,页面栈的表现如表 2-13 所示。

表 2-13 发生路由切换时页面栈的表现

序号	路由方式	页面栈表现
1	初始化	新页面入栈
2	打开新页面	新页面入栈
3	页面重定向	当前页面出栈,新页面入栈
4	页面返回	页面不断出栈,直到目标返回页
5	Tab 切换	页面全部出栈,只留下新的 Tab 页面
6	重加载	页面全部出栈,只留下新的页面

开发者若需操作页面,可以使用 getCurrentPages()函数获取当前页面栈。其中 getCurrentPages()函数定义如图 2-19 所示。

```
PageObject[] getCurrentPages()
```

图 2-19 getCurrentPages() 函数的定义

可以看到该函数将返回 PageObject 类型的数组,该数组中第一个元素为首页,最后一个元素为当前页面。

> 注意:请不要尝试修改页面栈,否则会导致路由以及页面状态错误;也不要在 App. onLaunch 的时候调用 getCurrentPages(),因为此时 page 还没有生成。

路由的触发方式以及页面生命周期函数如表 2-14 所示。

表 2-14 路由的触发方式以及页面生命周期函数

序号	路由方式	触 发 时 机	路由前页面	路由后页面
1	初始化	小程序打开的第一个页面		onLoad,onShow
2	打开新页面	调用 API wx. navigateTo 使用组件 < navigator open-type = "navigateTo"/>	onHide	onLoad, onShow
3	页面重定向	调用 API wx. redirectTo 使用组件 < navigator open-type = "redirectTo"/>	onUnload	onLoad,onShow
4	页面返回	调用 API wx. navigateBack 使用组件 < navigator open-type = "navigateBack"> 用户按左上角返回按钮	onUnload	onShow

续表

序号	路由方式	触 发 时 机	路由前页面	路由后页面
5	Tab 切换	调用 API wx. switchTab 使用组件 < navigator open-type = "switchTab"/> 用户切换 Tab		各种情况请参考下表
6	重启动	调用 API wx. reLaunch 使用组件 < navigator open-type = "reLaunch"/>	onUnload	onLoad,onShow

注意:

- navigateTo,redirectTo 只能打开非 tabBar 页面;
- switchTab 只能打开 tabBar 页面;
- reLaunch 可以打开任意页面;
- 页面底部的 tabBar 由页面决定,即只要是定义为 tabBar 的页面,底部都有 tabBar;
- 调用页面路由带的参数可以在目标页面的 onLoad 中获取。

假定 A、B 页面为 tabbar 页面,C 是从 A 页面打开的页面,D 页面是从 C 页面打开的页面,表 2-15 展示了上述页面在 Tab 切换时对应的生命周期。

表 2-15　Tab 切换时对应的生命周期

序号	当前页面	路由后页面	触发的生命周期(按顺序)
1	A	A	Nothing happend
2	A	B	A. onHide(),B. onLoad(),B. onShow()
3	A	B(再次打开)	A. onHide(),B. onShow()
4	C	A	C. onUnload(),A. onShow()
5	C	B	C. onUnload(),B. onLoad(),B. onShow()
6	D	B	D. onUnload(),C. onUnload(),B. onLoad(),B. onShow()
7	D(从转发进入)	A	D. onUnload(),A. onLoad(),A. onShow()
8	D(从转发进入)	B	D. onUnload(),B. onLoad(),B. onShow()

更多关于页面路由的内容,请访问以下链接。

https://developers. weixin. qq. com/miniprogram/dev/framework/app-service/route. html

2.1.4　模块化和 API

1 模块化

在小程序中,通常可以将一些公共的代码抽离成为一个单独的 js 文件,这个文件就被作为一个模块。模块只有通过 module. exports 或者 exports 才能对外公开接口。

注意:

- exports 是 module. exports 的一个引用,因此在模块里边随意更改 exports 的指向会造成未知的错误。通常推荐开发者采用 module. exports 来公开模块接口,除非你已经清晰知道这两者的关系。
- 小程序目前不支持直接引入 node_modules,开发者需要使用到 node_modules 的时候,建议复制相关的代码到小程序的目录中,或者使用小程序支持的 npm 功能。

图 2-20 为官方文档提供的一个单独的 js 文件(即模块 common.js),在这一文件中有两个函数。对于函数 sayHello(name) 和 sayGoodbye(name),通过传入 name 参数,在控制台输出其值。

```
// common.js
function sayHello(name) {
  console.log('Hello ${name}!')
}
function sayGoodbye(name) {
  console.log('Goodbye ${name}!')
}

module.exports.sayHello = sayHello //推荐开发者采用
exports.sayGoodbye = sayGoodbye
```

图 2-20　common.js 代码

在需要使用模块 common.js 的文件中,使用 require 可将其引入,如图 2-21 所示。

```
var common = require('common.js')
Page({
  helloBOB: function() {
    common.sayHello('Bob')
  },
  goodbyeBOB: function() {
    common.sayGoodbye('Bob')
  }
})
```

图 2-21　使用 require 引入模块 common.js

运行上述代码后,在控制台将分别输出 Hello Bob 和 Goodbye Bob。

关于变量或函数的作用域。在 JavaScript 文件中声明的变量和函数只在该文件中有效,即局部变量和局部函数;不同的文件中可以声明相同名字的变量和函数,这些变量和函数之间不会互相影响。通过全局函数 getApp 可以获取全局的应用实例,如果需要全局的数据可以在 App() 中设置,官方文档提供了如图 2-22 所示的代码,展示了局部变量和全局变量的作用域。

```
// 文件 app.js
App({
  globalData: 1//定义了全局变量 globalData,并初始化其值为 1。
})
// 文件 a.js
// 在文件 a.js 中定义了变量 localValue,并初始化其值为'a'。
var localValue = 'a'
// 获取全局的应用实例。
var app = getApp()
```

图 2-22　局部变量和全局变量的作用域

```
// 访问全局变量 globalData,令其值加 1。
app.globalData++
// b.js
// 在文件 b.js 中定义了变量 localValue,并初始化其值为'b'.
//不会与在文件 a.js 中定义了变量 localValue 冲突。
var localValue = 'b'
console.log(getApp().globalData)
//如果在运行文件 b.js 时已经运行了文件 a.js,则此时全局变量 globalData 的值为 2,控//制台将输出该值。
```

图 2-22　局部变量和全局变量的作用域(续)

更多关于模块化的内容,请访问以下链接。

https://developers.weixin.qq.com/miniprogram/dev/framework/app-service/module.html

２ API

小程序开发框架提供了丰富的微信原生 API,开发者可以方便地调用它们,从而使小程序具有微信一样的功能,如获取用户信息、本地存储、支付功能等。通常可将小程序 API 分为以下几种类型:

1) 事件监听 API

在小程序中,默认约定以 on 开头的 API 来监听某个事件是否触发,如:wx.onSocketOpen、wx.onCompassChange 等。

这类 API 接收一个回调函数作为参数,当事件触发时会调用这个回调函数,并将相关数据以参数形式传入。

图 2-23 为官方文档给出的 wx.onCompassChange 的示例代码。

```
wx.onCompassChange(function (res) {
  console.log(res.direction)
})
```

图 2-23　wx.onCompassChange 的示例代码

2) 同步 API

在小程序中,同步 API 通常约定以 Sync 结尾,如 wx.setStorageSync,wx.getSystemInfoSync 等。此外,也有其他一些不以 Sync 结尾的同步 API,如 wx.createWorker、wx.getBackground-AudioManager 等。

同步 API 的执行结果可以通过函数返回值直接获取,如果执行出错会抛出异常。

图 2-24 为官方文档给出的 wx.setStorageSync 的示例代码。

```
try {
  wx.setStorageSync('key', 'value')
} catch (e) {
  console.error(e)
}
```

图 2-24　wx.setStorageSync 的示例代码

3）异步 API

事实上，大多数 API 都是异步的，如 wx. request、wx. login 等。这类 API 接口通常接收一个 Object 类型的参数，这个参数都支持按需指定以下字段来接收接口调用结果，如表 2-16 所示。

表 2-16 异步 API 接口中 Object 类型的参数

序号	参数名	类型	说明
1	success	function	接口调用成功的回调函数
2	fail	function	接口调用失败的回调函数
3	complete	function	接口调用结束的回调函数（调用成功、失败都会执行）
4	其他	Any	接口定义的其他参数

注意：上述参数均非必填。

回调函数的参数 success、fail、complete 调用时会传入一个 Object 类型参数，包含以下字段，如表 2-17 所示。

表 2-17 异步 API 接口回调函数的 Object 类型参数

序号	属性	类型	说明
1	errMsg	string	错误信息，如果调用成功返回 ${apiName}:ok
2	errCode	number	错误码，仅部分 API 支持，具体含义请参考对应 API 文档，成功时为 0
3	其他	Any	接口返回的其他数据

异步 API 的执行结果需要通过 Object 类型的参数中传入的对应回调函数获取。部分异步 API 也会有返回值，可以用来实现更丰富的功能，如 wx. request、wx. connectSocket 等。图 2-25 为回调函数参数的代码示例。

```
wx.login({
  success(res) {
    console.log(res.code)
  }
})
```

图 2-25 wx. Login 的示例代码

本书将在第 4 章详细介绍基础类 API、界面类 API、网络类 API、数据缓存类 API 等内容，更多关于 API 的内容，也可以访问以下链接。

https://developers. weixin. qq. com/miniprogram/dev/api/

2.2 视图层

小程序框架将逻辑层的数据处理后发送到视图层，同时将视图层的事件发送给逻辑层。框架的视图层由 WXML 与 WXSS 编写，并由组件（Component）来进行展示。在视图层中，WXML 用于描述页面的结构，WXSS 用于描述页面的样式，组件是视图的基本组成单元，而 WXS 作为小程序的一套脚本语言，它结合 WXML 可以构建出页面的结构。

2.2.1 WXML

WXML 是框架设计的一套标签语言,通过结合基础组件和事件系统,它们可以构建出页面的结构。WXML 可实现数据绑定、条件渲染、列表渲染、模板和应用等,接下来用一些简单的例子来展示 WXML 的这些能力。

1 数据绑定

WXML 中的动态数据均来自对应 Page 的 data。

1)简单绑定

数据绑定使用 Mustache 语法(双大括号)将变量括起来,即形式为:{{变量名}}。它可以应用于内容的动态显示、组件属性、控制属性和关键字。

(1)内容的动态显示。如图 2-26 所示,在视图层中将逻辑层定义的变量 message 绑定。

```
//视图层
<view> {{ message }} </view>
//逻辑层
Page({
  data: {
    message: 'Hello World!'
  }
})
```

图 2-26　简单绑定的示例代码

在视图层运行时,其中用双大括号括起来的变量 message 将会显示该变量在逻辑层中对应的值"Hello World!",若该变量值在逻辑层中被修改为其他值,则在视图层运行时也会同步显示。

(2)组件属性。组件的属性也可以被绑定,绑定的属性需要在双引号之内。图 2-27 为绑定组件的属性 id 的示例代码。

```
//视图层
<view id = "item - {{id}}"> </view>
//逻辑层
Page({
  data: {
    id: 0
  }
})
```

图 2-27　组件属性绑定的示例代码

(3)控制属性。控制属性(需要在双引号之内)也可以被绑定,绑定的属性同样需要在双引号之内。图 2-28 为绑定控制属性的示例代码。

由于逻辑层中的变量 condition 为 true,所以 view 控件将被显示。关于 wx:if 的用法,将在条件渲染中详细介绍。

(4)关键字。在 WXML 中,关键字也可以被绑定,绑定时同样需要在双引号之内。如 boolean 类型的 true,代表真值;boolean 类型的 false,代表假值。图 2-29 为绑定关键字的示例代码。

```
//视图层
< view wx:if = "{{condition}}"> </view>
//逻辑层
Page({
  data: {
    condition: true
  }
})
```

图 2-28 控制属性绑定的示例代码

```
//视图层
< radio checked = "{{true}}"> </radio>
< checkbox checked = "{{false}}"> </checkbox>
```

图 2-29 关键字绑定的示例代码

> **注意**：不要直接写成 checked＝"true"或 checked＝"false"，因为其计算结果是一个字符串。

2）运算

可以在{{}}内进行简单的运算，目前支持三元运算、算术运算、逻辑运算、字符串运算和数据路径运算等运算方式。

（1）三元运算。三元运算符的形式为：变量或表达式？结果 1：结果 2。其含义为判断问号（?）前面的变量或表达式是真值还是假值，如果为真值，则返回冒号（：）前面的结果 1；否则返回冒号（：）后面的结果 2。结果 1 和结果 2 可以是值，变量或表达式。图 2-30 为三元运算的示例代码。

```
//视图层
< view hidden = "{{flag ? true : false}}"> Hidden </view>
//逻辑层
Page({
  data: {
    flag: false
  }
})
```

图 2-30 三元运算的示例代码

由于逻辑层中变量 flag 的值为 false，所以视图层的 hidden＝"{{false}}"，这意味着 view 将被隐藏。

（2）算术运算。算术运算即"四则运算"，是加法、减法、乘法和除法四种运算的统称。图 2-31 为算术运算的示例代码。

```
//视图层
<view> {{a + b}} + {{c}} + d </view>
//逻辑层
Page({
  data: {
    a: 1,
    b: 2,
    c: 3
  }
})
```

图 2-31　算术运算的示例代码

在逻辑层中,变量 a 的值为 1,变量 b 的值为 2,变量 c 的值为 3,而在视图层中,a+b 被用双大括号括住,因此会使用逻辑层中 a 和 b 的值,即为 3;c 也被双大括号括住,所以也会使用逻辑层变量 c 的值,即为 3;d 没有被双大括号括住,所以不会使用逻辑层中的变量 d 的值(当然,此时逻辑层的代码中也没有定义变量 d,更没有为其赋初值);{{a + b}},{{c}}和 d 之间的"+"没有双大括号,所以不再继续计算,而是保持"+"和 d 不变。因此,view 中的内容为"3 + 3 + d",有兴趣的读者可以尝试运行之。

（3）逻辑判断。逻辑判断的示例代码如图 2-32 所示。

```
//视图层
<view wx:if = "{{length > 5}}"> </view>
//逻辑层
Page({
  data: {
    length: 1
  }
})
```

图 2-32　逻辑判断的示例代码

视图层中的变量 length 从逻辑层中获取其值 1,由于 1>5 为 false,故 view 将不显示。

（4）字符串运算。字符串运算的示例代码如图 2-33 所示。

```
//视图层
<view>{{"Hello " + name}}</view>
//逻辑层
Page({
  data:{
    name: 'Tom'
  }
})
```

图 2-33　字符串运算的示例代码

视图层变量 name 将从逻辑层获取其值"Tom",从而在视图层的 view 中输出字符串"Hello Tom"。

（5）数据路径运算。数据路径运算的示例代码如图 2-34 所示。

```
//视图层
<view>{{object.key}} {{array[0]}}</view>
//逻辑层
Page({
  data: {
    object: {
      key: 'Hello '
    },
    array: ['World']
  }
})
```

图 2-34　数据路径运算的示例代码

视图层的 object.key 从逻辑层获取其值"Hello"，而 array[0]从逻辑层的 array 中获取其值"World"，最终在视图层显示"Hello World"。

3）组合

也可以在 Mustache 内直接进行组合，构成新的数组或者对象。

（1）数组。数组的示例代码如图 2-35 所示。

```
//视图层
<view wx:for = "{{[zero, 1, 2, 3, 4]}}"> {{item}} </view>
//逻辑层
Page({
  data: {
    zero: 0
  }
})
```

图 2-35　数组的示例代码

视图层变量 zero 从逻辑层中获取其值 0，从而合成数组[0,1,2,3,4]。关于 wx:for 的用法，将在条件渲染中详细介绍。

（2）对象。对象的示例代码如图 2-36 所示。

```
//视图层
<template is = "objectCombine" data = "{{for: a, bar: b}}"></template>
//逻辑层
Page({
  data: {
    a: 1,
    b: 2
  }
})
```

图 2-36　对象的示例代码

视图层的变量 a 和 b 从逻辑层中分别获取值 1 和 2,最终组合成的对象是{for：1，bar：2}。
也可以用扩展运算符"..."来将一个对象展开,如图 2-37 为示例代码。

```
//视图层
< template is = "objectCombine" data = "{{...obj1, ...obj2, e: 5}}"></template>
//逻辑层
Page({
  data: {
    obj1: {
      a: 1,
      b: 2
    },
    obj2: {
      c: 3,
      d: 4
    }
  }
})
```

图 2-37　用扩展运算符展开对象的示例代码

视图层中的变量"...obj1"和"...obj2"从逻辑层中获取到数据"a：1，b：2"和"c：3，d：4",
最终组合成的对象是{a：1，b：2，c：3，d：4，e：5}。

如果对象的 key 和 value 相同,也可以间接表达。图 2-38 所示为间接表达的代码。

```
//视图层
< template is = "objectCombine" data = "{{foo, bar}}"></template>
//逻辑层
Page({
  data: {
    foo: 'my - foo',
    bar: 'my - bar'
  }
})
```

图 2-38　间接地表达对象的示例代码

视图层的代码 data＝"{{foo，bar}}"是 data＝"{{foo:foo，bar:bar}}"的简写形式,例如,
对于 foo:foo 来说,对象的 key(代码中的冒号前面的 foo)和 value(代码中的冒号后面的 foo)
相同,因此可间接地表达为 foo。同理对于 bar:bar 也可以这样表达,故间接表达的代码为
data＝"{{foo，bar}}"。

间接表达的代码 data＝"{{foo，bar}}"运行时,视图层的变量 foo 和 bar 从逻辑层获取数
据'my-foo'和'my-bar',最终组合成的对象是{foo：'my-foo'，bar：'my-bar'}。

> **注意**：上述方式可以随意组合,但是如有存在变量名相同的情况,同名变量后边的赋
> 值会覆盖前面的赋值,如图 2-39 所示。

```
//视图层
< template is = "objectCombine" data = "{{...obj1, ...obj2, a, c: 6}}"></template >
//逻辑层
Page({
  data: {
    obj1: {
      a: 1,
      b: 2
    },
    obj2: {
      b: 3,
      c: 4
    },
    a: 5
  }
})
```

图 2-39 覆盖前面对象的示例代码

注意:

- 视图层中的"…obj1"和"…obj2",将从逻辑层中获取到数据"a: 1,b: 2"和"b: 3,c: 4",这样"…obj1"中的 b 为 2 将被"…obj2"中的 b 为 3 覆盖,即"a: 1,b: 3,c: 4"。
- 视图层中的 a 将从逻辑层中获取到数据"a:5",因此 5 将覆盖 1,即"a: 5,b: 3,c: 4"。
- 视图层中的"c: 6"又将覆盖之前值为 4 的 c,即"a: 5,b: 3,c: 6"。

因此,最终组合成的对象是 {a: 5,b: 3,c: 6}。

如图 2-40 和图 2-41 所示,花括号和引号之间如果有空格,将最终被解析成字符串。

```
//视图层
< view wx:for = "{{[1,2,3]}} ">
  {{item}}
</view >
```

图 2-40 有空格对象的示例代码

```
//视图层
< view wx:for = "{{[1,2,3] + ''}}">
  {{item}}
</view >
```

图 2-41 解析成字符串对象的示例代码

图 2-40 视图层的代码"wx:for="{{[1,2,3]}} "",在右双花括号和右引号之间有一个空格,被解析成图 2-41 视图层代码"wx:for="{{[1,2,3] + ''}}""中加号("+")后的空格('')。

2 条件渲染

1) wx:if

在小程序框架中,可以使用 wx:if="" 来判断是否需要渲染该代码块:

图 2-42 中视图层的{{condition}}从逻辑层中获取其值 true,因此,视图层将显示"The condition is true"。

也可以用 wx:elif 和 wx:else 来添加一个 else 块,如图 2-43 所示的示例代码。

```
//视图层
< view wx:if = "{{condition}}"> The condition is true </view>
//逻辑层
Page({
  data: {
    condition: true
  }
})
```

图 2-42 wx:if 的示例代码

```
//视图层
< view wx:if = "{{length > 5}}"> The length is greater than 5 </view>
< view wx:elif = "{{length > 2}}"> The length is greater than 2 </view>
< view wx:else> 3 </view>
//逻辑层
Page({
  data: {
    length: 3
  }
})
```

图 2-43 wx:elif 和 wx:else 的示例代码

图 2-43 中视图层的 length 从逻辑层中获取其值 3,因此,视图层将显示"The length is greater than 2"。

2) block wx:if

因为 wx:if 是一个控制属性,需要将它添加到一个标签上。如果要一次性判断多个组件标签,可以使用< block >…</ block >标签将多个组件包装起来,并在该标签开始处使用 wx:if 控制属性。

由于图 2-44 中视图层的{{condition}}从逻辑层中获取其值 true,因此最终效果如图 2-45 所示。

```
//视图层
< block wx:if = "{{condition}}">
  < view > view1 in block as the condition is true </view>
  < view > view2 in block as the condition is true </view>
</block>
//逻辑层
Page({
  data: {
    condition: true
  }
})
```

图 2-44 block wx:if 的示例代码

view1 in block as the condition is true
view2 in block as the condition is true

图 2-45　block wx:if 的示例代码

注意：<block/>…</block>并不是一个组件，它仅仅是一个包装元素，不会在页面中做任何渲染，只接受控制属性。

3）wx:if 与 hidden 的异同

首先，在微信小程序中，wx:if 与 hidden 都可以控制元素的显示与否，这是两者的共同点。

两者的不同之处在于：由于 wx:if 之中的模板也可能包含数据绑定，所以当 wx:if 的条件值切换时，小程序框架有一个局部渲染的过程，因为它要确保条件块在切换时销毁或重新渲染，但 wx:if 也是惰性的，如果在初始渲染条件为 false，框架什么也不做，在条件第一次变成真的时候才开始局部渲染。

相比之下，hidden 就简单得多，组件始终会被渲染，只是简单控制显示与隐藏。

一般来说，wx:if 有更高的切换消耗而 hidden 有更高的初始渲染消耗。因此，如果需要频繁切换元素的显示与隐藏时，用 hidden 更好；如果在运行时条件不大可能改变，则用 wx:if 较好。

3 列表渲染

1）wx:for

在组件上使用 wx:for 控制属性绑定一个数组，即可使用数组中各项的数据重复渲染该组件。图 2-46 为使用 wx:for 绑定数组的示例代码。

```
//视图层
< view wx:for = "{{array}}">
  {{index}}: {{item.message}}
</view>
//逻辑层
Page({
  data: {
    array: [{
      message: 'Apple',
    }, {
      message: 'Orange'
    }, {
      message: 'Banana'
    }, {
      message: 'Pineapple'
    }]
  }
})
```

图 2-46　解析成为字符串对象的示例代码

注意：默认数组的当前项的下标变量名默认为 index，数组当前项的变量名默认为 item。

视图层通过 wx:for＝"{{array}}"获取逻辑层中的数组 array 中的数据,由于 array 中有 4 组数据{message:'Apple',},{message:'Orange'},{message:'Banana'},{message: 'Pineapple'},因此{{index}}的值分别为 0、1、2 和 3,而{{item.message}}则分别为'Apple'、 'Orange'、'Banana'和'Pineapple'。

因此,图 2-46 中视图层代码从逻辑层获取数据后相当于图 2-47 所示的代码。

```
//视图层
< view > 0:Apple </view >
< view > 1:Orange </view >
< view > 2:Banana </view >
< view > 3:Pineapple </view >
```

图 2-47　等效的示例代码

使用 wx:for-item 可以指定数组当前元素的变量名,使用 wx:for-index 可以指定数组当前下标的变量名。如图 2-48 所示,分别使用 wx:for-item 指定数组当前元素的变量名和使用 wx:for-index 指定数组当前下标的变量名。

```
< view wx:for = "{{array}}" wx:for - index = "idx" wx:for - item = "itemName">
  {{idx}}: {{itemName.message}}
</view >
```

图 2-48　指定当前元素和当前下标的变量名

> **注意**:图 2-48 中的 idx 相当于默认的 index,itemName 相当于默认的 item。

wx:for 也可以嵌套,图 2-49 是一个嵌套使用 wx:for 实现九九乘法表的示例代码。

```
//视图层
< view wx:for = "{{[1, 2, 3, 4, 5, 6, 7, 8, 9]}}" wx:for - item = "i">
  < view wx:for = "{{[1, 2, 3, 4, 5, 6, 7, 8, 9]}}" wx:for - item = "j">
    < view wx:if = "{{i <= j}}">
      {{i}} * {{j}} = {{i * j}}
    </view >
  </view >
</view >
```

图 2-49　九九乘法表的示例代码

> **注意**:图 2-49 中显示的代码运行结果并非像我们通常看到的像三角形的九九乘法表,而是每行显示一个乘法式子,它最终的结果是一个有 99 行乘法式子的长方形。

2) block wx:for

类似 block wx:if,也可以将 wx:for 用在< block >…</block >标签上,以渲染一个包含多节点的结构块。图 2-50 所示为 block wx:for 的示例代码。

```
//视图层
< block wx:for = "{{fruit}}">
  < view > {{index}}: </view>
  < view > {{item.message}} </view>
</block>
//逻辑层
Page({
  data: {
    fruit: [{
      message: 'Apple',
    }, {
      message: 'Orange'
    }, {
      message: 'Banana'
    }, {
      message: 'Pineapple'
    }]
  }
})
```

图 2-50   block wx:for 的示例代码

图 2-50 中视图层变量 fruit 从逻辑层获取数据，分别显示在两个不同的 view 中，由于这两个 view 都在用 block 定义的结构块内，因此这个结构块内的两个 view 都被渲染。

3）wx:key

如果列表中项目的位置会动态改变或者有新的项目添加到列表中，并且希望列表中的项目保持自己的特征和状态（如 input 中的输入内容，switch 的选中状态），需要使用 wx:key 来指定列表中项目的唯一的标识符。wx:key 的值以两种形式提供。

（1）字符串，代表在 for 循环的 array 中 item 的某个 property，该 property 的值需要是列表中唯一的字符串或数字，且不能动态改变。

（2）保留关键字 * this 代表在 for 循环中的 item 本身，这种表示需要 item 本身是一个唯一的字符串或者数字，如：当数据改变触发渲染层重新渲染的时候，会校正带有 key 的组件，框架会确保它们被重新排序，而不是重新创建，以确保使组件保持自身的状态，并且提高列表渲染时的效率。

注意：如不提供 wx:key，调试器控制台处会有一个如图 2-51 所示的警告。

```
    Now you can provide attr `wx:key` for a `wx:for` to improve performance.
> 1 |  <block wx:for="{{fruit}}">
    |  ^
  2 |    <view> {{index}}: </view>
  3 |    <view> {{item.message}} </view>
  4 |  </block>
```

图 2-51   不提供 wx:key 的警告

如果明确知道该列表是静态，或者不必关注其顺序，可以选择忽略。

列表渲染的示例代码如图 2-52 所示。

```
//视图层
< switch wx:for = "{{objectArray}}" wx:key = "unique" style = "display: block;"> {{item.id}}
</switch>
< button bindtap = "switch"> Switch </button>
< button bindtap = "addToFront"> Add to the front </button>

< switch wx:for = "{{numberArray}}" wx:key = " * this" style = "display: block;"> {{item}}
</switch>
< button bindtap = "addNumberToFront"> Add to the front </button>
//逻辑层
Page({
  data: {
    objectArray: [
      {id: 5, unique: 'unique_5'},
      {id: 4, unique: 'unique_4'},
      {id: 3, unique: 'unique_3'},
      {id: 2, unique: 'unique_2'},
      {id: 1, unique: 'unique_1'},
      {id: 0, unique: 'unique_0'},
    ],
    numberArray: [1, 2, 3, 4]
  },
  switch: function(e) {
    const length = this.data.objectArray.length
    for (let i = 0; i < length; ++i) {
      const x = Math.floor(Math.random() * length)
      const y = Math.floor(Math.random() * length)
      const temp = this.data.objectArray[x]
      this.data.objectArray[x] = this.data.objectArray[y]
      this.data.objectArray[y] = temp
    }
    this.setData({
      objectArray: this.data.objectArray
    })
  },
  addToFront: function(e) {
    const length = this.data.objectArray.length
    this.data.objectArray = [{id: length, unique: 'unique_' + length}].concat(this.data.objectArray)
    this.setData({
      objectArray: this.data.objectArray
    })
  },
  addNumberToFront: function(e){
    this.data.numberArray = [ this.data.numberArray.length + 1 ].concat(this.data.
numberArray)
    this.setData({
      numberArray: this.data.numberArray
    })
  }
})
```

图 2-52 列表渲染的示例代码

当 wx:for 的值为字符串时,会将字符串解析成字符串数组。例如:在图 2-53 所示的代码中,wx:for 的值为字符串 array,它将被解析成字符串数组。

```
< view wx:for = "array">
  {{item}}
</view>
```

图 2-53 wx:for 的值为字符串的示例代码

将字符串 array 解析成字符串数组的代码如图 2-54 所示。

```
< view wx:for = "{{['a','r','r','a','y']}}">
  {{item}}
</view>
```

图 2-54 wx:for 的值为字符串的等效示例代码

4 模板

WXML 提供模板(template),可以在模板中定义代码片段,然后在不同的地方调用。

1）定义模板

图 2-55 为定义模板的示例代码,使用 name 属性" msgItem" 作为模板的名字,在
< template >…< template/>内定义代码片段。

```
<! --
  index: int
  msg: string
  time: string
-->
< template name = "msgItem">
  < view >
    < text > {{index}}: {{msg}} </text >
    < text > Time: {{time}} </text >
  </view >
</template >
```

图 2-55 定义模板的代码示例

2）使用模板

图 2-56 为使用模板的示例代码,使用 is 属性"msgItem"声明需要使用的模板,然后将模板所需要的 data 传入。

```
< template is = "msgItem" data = "{{...item}}"/>
//逻辑层
Page({
  data: {
    item: {
      index: 0,
      msg: 'this is a template',
      time: '2016 - 09 - 15'
    }
  }
})
```

图 2-56 传入 data 的代码示例

is 属性可以使用 Mustache 语法,来动态决定具体需要渲染哪个模板,如图 2-57 所示。

```
< template name = "odd">
  < view > item is odd </view >
</template >
< template name = "even">
  < view > item is even </view >
</template >

< block wx:for = "{{[1, 2, 3, 4, 5]}}">
  < template is = "{{item % 2 == 0 ? 'even': 'odd'}}"/>
</block >
```

图 2-57　动态选择模板的代码示例

图 2-58 为上述代码运行后的效果。

3) 模板的作用域

模板有自己的作用域,它只能使用 data 传入的数据以及模板定义文件中定义的 < wxs >…</ wxs > 模块。

item is odd
item is even
item is odd
item is even
item is odd

图 2-58　模板代码示例

5　应用

WXML 提供两种文件引用方式,它们分别是 import 方式和 include 方式。

1) import 方式

import 可以在该文件中使用目标文件定义的 template,如图 2-59 所示,先在 item. wxml 中定义了一个 name 值为"item"的 template。

```
<! -- item.wxml -->
< template name = "item">
  < text >{{text}}</text >
</template >
```

图 2-59　item. wxml 代码示例

在 index. wxml 中引用了 item. wxml,就可以使用 item 模板,如图 2-60 所示。

```
<! -- index.wxml -->
< import src = "item.wxml"/>
< template is = "item" data = "{{text: 'forbar'}}"/>
```

图 2-60　index. wxml 代码示例

使用 import 方式引用任何文件,都只会 import 目标文件中定义的 template,而不会 import 目标文件 import 的 template。即只能引入目标文件中定义的 template。

假设 A. wxml 的代码如图 2-61 所示。

```
<! -- A.wxml -->
< template name = "A">
  < text > A template </text >
</template >
```

图 2-61　A. wxml 代码示例

假设 B.wxml 的代码如图 2-62 所示。

```
<!-- B.wxml -->
<import src = "A.wxml"/>
<template is = "A"/>
<template name = "B">
  <text> B template </text>
</template>
```

图 2-62 B.wxml 代码示例

由于在 B.wxml 中 import A,所以可以使用 name 为"A"的 template。

如图 2-63 所示,C import B,在 C 中可以使用 B 定义的 template,但是 C 不能使用 A 定义的 template,因为 C 没有 import A。即 C 只能使用 B 中定义的 template。

```
<!-- C.wxml -->
<import src = "B.wxml"/>
<template is = "A"/> <!--错误,不能使用模板 A,因为没有 import A. -->
<template is = "B"/> <!--正确,可以使用模板 B,因为 import B. -->
```

图 2-63 C.wxml 代码示例

2) include 方式

include 可以将目标文件除了<template>…<template/>和<wxs>…<wxs/>外的整个代码引入,相当于是复制 include 位置。

例如,先定义一个页眉的文件 header.wxml,如图 2-64 所示。

```
<!-- header.wxml -->
<view> header </view>
```

图 2-64 header.wxml 代码示例

再定义一个页脚的文件 footer.wxml,如图 2-65 所示。

```
<!-- footer.wxml -->
<view> footer </view>
```

图 2-65 footer.wxml 代码示例

在 index.wxml,用 include 方式引入 header.wxml 和 footer.wxml,如图 2-66 所示。

```
<!-- index.wxml -->
<include src = "header.wxml"/>
<view> body </view>
<include src = "footer.wxml"/>
```

图 2-66 index.wxml 代码示例

更多关于 WXML 的内容,请访问以下链接。

https://developers.weixin.qq.com/miniprogram/dev/framework/view/wxml/

2.2.2 WXSS

WXSS 是一套样式语言,它对 CSS 进行了扩充以及修改,用于描述 WXML 的组件样式。与 CSS 相比,WXSS 除了具有 CSS 大部分特性之外,还有以下扩展的特性。

1 尺寸单位

在 WXSS 中,规定屏幕宽为 750 responsive pixel(rpx),表 2-18 所示为几款常用的 iPhone 的 rpx。

表 2-18 几款常用的 iPhone 的 rpx

序号	设备型号	屏幕宽度(px)	开发尺寸(pt)	1rpx=开发尺寸(pt)/750
1	iPhone4	640	320	1rpx=0.42pt
2	iPhone5	640	320	1rpx=0.42pt
3	iPhone6	750	375	1rpx=0.5pt
4	iPhone6 Plus	1080	414	1rpx=0.552pt

建议:开发微信小程序时设计师可以用 iPhone6 作为视觉稿的标准。在较小的屏幕上不可避免地会有一些毛刺,请在开发时尽量避免这种情况。

2 样式导入

在 WXSS 中,样式包括外联样式和内联样式。

1) 外联样式

使用 @import 语句可以导入外联样式表,它后面跟需要导入的外联样式表的相对路径,用分号(;)表示语句结束。

首先定义一个外联样式表 out.wxss,如图 2-67 所示。

```
/** out.wxss **/
.smallFont {
  font-size: 8px;
}
```

图 2-67 样式表代码

在 index.wxss 中导入 out.wxss,如图 2-68 所示。

```
/** index.wxss **/
@import "out.wxss";
.middleFont {
  font-size: 14px;
}
```

图 2-68 样式导入示例代码

注意:由于外联样式表与 index.wxss 放在同一文件夹下,所以 @import 后面为外联样式表的文件名,没有相对路径。

2）内联样式

小程序框架组件上支持使用 style、class 属性来控制组件的样式。

（1）style：静态的样式统一写到 class 中。style 接收动态的样式,在运行时会进行解析,请尽量避免将静态的样式写进 style 中,以免影响渲染速度。图 2-69 为动态样式示例代码,{{color}}的值将从逻辑层中动态获得。

```
<view style="color:{{color}};" />
```

图 2-69　动态样式示例代码

（2）class：用于指定样式规则,其属性值是样式规则中类选择器名(样式类名)的集合,样式类名不需要带上“.”,样式类名之间用空格分隔。图 2-70 为 class 指定样式规则的示例。

```
<view class="bg" />
//样式
.bg{
    background-color: #D53C3E;
    height: 40px;
    display: flex;
    flex-direction: row;
}
```

图 2-70　指定样式规则的示例代码

小程序目前支持的选择器如表 2-19 所示。

表 2-19　小程序目前支持的选择器

序号	选择器	示　　例	说　　明
1	.class	.intro	选择所有拥有 class="intro"的组件
2	#id	#firstname	选择拥有 id="firstname"的组件
3	element	view	选择所有 view 组件
4	element,element	view,checkbox	选择所有文档的 view 组件和所有的 checkbox 组件
5	::after	view::after	在 view 组件后边插入内容
6	::before	view::before	在 view 组件前边插入内容

更多关于 WXSS 的内容,请访问以下链接。

https://developers.weixin.qq.com/miniprogram/dev/framework/view/wxss.html

2.2.3　WXS

1 WXS 简介

WXS(WeiXin Script)是小程序的一套脚本语言,结合 WXML,可以构建出页面的结构。它有以下特点:

- WXS 不依赖于运行时的基础库版本,可以在所有版本的小程序中运行。
- WXS 与 JavaScript 是不同的语言,它有自己的语法,并不和 JavaScript 一致。
- WXS 的运行环境和其他 JavaScript 代码是隔离的,WXS 中不能调用其他 JavaScript

文件中定义的函数,也不能调用小程序提供的 API。

- WXS 函数不能作为组件的事件回调。
- 由于运行环境的差异,在 iOS 设备上小程序内的 WXS 会比 JavaScript 代码快 2～20 倍,而在 Android 设备上二者运行效率无差异。

接下来给出使用 WXS 进行页面渲染和数据处理的实例。

1) 页面渲染

图 2-71 为使用 WXS 的页面渲染代码。

```
<!-- wxml -->
<wxs module="m1">
var msg = "hello world";
//对外公开接口
module.exports.message = msg;
</wxs>
//视图层
<view> {{m1.message}} </view>
```

图 2-71   使用 wxs 的页面渲染示例代码

图 2-72 为上述代码运行后视图层的效果。

```
hello world
```

图 2-72   运行后效果

2) 数据处理

首先在逻辑层定义全局数组 array,如图 2-73 所示。

```
// page.js
Page({
  data: {
    array: [1, 2, 3, 4, 5, 1, 2, 3, 4]
  }
})
```

图 2-73   运行后效果

然后在视图层使用 wxs 对数据进行处理,获取数组中最大的元素值,如图 2-74 所示。

```
<!-- wxml -->
<!-- 下面的 getMax 函数,接受一个数组,且返回数组中最大的元素 -->
<wxs module="m1">
var getMax = function(array) {
  var max = undefined;
  for (var i = 0; i < array.length; ++i) {
    max = max === undefined ?
      array[i] :
```

图 2-74   使用 wxs 进行数据处理

```
        (max >= array[i] ? max : array[i]);
  }
  return max;
}

module.exports.getMax = getMax;
</wxs>

<!-- 调用 wxs 里面的 getMax 函数,参数为 page.js 里面的 array -->
<view> {{m1.getMax(array)}} </view>
```

图 2-74 使用 wxs 进行数据处理(续)

图 2-75 为上述代码运行后视图层的效果。

```
5
```

图 2-75 运行后效果

2 WXS 语法

接下来从 WXS 模块、变量、注释、运算符、语句、数据类型和基础类库七个方面介绍 WXS 语法。

1) WXS 模块

WXS 代码可以编写在 wxml 文件中的<wxs>标签内,或以 .wxs 为后缀名的文件内。

(1)模块。每一个 .wxs 文件和<wxs>标签都是一个单独的模块。每个模块都有自己独立的作用域。即在一个模块里面定义的变量与函数,默认为私有的,对其他模块不可见。

一个模块要想对外公开其内部的私有变量与函数,只能通过 module.exports 实现。在微信开发者工具里面,可以右击直接创建 .wxs 文件,在其中直接编写 WXS 脚本。

图 2-76 展示了 WXS 脚本公开变量和函数的示例代码。

```
// /pages/comm.wxs
var foo = "'hello world' from comm.wxs";
var bar = function(d) {
  return d;
}
module.exports = {
  foo: foo,
  bar: bar
};
```

图 2-76 运行后效果

上述例子在文件"/pages/comm.wxs"的里面编写了 WXS 代码。该 .wxs 文件可以被其他的 .wxs 文件或 WXML 中的<wxs>标签引用。

(2)module 对象。每个 wxs 模块均有一个内置的 module 对象。通过使用 exports 属性,可以对外共享本模块的私有变量与函数。图 2-77 展示了使用 module 对象的 exports 属性的示例代码。

```
//tools.wxs
var foo = "'hello world' from tools.wxs";
var bar = function (d) {
  return d;
}
module.exports = {
  FOO: foo,
  bar: bar,
};
module.exports.msg = "some msg";
//视图层
<!-- index.wxml -->
<wxs src="tools.wxs" module="tools" />
<view>{{tools.msg}}</view>
<view>{{tools.bar(tools.FOO)}}</view>
```

图 2-77　运行后效果

注意：<wxs src="tools.wxs" module="tools" />为单标签闭合的写法，也可以写成<wxs src="tools.wxs" module="tools"></wxs>。

假定 index.wxml 和 tools.wxml 在同一文件夹下，上述代码运行后的效果如图 2-78 所示。

```
some msg
'hello world' from tools.wxs
```

图 2-78　运行后效果

（3）require 函数。在 .wxs 模块中引用其他 wxs 文件模块，可以使用 require 函数。引用的时候，要注意如下几点：

① 只能引用 .wxs 文件模块，且必须使用相对路径。

② wxs 模块均为单例，wxs 模块在第一次被引用时，会自动初始化为单例对象。不同的页面在不同的地方多次引用，使用的都是同一个 wxs 模块对象。

③ 如果一个 wxs 模块在定义之后，一直没有被引用，则该模块不会被解析与运行。

假定在文件夹 pages 下存在文件 tools.wxs，如图 2-79 所示。

```
// /pages/tools.wxs
var foo = "'hello world' from tools.wxs";
var bar = function (d) {
  return d;
}
module.exports = {
  FOO: foo,
  bar: bar,
};
module.exports.msg = "some msg";
```

图 2-79　文件夹 pages 下的文件 tools.wxs

假定在文件夹 pages 下存在文件 logic. wxs,该文件使用 require 函数引用 tools. wxs,如图 2-80 所示。

```
// /pages/logic.wxs
var tools = require("tools.wxs");

console.log(tools.FOO);
console.log(tools.bar("logic.wxs"));
console.log(tools.msg);
```

图 2-80 文件夹 pages 下的文件 logic. wxs

假定在文件夹 pages 下的子文件夹 index 下存在文件 index. wxml,该文件引用了 logic. wxs,如图 2-81 所示。

```
<! -- /pages/index/index.wxml -->
< wxs src = "../logic.wxs" module = "logic" />
```

图 2-81 引用文件夹 pages 下的文件 logic. wxs

上述代码的输出结果如图 2-82 所示。

```
'hello world' from tools.wxs
logic.wxs
some msg
```

图 2-82 输出结果

(4) < wxs > 标签。如表 2-20 所示为 < wxs > 标签的信息,包括属性名、类型和说明。

表 2-20 标签的信息

序号	属性名	类型	说 明
1	module	String	当前 < wxs > 标签的模块名
2	src	String	引用.wxs 文件的相对路径。仅当本标签为单闭合标签或标签的内容为空时有效

从表中可以看出, < wxs > 标签有两个属性,即 module 属性和 src 属性,其中 module 为必填字段。

① module 属性。module 属性是当前 < wxs > 标签的模块名。在单个 wxml 文件内,建议其值唯一。若模块名有重复,则按照先后顺序覆盖(后者覆盖前者)。不同文件之间的 wxs 模块名不会相互覆盖。

module 属性值的命名必须符合下面两个规则:
- 首字符必须是小写字母(a~z),大写字母(A~Z)或下画线(_)。
- 剩余字符可以是小写字母(a~z),大写字母(A~Z),下画线(_)或数字(0~9)。

图 2-83 定义了名为 foo 的模块,并通过调用其接口进行页面渲染。

```
<! -- wxml -->
< wxs module = "foo">
var some_msg = "hello world";
module.exports = {
  msg : some_msg,
}
</wxs >
//视图层
< view > {{foo.msg}} </view >
```

图 2-83　foo 模块

在上述代码中,声明了一个名字为 foo 的模块,将变量 some_msg 公开出来,供当前页面
使用,其运行结果如图 2-84 所示。

```
hello world
```

图 2-84　输出结果

② src 属性。src 属性可以用来引用其他的 wxs 文件模块。引用的时候,要注意如下几点:

- 只能引用.wxs 文件模块,且必须使用相对路径。
- wxs 模块均为单例,在第一次被引用时,会自动初始化为单例对象。对于多个页面,多个地方,多次引用,使用的都是同一个 wxs 模块对象。
- 如果一个 wxs 模块在定义之后,一直没有被引用,则该模块不会被解析与运行。

图 2-85 给出了使用 src 属性来引用其他 wxs 文件模块的示例代码。

```
// /pages/index/index.js
Page({
  data: {
    msg: "'hello wrold' from js",
  }
})

<! -- /pages/index/index.wxml -->
< wxs src = "../comm.wxs" module = "some_comms"></wxs >
<! -- 调用 some_comms 模块里面的 bar 函数,且参数为 some_comms 模块里面的 foo -->
< view > {{some_comms.bar(some_comms.foo)}} </view >
<! -- 调用 some_comms 模块里面的 bar 函数,且参数为 page/index/index.js 里面的 msg -->
< view > {{some_comms.bar(msg)}} </view >
```

图 2-85　使用 src 属性来引用其他的 wxs 文件模块

上述例子在文件 index.wxml 中通过< wxs >标签引用了 comm.wxs 模块。

> 注意:文件 comm.wxs 为图 2-76 所示代码,由于其在文件夹/pages/下,故在文件夹/pages/index/下的 index.wxml 中,使用 src 属性引用这一文件时需要加上".."。

图 2-86 为上述代码运行时的输出结果。

```
'hello world' from comm.wxs
'hello wrold' from js
```

图 2-86　使用 src 属性来引用其他的 wxs 文件模块的运行结果

注意：

- <wxs>模块只能在定义模块的 WXML 文件中被访问到。使用<include>或<import>时，<wxs>模块不会被引入到对应的 WXML 文件中。
- <template>标签中，只能使用定义该<template>的 WXML 文件中定义的<wxs>模块。

2）变量

（1）概念。WXS 中的变量均为值的引用。对于没有声明的变量，如果直接对其赋值并使用，会被定义为全局变量。如果只声明变量而不赋值，则默认其值为 undefined。

在 WXS 中，使用 var 来申明任何一个变量，都与在 javascript 中使用 var 来申明变量类似，会导致该变量提升（所谓变量提升，即在指定作用域里，从代码顺序上看是变量先使用后声明，而在运行时变量的"可访问性"提升到当前作用域的顶部，其值为 undefined，但没有"可用性"）。图 2-87 为在 WXS 中申明变量的示例代码。

```
var foo = 1;
var bar = "hello world";
var i; // i === undefined
```

图 2-87　在 wxs 中申明变量

在图 2-87 所示的代码中，分别用 var 声明了 foo、bar、i 三个变量，并将变量 foo 赋值为数值 1，变量 bar 赋值为字符串"hello world"，变量 i 未赋值（即默认为 undefined）。

（2）变量名。在 WXS 中，变量命名必须符合下面两个规则：

- 首字符必须是小写字母（a～z）、大写字母（A～Z）或下画线（_）。
- 剩余字符可以是小写字母（a～z）、大写字母（A～Z）、下画线（_）或数字（0～9）。

（3）保留标识符。表 2-21 所示的保留标识符不能作为变量名。

表 2-21　保留标识符

序号	标识符	序号	标识符	序号	标识符	序号	标识符	序号	标识符
1	delete	2	NaN	3	true	4	arguments	5	break
6	void	7	Infinity	8	false	9	return	10	continue
11	typeof	12	var	13	require	14	for	15	switch
16	null	17	if	18	this	19	while	20	case
21	undefined	22	else	23	function	24	do	25	default

3）注释

WXS 中主要有 3 种注释代码的方法，即为单行注释（//）、多行注释（/ * * /）和结尾注释（/ * ）。图 2-88 展示了这 3 种注释代码的方法。

```
<!-- wxml -->
<wxs module = "sample">
//第1种方法：单行注释
// var foo = "sample"

/*
第2种方法：多行注释
var bar = function(d) {
  return d;
}
*/

/*
第3种方法：结尾注释。即从 /* 开始往后的所有 WXS 代码均被注释
var a = 1;
var b = 2;
var c = "fake";

</wxs>
```

图 2-88　三种注释代码的方法

　　在图 2-88 中，所有 WXS 代码均被注释掉了。第 1 种和第 2 种方法注释代码在很多开发语言中都很常见，第 3 种方法与第 2 种方法最大的区别在于第 3 种方法中只有开始符 /*，没有结束符 */，使用时注意这两种注释方法的差别，请不要混淆。

　　4）运算符

　　（1）基本运算符。图 2-89 为加法、减法、乘法、除法和取余等基本运算的示例代码。

```
//对变量 a 和 b 申明并赋值
var a = 10, b = 20;
// 加法运算
console.log(30 === a + b);
// 减法运算
console.log(-10 === a - b);
// 乘法运算
console.log(200 === a * b);
// 除法运算
console.log(0.5 === a / b);
// 取余运算
console.log(10 === a % b);
```

图 2-89　基本运算示例代码

　　加法运算符（＋）也可以用于字符串的拼接，如图 2-90 所示。

```
//对变量 a 和 b 申明并赋值
var a = '.w', b = 'xs';
// 字符串拼接
console.log('.wxs' === a + b);
```

图 2-90　加法运算用于字符串拼接的示例代码

（2）一元运算符。图 2-91 为一元运算符的示例代码，包括自增、自减、正值、负值、取反、delete、void、typedef 和否运算（或称非运算）等。

```javascript
//对变量 a 和 b 申明并赋值
var a = 10, b = 20;
// 自增运算
console.log(10 === a++);
console.log(12 === ++a);
// 自减运算
console.log(12 === a-- );
console.log(10 ===  -- a);
// 正值运算
console.log(10 ===  + a);
// 负值运算
console.log(0 - 10 ===  - a);
// 取反运算
console.log(false === !a);
// delete 运算
console.log(true === delete a.fake);
// void 运算
console.log(undefined === void a);
// typeof 运算
console.log("number" === typeof a);
// 否运算,或称非运算
console.log( - 11 === ~a);
```

图 2-91　一元运算符的示例代码

（3）位运算符。图 2-92 是位运算符的示例代码，包括左移、无符号右移、带符号右移、异或、或、与运算等。

```javascript
//对变量 a 和 b 申明并赋值
var a = 10, b = 20;
// 左移运算
console.log(80 === (a << 3));
// 无符号右移运算
console.log(2 === (a >> 2));
// 带符号右移运算
console.log(2 === (a >>> 2));
// 与运算
console.log(2 === (a & 3));
// 异或运算
console.log(9 === (a ^ 3));
// 或运算
console.log(11 === (a | 3));
```

图 2-92　位运算符的示例代码

（4）比较运算符。图 2-93 是比较运算符的示例代码，包括小于、大于、小于等于和大于等于运算等。

```
//对变量 a 和 b 声明并赋值
var a = 10, b = 20;
// 小于
console.log(true === (a < b));
// 大于
console.log(false === (a > b));
// 小于等于
console.log(true === (a <= b));
// 大于等于
console.log(false === (a >= b));
```

图 2-93　比较运算符的示例代码

（5）等值运算符。图 2-94 是等值运算符的示例代码，包括等号、非等号、全等号和非全等号运算等。

```
//对变量 a 和 b 声明并赋值
var a = 10, b = 20;
// 等号
console.log(false === (a == b));
// 非等号
console.log(true === (a != b));
// 全等号
console.log(false === (a === b));
// 非全等号
console.log(true === (a !== b));
```

图 2-94　等值运算符的示例代码

（6）赋值运算符。图 2-95 是赋值运算符的示例代码，包括对变量做加法、减法、乘法、除法和取模运算等赋值运算操作。

```
//声明变量 a 并赋值
var a = 0;
a = 10;
a += 5;           //加法运算,等价于 a = a + 5
console.log(15 === a);

a = 10;
a -= 11;          //减法运算,等价于 a = a - 11
console.log(-1 === a);

a = 10;
a *= 10;          //乘法运算,等价于 a = a * 10
console.log(100 === a);

a = 10;
a /= 5;           //除法运算,等价于 a = a / 5
```

图 2-95　赋值运算符的示例代码

```
console.log(2 === a);

a = 10;
a %= 7;                    //取模运算,等价于a = a % 7
console.log(3 === a);

a = 10;
a <<= 10;                  //左移位运算
//等价于a = a << 10,相当于把 10(对应二进制数为 1010)左移 10 位,
//即 10 * 2^10 = (8 + 2) * 2^10 = (2^3 + 2^1) * 2^10 = 2^13 + 2^11 = 10240
//^代表幂运算,10240 对应二进制数为 10100000000000
console.log(10240 === a);

a = 10;
a >>= 2;                   //有符号右移位运算
//等价于a = a >> 2,相当于把 10(对应二进制数为 1010)右移 2 位
//即为二进制数 0010,相当于进行了 10/2^2 = 10/4 = 2 的运算。
console.log(2 === a);

a = 10;
a >>>= 2;
//无符号右移,即不论被右移的数是正数还是负数,右移后左边空出来的位均用 0 填充。
//等价于把 10(对应二进制数为 1010)右移 2 位得2(对应二进制数 0010)。
console.log(2 === a);

a = 10;
a &= 3;                    //按位与运算
//对于每一个比特位,只有两个操作数相应的比特位都是 1 时,结果才为 1,否则为 0。
//10 对应的二进制数为 1010,3 对应的二进制数为 0011,按位与得 0010,即十进制的 2。
console.log(2 === a);

a = 10;
a ^= 3;                    //按位异或运算
//对于每一个比特位,当两个操作数相应的比特位有且只有一个 1 时,结果为 1,否则为 0。
//10 对应的二进制数为 1010,3 对应的二进制数为 0011,按位异或得 1001,即十进制的 9。
console.log(9 === a);

a = 10;
a |= 3;                    //按位或运算
//对于每一个比特位,当两个操作数相应的比特位至少有一个 1 时,结果为 1,否则为 0。
//10 对应的二进制数为 1010,3 对应的二进制数为 0011,按位或得 1011,即十进制的 11。
console.log(11 === a);
```

图 2-95 赋值运算符的示例代码(续)

(7)二元逻辑运算符。图 2-96 是二元逻辑运算符的示例代码,包括逻辑与和逻辑或运算。

```
var a = 10, b = 20;
// 逻辑与
console.log(20 === (a && b));
// 逻辑或
console.log(10 === (a || b));
```

图 2-96 二元逻辑运算符的示例代码

（8）其他运算符。图 2-97 是其他运算符的示例代码，如条件运算和逗号运算。

```
var a = 10, b = 20;
//条件运算符
console.log(20 === (a >= 10 ? a + 10 : b + 10));
//逗号运算符
console.log(20 === (a, b));
```

图 2-97　其他运算符的示例代码

（9）运算符优先级。表 2-22 展示了运算符的优先级、说明和结合性。

表 2-22　运算符优先级、说明和结合性

运　算　符	优　先　级	说　　明	结　合　性
( )	20	括号	
.	19	成员访问	从左到右
[ ]	19	成员访问	从左到右
( )	19	函数调用	从左到右
++	17	后置递增	
——	17	后置递减	
!	16	逻辑非	从右到左
~	16	按位非	从右到左
+	16	一元加法	从右到左
—	16	一元减法	从右到左
++	16	前置递增	从右到左
--	16	前置递减	从右到左
typeof	16	typeof	从右到左
void	16	void	从右到左
delete	16	delete	从右到左
*	14	乘法	从左到右
/	14	除法	从左到右
%	14	取模	从左到右
+	13	加法	从左到右
—	13	减法	从左到右
<<	12	按位左移	从左到右
>>	12	按位右移	从左到右
>>>	12	无符号右移	从左到右
<	11	小于	从左到右
<=	11	小于等于	从左到右
>	11	大于	从左到右
>=	11	大于等于	从左到右
==	10	等号	从左到右
!=	10	非等号	从左到右
===	10	全等号	从左到右
!==	10	非全等号	从左到右
&	9	按位与	从左到右
^	8	按位异或	从左到右

续表

运 算 符	优 先 级	说 明	结 合 性
|	7	按位或	从左到右
&&	6	逻辑与	从左到右
||	5	逻辑或	从左到右
? :	4	条件运算符	从右到左
=	3	赋值	从右到左
+=	3	赋值	从右到左
-=	3	赋值	从右到左
*=	3	赋值	从右到左
/=	3	赋值	从右到左
%=	3	赋值	从右到左
<<=	3	赋值	从右到左
>>=	3	赋值	从右到左
>>>=	3	赋值	从右到左
&=	3	赋值	从右到左
^=	3	赋值	从右到左
|=	3	赋值	从右到左
,	0	逗号	从左到右

注意：优先级用数字来表示，值越大，表示运算的优先级越高，值相同则表示运算的优先级相同。

5）语句

（1）if语句。在WXS中，可以使用以下三种格式的if语句，即单分支if语句、双分支if语句和多分支if语句。

① 单分支if语句。图2-98是单分支if语句的格式。

```
if (expression) statement:
```

图 2-98 单分支 if 语句的格式

当 expression 为真时，执行 statement。其中 expression 是表达式，statement 是可执行语句。

② 双分支if语句。图2-99是双分支if语句的格式。

```
if (expression) statement1 else statement2 :
```

图 2-99 双分支 if 语句的格式

当 expression 为真时，执行 statement1；否则，执行 statement2。其中 expression 是表达式，statement1 和 statement2 都是可执行语句。

③ 多分支if语句。图2-100是多分支if语句的格式。

```
if (expression1) statement1 else if (expression2) statement2 ... else statementN
```

图 2-100 多分支 if 语句的格式

当 expression1 为真时，执行 statement1；否则判断 expression2 为真时，执行 statement2。其中 expression1、expression2 … expressionN-1 是表达式，statement1、statement2…statementN 都是可执行语句。该语句运行时是在 expression1 到 expressionN-1 之间选择其中一个条件为真的分支相应地执行 statementX（statementX 即为 statement1 到 statementN-1 中的某一语句），若上述条件均不满足，则执行语句 statementN。

图 2-101 为 if 语句的示例代码。

```
// 单分支 if 语句：if ...
if (表达式) 语句;

if (表达式)
  语句;

if (表达式) {
  代码块;
}

// 双分支 if 语句：if ... else
if (表达式) 语句;
else 语句;

if (表达式)
  语句;
else
  语句;

if (表达式) {
  代码块;
} else {
  代码块;
}

// 多分支 if 语句：if ... else if ... else ...
if (表达式) {
  代码块;
} else if (表达式) {
  代码块;
} else if (表达式) {
  代码块;
} else {
  代码块;
}
```

图 2-101 if 语句的示例代码

注意：表达式既可以是任意合法的关系表达式、逻辑表达式或两者的组合等，也可以是任意数值类型（包括整型和字符型等）的变量或常量。

（2）switch 语句。图 2-102 为 switch 语句的格式。

```
switch (表达式) {
  case 变量:
    语句;
  case 数字:
    语句;
    break;
  case 字符串:
    语句;
  default:
    语句;
}
```

图 2-102 switch 语句的格式

注意：switch 语句中的 default 分支可以省略不写；case 关键词后面只能使用：变量、数字、字符串。

图 2-103 为 switch 语句的示例代码。

```
var exp = 10;
switch ( exp ) {
case "10":
  console.log("string 10");
  break;
case 10:
  console.log("number 10");
  break;
case exp:
  console.log("var exp");
  break;
default:
  console.log("default");
}
```

图 2-103 switch 语句的示例代码

该示例代码的输出结果如图 2-104 所示。

```
number 10
```

图 2-104 switch 语句示例代码的输出结果

（3）for 语句。图 2-105 为 for 语句的格式，包括简单 for 语句和复杂 for 语句。

注意：在 if 语句和 for 语句中均支持使用 break 和 continue 关键词。

图 2-106 为复杂 for 语句的示例代码。

```
//简单 for 语句：循环体内只有一行语句
for (语句；语句；语句)
    语句；
//复杂 for 语句：循环体内有多行语句
for (语句；语句；语句) {
    代码块；
}
```

图 2-105 for 语句的格式

```
for (var i = 0; i < 3; ++i) {
    console.log(i);
    if( i >= 1) break;
}
```

图 2-106 复杂 for 语句的示例代码

该示例代码的输出结果如图 2-107 所示。

```
0
1
```

图 2-107 复杂 for 语句的示例代码

（4）while 语句。图 2-108 为 while 语句的格式，包括简单 while 语句、复杂 while 语句和 do…while 语句。

```
//简单 while 语句：循环体内只有一行语句
while (表达式)
    语句；
//复杂 while 语句：循环体内有多行语句
while (表达式){
    代码块；
}
//do…while 语句：循环体内有多行语句
do {
    代码块；
} while (表达式)
```

图 2-108 while 语句的示例代码

注意：
① 在 while 语句中，当表达式为真时，循环执行语句或代码块。
② while 语句支持使用 break 和 continue 关键词。

6）数据类型

（1）WXS 的数据类型。WXS 语言目前共有 number（数值）、string（字符串）、boolean（布尔值）、object（对象）、function（函数）、array（数组）、date（日期）和 regexp（正则）数据类型。具

体如表 2-23 所示。

表 2-23　WXS 的数据类型

序号	数据类型	语　　法	属　　性	方　　法
1	number	number 包括两种数值：整数，小数。 var a = 10; var PI = 3.141592653589793	constructor：返回字符串"Number"	toString toLocaleString valueOf toFixed toExponential toPrecision
2	string	string 有两种写法： 'hello world'; "hello world"	constructor：返回字符串"String"； length	toString valueOf charAt charCodeAt concat indexOf lastIndexOf localeCompare match replace search slice split substring toLowerCase toLocaleLowerCase toUpperCase toLocaleUpperCase trim
3	boolean	布尔值只有两个特定的值：true 和 false	constructor：返回字符串"Boolean"	toString valueOf

4	object	object 是一种无序的键值对。使用方法如下所示：
		var o = {} //生成一个新的空对象
		
		//生成一个新的非空对象
		o = {
		　　'string' : 1, //object 的 key 可以是字符串
		　　const_var : 2, //object 的 key 也可以是符合变量定义规则的标识符
		　　func:{}, //object 的 value 可以是任何类型
		　　}
			constructor：返回字符串"Object"。
			console.log("Object" === {k:"1",v:"2"}.constructor)
				toString：返回字符串"[object Object]"

续表

序　号	数据类型	语　　法	属　　性	方　　法

		//对象属性的读操作
		console. log(1 === o['string']);
		console. log(2 === o. const_var);
		
		//对象属性的写操作
		o['string']++;
		o['string'] += 10;
		o. const_var++;
		o. const_var += 10;
		
		//对象属性的读操作
		console. log(12 === o['string']);
		console. log(13 === o. const_var)		

5	function	function 支持以下的定义方式：
		//方法 1
		function a (x) {
		　　return x;
		}
		
		//方法 2
		var b = function (x) {
		　　return x;
		}
		function 同时也支持以下的语法（匿名函数，闭包等）：
		var a = function (x) {
		return function () { return x;}
		}
		
		var b = a(100);
		console. log(100 === b());
		
		function 里面可以使用 arguments 关键词。该关键词目前只支持以下的属性：
		length：传递给函数的参数个数。
		[index]：通过 index 下标可以遍历传递给函数的每个参数。
		示例代码：
		var a = function(){
		　　console. log(3
		=== arguments. length);
		　　console. log(100
		=== arguments[0]);
		　　console. log(200
		=== arguments[1]);
		　　console. log(300
		=== arguments[2]);
		　　};
		a(100,200,300)
			constructor：返回字符串 "Function"。
			length：返回函数的形参个数
				toString：返回字符串 "[function Function]"。
				
				var func = function (a,b,c) { }
				
				console. log("Function" === func. constructor);
				console. log(3 === func. length);
				console. log("[function Function]" === func. toString())

续表

序号	数据类型	语　　法	属　　性	方　　法

6	array	array 支持以下的定义方式：
		var a = [ ];
		//生成一个新的空数组
		a = [1,"2",{ },function(){ }];　//生成一个新的非空数组,数组元素可以是任何类型
			constructor：返回字符串"Array"	length;
				toString
				concat
				join
				pop
				push
				reverse
				shift
				slice
				sort
				splice
				unshift
				indexOf
				lastIndexOf
				every
				some
				forEach
				map
				filter
				reduce
				reduceRight

7	date	生成 date 对象需要使用 getDate 函数，返回一个当前时间的对象。
		getDate( )
		getDate(milliseconds)
		getDate(datestring)
		getDate(year, month[, date[, hours [, minutes [, seconds [, milliseconds]]]]])
		
		milliseconds：从 1970 年 1 月 1 日 00:00:00 UTC 开始计算的毫秒数。
		datestring：日期字符串,其格式为："month day, year hours: minutes: seconds"
		
		var date = getDate( );
		//返回当前时间对象
		
		date= getDate(1500000000000);
		//Fri Jul 14 2017 10:40:00 GMT+0800（中国标准时间）
		date= getDate('2017-7-14');
		//Fri Jul 14 2017 00:00:00 GMT+0800（中国标准时间）
		date = getDate(2017, 6, 14, 10, 40, 0, 0);
		//Fri Jul 14 2017 10:40:00 GMT+0800（中国标准时间）
			constructor：返回字符串"Date"	toString
				toDateString
				toTimeString
				toLocaleString
				toLocaleDateString
				toLocaleTimeString
				valueOf
				getTime
				getFullYear
				getUTCFullYear
				getMonth
				getUTCMonth
				getDate
				getUTCDate
				getDay
				getUTCDay
				getHours
				getUTCHours
				getMinutes
				getUTCMinutes
				getSeconds
				getUTCSeconds
				getMilliseconds
				getUTCMilliseconds
				getTimezoneOffset
				setTime
				setMilliseconds
				setUTCMilliseconds

序号	数据类型	语　　法	属　　性	方　　法
				setSeconds setUTCSeconds setMinutes setUTCMinutes setHours setUTCHours setDate setUTCDate setMonth setUTCMonth setFullYear setUTCFullYear toUTCString toISOString toJSON

8	regexp	生成 regexp 对象需要使用 getRegExp 函数。
		getRegExp(pattern[，flags])
		参数：
		pattern：正则表达式的内容。
		flags：修饰符。该字段只能包含以下字符：
		g：global
		i：ignoreCase
		m：multiline。
		
		var a = getRegExp("x"，"img");
		console.log("x" === a.source);
		console.log(true === a.global);
		console.log(true === a.ignoreCase);
		console.log(true === a.multiline)
			constructor：返回字符串"RegExp"。
			source
			global
			ignoreCase
			multiline
			lastIndex	

以上方法的具体使用请参考 ES5 标准。

（2）数据类型判断。

① constructor 属性。数据类型的判断可以使用 constructor 属性。如图 2-109 所示，使用 constructor 属性分别判断一个变量是否为 Number、String、Boolean、Object、Function、Array、Date 和 RegExp 等数据类型。

```
var number = 10;
console.log( "Number" === number.constructor );

var string = "str";
console.log( "String" === string.constructor );

var boolean = true;
```

图 2-109　使用 constructor 属性判断数据类型的示例代码

```
console.log( "Boolean" === boolean.constructor );

var object = {};
console.log( "Object" === object.constructor );

var func = function(){};
console.log( "Function" === func.constructor );

var array = [];
console.log( "Array" === array.constructor );
//生成 date 对象需要使用 getDate 函数, 返回一个当前时间的对象.
var date = getDate();
console.log( "Date" === date.constructor );

var regexp = getRegExp();         //生成 regexp 对象需要使用 getRegExp 函数.
console.log( "RegExp" === regexp.constructor );
```

图 2-109　使用 constructor 属性判断数据类型的示例代码（续）

② typeof。使用 typeof 也可以区分部分数据类型。如图 2-110 所示，使用 typeof 属性分别判断一个变量是否为 Number、String、Boolean、Object、Function、Array、Date 和 RegExp 等数据类型。

```
var number = 10;
var boolean = true;
var object = {};
var func = function(){};
var array = [];
//生成 date 对象需要使用 getDate 函数, 返回一个当前时间的对象.
var date = getDate();
var regexp = getRegExp();         //生成 regexp 对象需要使用 getRegExp 函数

console.log( 'number' === typeof number );
console.log( 'boolean' === typeof boolean );
console.log( 'object' === typeof object );
console.log( 'function' === typeof func );
console.log( 'object' === typeof array );
console.log( 'object' === typeof date );
console.log( 'object' === typeof regexp );
console.log( 'undefined' === typeof undefined );
console.log( 'object' === typeof null );
```

图 2-110　使用 typeof 可以区分部分数据类型

7）基础类库

WXS 基础类库如表 2-24 所示。

表 2-24　WXS 的基础类库

序号	名称	属　性	方　法	备　注
1	console			console. log 方法, 用于在 console 窗口输出信息。它可以接收多个参数, 将它们的结果连接起来输出
2	Math	E LN10 LN2 LOG2E LOG10E PI SQRT1_2 SQRT2	abs acos asin atan atan2 ceil cos exp floor log max min pow random round sin sqrt tan	
3	JSON		stringify（object）: 将 object 对象转换为 JSON 字符串, 并返回该字符串 parse（string）: 将 JSON 字符串转化成对象, 并返回该对象	
4	Number	MAX_VALUE MIN_VALUE NEGATIVE_INFINITY POSITIVE_INFINITY		
5	Date	parse UTC now		
6	Global	NaN Infinity undefined	parseInt parseFloat isNaN isFinite decodeURI decodeURIComponent encodeURI encodeURIComponent	

以上属性和方法的具体使用请参考 ES5 标准。

更多关于 WXS 的内容，请访问以下链接。

https://developers.weixin.qq.com/miniprogram/dev/framework/view/wxs/

要完整了解 WXS 语法，请访问以下链接。

https://developers.weixin.qq.com/miniprogram/dev/reference/wxs/

2.2.4 事件系统

1 事件

1）事件的定义

事件是视图层到逻辑层的通信方式，它既可以将用户的行为反馈到逻辑层进行处理，也可以绑定在组件上，当达到触发事件，就会执行逻辑层中对应的事件处理函数。事件对象还可以携带额外信息，如 id、dataset、touches。

2）事件的使用方式

（1）在组件中绑定一个事件处理函数。

如图 2-111 所示，当用户点击 bindtap 组件的时候会在该页面对应的 Page 中找到相应的事件处理函数 tapName。

```
< view id = "tapTest" data - hi = "WeChat" bindtap = "tapName"> Click me! </view>
```

图 2-111 在组件中绑定一个事件处理函数

（2）在相应的 Page 定义中写上相应的事件处理函数，参数是 event。

如图 2-112 所示为 Page 中相应的事件处理函数，参数是 event。

```
Page({
  tapName: function(event) {
    console.log(event)
  }
})
```

图 2-112 事件处理函数的实现

有兴趣的读者可以运行一下上述代码。

3）使用 WXS 函数响应事件

从基础库版本 2.4.4 开始，开始支持使用 WXS 函数绑定事件（低版本的需做兼容处理），WXS 函数接受两个参数，第一个是 event，在原有的 event 的基础上加了 event.instance 对象，第二个参数是 ownerInstance，和 event.instance 一样是一个 ComponentDescriptor 对象。具体使用如下：

（1）在组件中绑定和注册事件处理的 WXS 函数。图 2-113 为在组件中绑定和注册事件处理的 WXS 函数。

```
< wxs module = "wxs" src = "./test.wxs"></wxs>
< view id = "tapTest" data - hi = "WeChat" bindtap = "{{wxs.tapName}}"> Click me! </view>
```

图 2-113 绑定和注册事件处理的 WXS 函数

注意：绑定的 WXS 函数必须用{{ }}（双大括号）括起来。

（2）实现 tapName 函数。图 2-114 为 tapName 函数的实现代码。

```
function tapName(event, ownerInstance) {
  console.log('tap wechat', JSON.stringify(event))
}
module.exports = {
  tapName: tapName
}
```

图 2-114　实现 tapName 函数

参数 ownerInstance 包含了一些方法，可以设置组件的样式和 class，具体包含的方法以及为什么要用 WXS 函数响应事件，详情可以参考以下链接。

https://developers. weixin. qq. com/miniprogram/dev/framework/view/interactive-animation. html

2　事件详解

1）事件分类

事件分为冒泡事件和非冒泡事件。冒泡事件是指当一个组件上的事件被触发后，该事件会向父节点传递；非冒泡事件是指当一个组件上的事件被触发后，该事件不会向父节点传递。

WXML 的冒泡事件列表如表 2-25 所示。

表 2-25　WXML 的冒泡事件列表

序号	类　型	触　发　条　件
1	touchstart	手指触摸动作开始
2	touchmove	手指触摸后移动
3	touchcancel	手指触摸动作被打断，如来电提醒，弹窗
4	touchend	手指触摸动作结束
5	tap	手指触摸后马上离开
6	longpress	手指触摸后，超过 350ms 再离开，如果指定了事件回调函数并触发了这个事件，tap 事件将不被触发
7	longtap	手指触摸后，超过 350ms 再离开（推荐使用 longpress 事件代替）
8	transitionend	会在 WXSS transition 或 wx. createAnimation 动画结束后触发
9	animationstart	会在一个 WXSS animation 动画开始时触发
10	animationiteration	会在一个 WXSS animation 一次迭代结束时触发
11	animationend	会在一个 WXSS animation 动画完成时触发
12	touchforcechange	在支持 3D Touch 的 iPhone 设备，重按时会触发

注意：除上表之外的其他组件的自定义事件如无特殊声明都是非冒泡事件，如 form 的 submit 事件，input 的 input 事件，scroll-view 的 scroll 事件。

2）事件绑定和冒泡

事件绑定的写法类似 key、value 的形式，具体如下。

（1）key 以 bind 或 catch 开头，然后跟上事件的类型，如 bindtap、catchtouchstart。自基础

库版本 1.5.0 起,在非原生组件中,bind 和 catch 后可以紧跟一个冒号,其含义不变,如 bind:
tap、catch:touchstart。

(2) value 是一个字符串,需要在对应的 Page 中定义同名的函数。若不定义该同名的函数,则触发事件时会报错。基础库版本 2.8.1 起,原生组件也支持 bind 后紧跟冒号的写法。

> **注意:** bind 事件绑定不会阻止冒泡事件向上冒泡,catch 事件绑定可以阻止冒泡事件向上冒泡。

图 2-115 为事件绑定和冒泡的实现代码,点击 id 为 inner 的 view 会先后调用 handleTap3 和 handleTap2,由于 id 为 inner 的 view 绑定的事件类型是 bindtap,故名为 handleTap3 的 bindtap 类型事件会冒泡到 id 为 middle 的 view,又由于 id 为 middle 的 view 绑定的事件类型是 catchtap,因此 id 为 middle 的 view 阻止了名为 handleTap2 的 catchtap 类型事件冒泡,不再向 id 为 outer 的父节点传递。即点击 id 为 middle 的 view 只会触发 handleTap2,而点击 id 为 outer 的 view 则只会触发 handleTap1。

```
< view id = "outer" bindtap = "handleTap1">
  outer view
  < view id = "middle" catchtap = "handleTap2">
    middle view
    < view id = "inner" bindtap = "handleTap3">
      inner view
    </view >
  </view >
</view >
```

图 2-115 实现 tapName 函数

3) 事件的捕获阶段

自基础库版本 1.5.0 起,触摸类事件支持捕获阶段。捕获阶段位于冒泡阶段之前,且在捕获阶段中,事件到达节点的顺序与冒泡阶段恰好相反。需要在捕获阶段监听事件时,可以采用 capture-bind、capture-catch 关键字,后者将中断捕获阶段和取消冒泡阶段。

图 2-116 为使用 capture-bind 关键字的代码,点击 id 为 inner 的 view 会先后调用 handleTap2、handleTap4、handleTap3、handleTap1。因为 id 为 inner 的 view 是内嵌在 id 为 outer 的 view 中,所以点击 id 为 inner 的 view 就会触发 id 为 outer 的 view 对应的事件,又由于捕获阶段在冒泡阶段之前,所以先触发 handleTap2 和 handleTap4,然后再触发 handleTap3 和 handleTap1。

```
< view id = "outer" bind:touchstart = "handleTap1" capture - bind:touchstart = "handleTap2">
  outer view
  < view id = "inner" bind:touchstart = "handleTap3" capture - bind:touchstart = "handleTap4">
    inner view
  </view >
</view >
```

图 2-116 实现事件捕获

问题：如果 id 为 inner 的 view 不是内嵌在 id 为 outer 的 view 中，而是与其并列，情况将会如何？请读者思考这一问题并上机验证。

如图 2-117 所示，若将上面代码中的第一个 capture-bind 改为 capture-catch，则将只触发handleTap2。因为在触发 id 为 outer 的 view 对应的事件之后，catch 事件绑定阻止了冒泡事件向上冒泡。

```
<view id = "outer" bind:touchstart = "handleTap1" capture - catch:touchstart = "handleTap2">
  outer view
  <view id = "inner" bind:touchstart = "handleTap3" capture - bind:touchstart = "handleTap4">
    inner view
  </view>
</view>
```

图 2-117　阻止事件冒泡

4）事件对象

如无特殊说明，当组件触发事件时，逻辑层绑定该事件的处理函数会收到一个事件对象。表 2-26 所示为 BaseEvent 基础事件对象属性。

表 2-26　BaseEvent 基础事件对象属性

序号	属　　性	类型	说　　明
1	type	String	事件类型
2	timeStamp	Integer	事件生成时的时间戳
3	target	Object	触发事件的组件的一些属性值集合
4	currentTarget	Object	当前组件的一些属性值集合
5	mark	Object	事件标记数据

CustomEvent 继承自 BaseEvent，其自定义事件对象属性如表 2-27 所示。

表 2-27　CustomEvent 自定义事件对象属性

属性	类型	说　　明
detail	Object	额外的信息

TouchEvent 继承自 BaseEvent，其自定义事件对象属性如表 2-28 所示。

表 2-28　TouchEvent 自定义事件对象属性

属　　性	类型	说　　明
touches	Array	触摸事件，当前停留在屏幕中的触摸点信息的数组
changedTouches	Array	触摸事件，当前变化的触摸点信息的数组

注意：canvas 中的触摸事件不可冒泡，所以没有 currentTarget。

更多关于事件系统的内容，请访问以下链接。

https://developers. weixin. qq. com/miniprogram/dev/framework/view/wxml/event. html

2.2.5 基础组件

1 组件的定义

组件是视图层的基本组成单元,它自带一些功能与微信风格一致的样式。一个组件通常起于开始标签,止于结束标签。在两个标签之间可以包括该组件的属性和内容。官方文档中有一系列基础组件,开发者可以通过组合这些基础组件进行快速开发。

图 2-118 为组件的模板,其中 tagname 代表组件的名称,如 view;property 代表组件的属性名称,如 style;value 代表该属性及其取值,如 flex-direction:row。标签之间的 Content goes here ...则为该组件的内容。

```
< tagname property = "value">
Content goes here ...
</tagname >
```

图 2-118 组件的模板

注意:所有组件与属性都是小写,以连字符(—)连接。

常见的组件有视图容器、基础内容、表单组件和媒体组件等,具体内容见第 3 章。

2 组件的属性

1)属性类型

组件有很多属性,表 2-29 为组件典型的属性类型。

表 2-29 属性类型

序号	类型	描 述	说 明
1	Boolean	布尔值	组件写上该属性,不管是什么值都被当作 true;只有组件上没有该属性时,属性值才为 false 如果属性值为变量,变量的值会被转换为 Boolean 类型
2	Number	数字	1,2.5
3	String	字符串	"string"
4	Array	数组	[1,"string"]
5	Object	对象	{key: value}
6	EventHandler	事件处理函数名	"handlerName"是 Page 中定义的事件处理函数名
7	Any	任意属性	

2)公共属性

所有组件都有以下属性(即公共属性),如表 2-30 所示。

表 2-30 公共属性

序号	属性名	类型	描 述	说 明
1	id	String	组件的唯一标识	保持整个页面唯一
2	class	String	组件的样式类	在对应的 WXSS 中定义的样式类
3	style	String	组件的内联样式	可以动态设置的内联样式
4	hidden	Boolean	组件是否显示	所有组件默认显示

序号	属性名	类型	描 述	说 明
5	data- *	Any	自定义属性	组件上触发的事件时,会发送给事件处理函数
6	bind * / catch *	EventHandler	组件的事件	详见事件

3) 特殊属性

几乎所有组件都有各自定义的属性,可以对该组件的功能或样式进行修饰,请参考各个组件的定义。

更多关于基础组件的内容,请访问以下链接。

https://developers.weixin.qq.com/miniprogram/dev/framework/view/component.html

2.2.6　获取界面上的节点信息

可以使用节点信息查询 API 来获取节点信息,如节点的属性、样式、在界面上的位置等。

图 2-119 为使用 wx. createSelectorQuery() 方法获取节点信息,该方法返回一个 SelectorQuery 对象实例。

```
const query = wx.createSelectorQuery()
query.select('#the-id').boundingClientRect(function(res){
  res.top // #the-id 节点的上边界坐标(相对于显示区域)
})
query.selectViewport().scrollOffset(function(res){
  res.scrollTop // 显示区域的竖直滚动位置
})
query.exec()
```

图 2-119　获取节点信息

query. select() 方法在当前页面下选择第一个匹配选择器 selector(即 #the-id)的节点,它返回一个 NodesRef 对象实例,可以用于获取节点信息。

selector 类似于 CSS 的选择器,但仅支持下列语法,如表 2-31 所示。

表 2-31　选择器的名称及示例

序号	选择器名称	示 例
1	ID 选择器	#the-id
2	class 选择器(可以连续指定多个)	.a-class. another-class
3	子元素选择器	. the-parent > . the-child
4	后代选择器	. the-ancestor . the-descendant
5	跨自定义组件的后代选择器	. the-ancestor >>> . the-descendant
6	多选择器的并集	#a-node, . some-other-nodes

注意:为了确保在正确的范围内选择节点,在自定义组件或包含自定义组件的页面中,应使用 this. createSelectorQuery() 来代替。

更多获取界面上的节点信息的内容,请访问以下链接。

https://developers.weixin.qq.com/miniprogram/dev/framework/view/selector.html

2.3　小结

　　本章将小程序框架分成逻辑层和视图层两部分来介绍。在逻辑层主要描述了如何注册小程序、如何构造注册页面、页面的生命周期、页面路由的管理、模块化的具体方法和 API 的分类;在视图层中则主要涉及 WXML、WXSS、WXS、事件系统和基础组件等方面的内容。这些内容都是微信小程序开发必须了解和掌握的基础知识,此外还有一些预备知识,如 JavaScript 语言的使用、CSS 样式表的使用、ES5、ES6 和 Mustache 语法等,限于篇幅的原因,本章未曾提及,后续将作为电子资源分享给读者,希望提前了解并熟悉,才能更好地开始小程序开发之旅。

第3章

小程序组件

小程序提供了一系列基础组件供开发者使用,通过组合这些基础组件,开发者可以迅速完成视图层的页面布局,逻辑层的数据处理及视图层和逻辑层之间的交互。根据微信官方文档提供的资料(https://developers.weixin.qq.com/miniprogram/dev/component/),小程序组件大致可分为视图容器组件、基础内容组件、表单组件、导航组件、媒体组件、地图组件、画布组件和其他组件。

本章首先简要介绍小程序组件的概念和分类,然后再依次介绍上述组件。

本章学习目标

- 了解小程序组件的概念及分类。
- 了解视图容器组件,熟练掌握 view、scroll-view 和 swiper 的用法。
- 了解基础内容组件,掌握 icon、progress 和 text 的用法。
- 了解表单组件,熟练掌握 label、button 和 radio 的用法。
- 了解媒体组件,掌握 audio、image 和 text 的用法。
- 了解导航、地图、画布和其他组件。

3.1 组件的概念和分类

1 组件的概念

在上一章视图层的内容中,已经提及小程序组件。作为视图层的基本组成单元,组件在小程序的开发中可谓必不可少。组件通常起于开始标签,止于结束标签。在两个标签之间可以包括该组件的属性和内容,其语法格式如图 3-1 所示。

```
<标签 属性 = "值">//组件的开始标签
内容              //组件的内容
<标签>            //组件的结束标签
```

图 3-1 组件的格式

组件的属性可以为布尔值、字符串、数组和数字等。通常把组件都具有的属性称为公共属性,如属性的唯一标识 id,属性的样式 class 和内联样式 style 等。官方文档提供的所有组件的公共属性如表 3-1 所示。

表 3-1　组件的公共属性

属性名	类　型	描　述	说　明
id	String	组件的唯一标识	保持整个页面唯一
class	String	组件的样式类	在对应的 WXSS 中定义的样式类
style	String	组件的内联样式	可以动态设置的内联样式
hidden	Boolean	组件是否显示	所有组件默认显示
data—*	Any	自定义属性	组件上触发相应的事件时,会发送给事件处理函数
bind*／catch*	EventHandler	组件的事件	详见事件

除了这些公共属性以外,有些组件还有自定义的特殊属性,本章接下来将会介绍这些组件的特殊属性。

2　组件的分类

根据官方文档提供的资料,可将组件按功能进行大致分类,具体如表 3-2 所示。

表 3-2　组件的分类

序号	组件的类别	包含的组件	说　明
1	视图容器组件	view scroll-view swiper swiper-item movable-area movable-view cover-view cover-image	
2	基础内容组件	icon text rich-text progress	
3	表单组件	label 和 button radio 和 radio-group checkbox 和 checkbox-group input、textarea 和 editor picker、picker-view 和 picker-view-column slider switch form	input 在 focus 时表现为原生组件(native-component)
4	导航组件	functional-page-navigator navigator	

续表

序号	组件的类别	包含的组件	说　明
5	媒体组件	audio image video camera live-player live-pusher	camera、video、live-player、live-pusher 是由客户端创建的原生组件
6	地图组件	map	由客户端创建的原生组件
7	画布组件	canvas	由客户端创建的原生组件
8	其他组件	ad official-account open-data web-view	

　　如表中说明所示,小程序中的部分组件是由客户端创建的原生组件。由于原生组件脱离在 WebView 渲染流程外,因此在使用时有以下限制:

　　(1) 原生组件的层级是最高的,所以页面中的其他组件无论设置 z-index 为多少,都无法覆盖在原生组件上。后插入的原生组件可以覆盖之前的原生组件。

　　(2) 原生组件还无法在 picker-view 中使用。

　　基础库 2.4.4 以下版本,原生组件不支持在 scroll-view、swiper、movable-view 中使用。

　　(3) 部分 CSS 样式无法应用于原生组件,例如:

　　① 无法对原生组件设置 CSS 动画;

　　② 无法定义原生组件为 position:fixed;

　　③ 不能在父级节点使用 overflow:hidden 来裁剪原生组件的显示区域。

　　(4) 原生组件的事件监听不能使用 bind:eventname 的写法,只支持 bindeventname。原生组件也不支持 catch 和 capture 的事件绑定方式。

　　(5) 原生组件会遮挡 vConsole 弹出的调试面板。

　　原生组件是用 Web 组件模拟的,因此很多情况并不能很好地还原真机的表现,建议开发者在使用到原生组件时尽量在真机上进行调试。

　　对于原生组件的层级问题,小程序做了以下处理:

　　(1) 为了解决原生组件层级最高的限制,小程序专门提供了 cover-view 和 cover-image 组件,它们可以覆盖在部分原生组件上面。这两个组件也是原生组件,但是使用限制与其他原生组件有所不同。

　　(2) 为了解决原生组件的层级问题,引入了同层渲染。在支持同层渲染后,原生组件与其他组件可以随意叠加,有关层级的限制将不再存在。但需要注意的是,组件内部仍由原生渲染,样式一般还是对原生组件内部无效。当前 video、map 组件已支持同层渲染。

　　(3) 为了可以调整原生组件之间的相对层级位置,小程序在 v2.7.0 及以上版本支持在样式中声明 z-index 来指定原生组件的层级。该 z-index 仅调整原生组件之间的层级顺序,其层级仍高于其他非原生组件。

3.2 视图容器组件

主要的视图容器组件如表 3-3 所示。

表 3-3 视图容器组件

序号	组件名称	说 明
1	view	视图容器
2	scroll-view	可滚动视图区域
3	swiper	滑块视图容器
4	movable-view	可移动的视图容器
5	cover-view	覆盖在原生组件之上的文本视图

3.2.1 view

view 是静态的视图容器,其语法格式如图 3-2 所示。

```
<view>

</view>
```

图 3-2 view 组件的格式

view 的属性如表 3-4 所示。

表 3-4 view 组件的属性

序号	属 性	说 明
1	hover-class	指定按下去的样式类。当 hover-class="none"时,没有点击态效果。该属性类型是 string,默认值为 none
2	hover-stop-propagation	指定是否阻止本节点的祖先节点出现点击态。该属性类型是 boolean,默认值为 false
3	hover-start-time	按住后多久出现点击态,单位毫秒。该属性类型是 number,默认值为 50
4	hover-stay-time	手指松开后点击态保留时间,单位毫秒。该属性类型是 number,默认值为 400

注意:如果需要使用滚动视图,请使用 scroll-view。

如图 3-3 所示为 view 组件的示例代码。

```
<view class="section">
  <view class="section__title">flex-direction: row</view>
  <view class="flex-wrp" style="flex-direction:row;">
    <view class="flex-item bc_green">1</view>
```

图 3-3 view 组件的示例代码

```
                < view class = "flex - item bc_red"> 2 </view>
                < view class = "flex - item bc_blue"> 3 </view>
            </view>
        </view>
    < view class = "section">
        < view class = "section__title"> flex - direction: column </view>
        < view class = "flex - wrp" style = "height: 300px;flex - direction:column;">
            < view class = "flex - item bc_green"> 1 </view>
            < view class = "flex - item bc_red"> 2 </view>
            < view class = "flex - item bc_blue"> 3 </view>
        </view>
    </view>
```

图 3-3   view 组件的示例代码(续)

该代码包括若干个 view 组件,两个 class 值为 section 的 view 组件是并列关系,在第一个 view 中,class 为 section__title 的 view 和 class 为 flex-wrp 的 view 是并列的,它们都是内嵌在 class 为 section 的 view 中,与其为父子关系,而 class 为 flex-item bc_green、flex-item bc_red 和 flex-item bc_blue 的三个 view 与 class 为 flex-wrp 的 view 也是父子嵌套关系。图 3-4 显示了 view 组件的示例代码中 view 的关系。

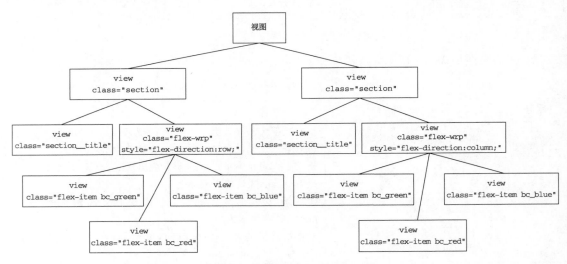

图 3-4   示例代码中 view 的关系

关于 view 组件的更多内容,可访问以下链接。

https://developers. weixin. qq. com/miniprogram/dev/component/view. html

> **注意**:要运行 view 的示例代码,请在上述链接中"示例代码"下方单击"在开发者工具中预览效果"超链接,或者在微信开发者工具中直接打开教材配套的本章代码运行。

3.2.2 scroll-view

scroll-view 是可滚动的视图区域，其语法格式如图 3-5 所示。

```
<scroll-view>

</scroll-view>
```

图 3-5 scroll-view 组件的格式

scroll-view 的属性如表 3-5 所示。

表 3-5 scroll-view 组件的属性

序号	属 性	说 明
1	scroll-x	允许横向滚动。该属性类型是 boolean，默认值为 false
2	scroll-y	允许纵向滚动。该属性类型是 boolean，默认值为 false
3	upper-threshold	距顶部/左边多远时，触发 scrolltoupper 事件。该属性类型是 number/string，默认值为 50
4	lower-threshold	距底部/右边多远时，触发 scrolltolower 事件。该属性类型是 number/string，默认值为 50
5	scroll-top	设置竖向滚动条位置。该属性类型是 number/string
6	scroll-left	设置横向滚动条位置。该属性类型是 number/string
7	scroll-into-view	值应为某子元素 id(id 不能以数字开头)。设置哪个方向可滚动，则在哪个方向滚动到该元素。该属性类型是 string
8	scroll-with-animation	在设置滚动条位置时使用动画过渡。该属性类型是 boolean，默认值为 false
9	enable-back-to-top	iOS 点击顶部状态栏、Android 双击标题栏时，滚动条返回顶部，只支持竖向。该属性类型是 boolean，默认值为 false
10	enable-flex	启用 flexbox 布局。开启后，当前节点声明了 display: flex 就会成为 flex container，并作用于其子节点。该属性类型是 boolean，默认值为 false
11	scroll-anchoring	开启 scroll anchoring 特性，即控制滚动位置不随内容变化而抖动，仅在 iOS 下生效，Android 下可参考 CSS overflow-anchor 属性。该属性类型是 boolean，默认值为 false
12	bindscrolltoupper	滚动到顶部/左边时触发。该属性类型是 eventhandle
13	bindscrolltolower	滚动到底部/右边时触发。该属性类型是 eventhandle
14	bindscroll	滚动时触发，event. detail = { scrollLeft, scrollTop, scrollHeight, scrollWidth, deltaX, deltaY}。该属性类型是 eventhandle

注意：

(1) 上述属性都不是必须填写的。

(2) 使用竖向滚动时，需要给 scroll-view 一个固定高度，通过 WXSS 设置 height。组件属性的长度单位默认为 px，从 2.4.0 起支持传入单位(rpx/px)。

(3) 基础库 2.4.0 以下不支持嵌套 textarea、map、canvas、video 组件。

(4) scroll-into-view 的优先级高于 scroll-top。

(5) 在滚动 scroll-view 时会阻止页面回弹，所以在 scroll-view 中滚动，是无法触发 onPullDownRefresh。

(6) 若要使用下拉刷新，请使用页面的滚动，而不是 scroll-view，这样也能通过点击顶部状态栏回到页面顶部。

如图 3-6 所示为 scroll-view 组件的示例代码。

```
//视图层
< view class = "section">
  < view class = "section__title"> vertical scroll </view >
  < scroll - view scroll - y style = "height: 100px;" bindscrolltoupper = "upper" bindscrolltolower =
"lower" bindscroll = "scroll" scroll - into - view = "{{toView}}" scroll - top = "{{scrollTop}}">
    < view id = "green" class = "scroll - view - item bc_green"></view >
    < view id = "red" class = "scroll - view - item bc_red"></view >
    < view id = "yellow" class = "scroll - view - item bc_yellow"></view >
    < view id = "blue" class = "scroll - view - item bc_blue"></view >
  </scroll - view >
  < view class = "btn - area">
    < button size = "mini" bindtap = "tap"> click me to scroll into view </button >
    < button size = "mini" bindtap = "tapMove"> click me to scroll </button >
  </view >
</view >

< view class = "section section_gap">
  < view class = "section__title"> horizontal scroll </view >
  < scroll - view class = "scroll - view_H" scroll - x style = "width: 100 % ">
    < view id = "green" class = "scroll - view - item_H bc_green"></view >
    < view id = "red" class = "scroll - view - item_H bc_red"></view >
    < view id = "yellow" class = "scroll - view - item_H bc_yellow"></view >
    < view id = "blue" class = "scroll - view - item_H bc_blue"></view >
  </scroll - view >
</view >

//逻辑层
var order = ['red', 'yellow', 'blue', 'green', 'red']
Page({
  data: {
    toView: 'red',
    scrollTop: 100
  },
  upper: function(e) {
    console.log(e)
  },
  lower: function(e) {
    console.log(e)
  },
  scroll: function(e) {
    console.log(e)
  },
  tap: function(e) {
    for (var i = 0; i < order.length; ++i) {
      if (order[i] === this.data.toView) {
        this.setData({
          toView: order[i + 1]
```

图 3-6　scroll-view 组件的示例代码

```
          })
        break
      }
    }
  },
  tapMove: function(e) {
    this.setData({
      scrollTop: this.data.scrollTop + 10
    })
  }
})
```

图3-6 scroll-view 组件的示例代码(续)

图3-7 显示了 scroll-view 组件的示例代码中 view 与 scroll-view 的关系。

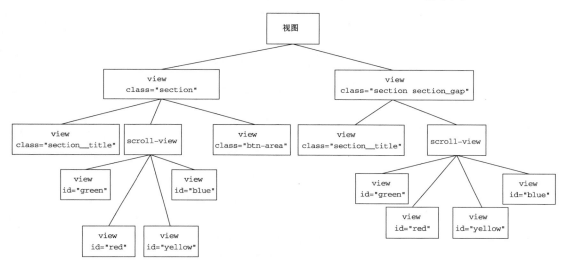

图3-7 示例代码中 view 与 scroll-view 的关系

若点击 click me to scroll into view 的按钮,将触发其绑定的 tap 事件,即 scroll-view 内的四个 view 循环显示,这四个 view 的颜色分别对应为 green(绿色)、red(红色)、yellow(黄色)和 blue(蓝色)四种颜色。这一变化是通过视图层代码 scroll-into-view="{{toView}}"来实现的,toView 的值在 tap 事件中动态变化,刚好对应 scroll-view 中四个子元素(即 view)的 id(即"green"、"red"、"yellow"和"blue")。

从代码中可以看到,由于 toView:'red',所以默认为红色。点击 click me to scroll into view 的按钮时,颜色依次变为(黄色)、blue(蓝色)和 green(绿色)。在 scroll-view 中设置了 scroll-y 属性(即允许纵向滚动),因此 view 是纵向滚动的。若将 style="height:100px;"修改为 style="height:150px;",可以看到更为明显的滚动效果。

有兴趣的读者可以运行本章配套的代码,直观感受 scroll-view 的用法。

关于 scroll-view 组件的更多内容,可访问以下链接。

https://developers.weixin.qq.com/miniprogram/dev/component/scroll-view.html

3.2.3　swiper 和 swiper-item

swiper 是滑块视图容器,其中只可放置 swiper-item 组件,否则会导致未定义的行为。它们的语法格式如图 3-8 所示。

```
<swiper>
    <swiper-item>

    </swiper-item>
</swiper>
```

图 3-8　swiper 和 swiper-item 组件的格式

swiper 的属性如表 3-6 所示。

表 3-6　swiper 组件的属性

序号	属　　性	说　　明
1	indicator-dots	是否显示面板指示点。该属性类型是 boolean,默认值为 false
2	indicator-color	指示点颜色。该属性类型是 color,默认值为 rgba(0,0,0,.3)
3	indicator-active-color	当前选中的指示点颜色。该属性类型是 color,默认值为 #000000
4	autoplay	是否自动切换。该属性类型是 boolean,默认值为 false
5	current	当前所在滑块的 index。该属性类型是 number,默认值为 0
6	interval	自动切换时间间隔。该属性类型是 number,默认值为 5000
7	duration	滑动动画时长。该属性类型是 number,默认值为 500
8	circular	是否采用衔接滑动。该属性类型是 boolean,默认值为 false
9	vertical	滑动方向是否为纵向。该属性类型是 boolean,默认值为 false
10	previous-margin	前边距,可用于露出前一项的一小部分,接收 px 和 rpx 值。该属性类型是 string,默认值为 "0px"
11	next-margin	后边距,可用于露出后一项的一小部分,接受 px 和 rpx 值。该属性类型是 string,默认值为 "0px"
12	display-multiple-items	同时显示的滑块数量。该属性类型是 number,默认值为 1
13	skip-hidden-item-layout	是否跳过未显示的滑块布局,设为 true 可优化复杂情况下的滑动性能,但会丢失隐藏状态滑块的布局信息。该属性类型是 boolean,默认值为 false
14	easing-function	指定 swiper 切换缓动动画类型。该属性类型是 string,默认值为 "default"
15	bindchange	current 改变时会触发 change 事件,event.detail = {current, source}。该属性类型是 eventhandle
16	bindtransition	swiper-item 的位置发生改变时会触发 transition 事件,event.detail = {dx: dx, dy: dy}。该属性类型是 eventhandle
17	bindanimationfinish	动画结束时会触发 animationfinish 事件,event.detail 同上。该属性类型是 eventhandle

其中 easing-function 的合法值如表 3-7 所示。

表 3-7　easing-function 的合法值

序号	值	说　明
1	default	默认缓动函数
2	linear	线性动画
3	easeInCubic	缓入动画
4	easeOutCubic	缓出动画
5	easeInOutCubic	缓入缓出动画

另外,swiper 组件从 1.4.0 开始,change 事件增加了 source 字段(用于表示导致变更的原因),其可能的值如下:

(1) autoplay 自动播放导致 swiper 变化;

(2) touch 用户滑动引起 swiper 变化;

(3) 其他原因将用空字符串表示。

如果在 bindchange 的事件回调函数中使用 setData 改变 current 值,则有可能导致 setData 被不停地调用,因而通常情况下请在改变 current 值前先检测 source 字段来判断其值变化是否是由于用户触摸引起。

图 3-9 为 swiper 和 swiper-item 组件的示例代码。

```
//视图层
< swiper indicator − dots = "{{indicatorDots}}"
  autoplay = "{{autoplay}}" interval = "{{interval}}" duration = "{{duration}}">
  < block wx:for = "{{imgUrls}}">
    < swiper − item >
      < image src = "{{item}}" class = "slide − image" width = "355" height = "150"/>
    </swiper − item >
  </block >
</swiper >
< button bindtap = "changeIndicatorDots"> indicator − dots </button >
< button bindtap = "changeAutoplay"> autoplay </button >
< slider bindchange = "intervalChange" show − value min = "500" max = "2000"/>
< slider bindchange = "durationChange" show − value min = "1000" max = "10000"/>

//逻辑层
Page({
  data: {
    imgUrls: [
      'https://images.unsplash.com/photo − 1551334787 − 21e6bd3ab135?w = 640',
      'https://images.unsplash.com/photo − 1551214012 − 84f95e060dee?w = 640',
      'https://images.unsplash.com/photo − 1551446591 − 142875a901a1?w = 640'
    ],
    indicatorDots: false,
    autoplay: false,
    interval: 5000,
```

图 3-9　swiper 和 swiper-item 组件的示例代码

```
      duration: 1000
    },
    changeIndicatorDots: function(e) {
      this.setData({
        indicatorDots: !this.data.indicatorDots
      })
    },
    changeAutoplay: function(e) {
      this.setData({
        autoplay: !this.data.autoplay
      })
    },
    intervalChange: function(e) {
      this.setData({
        interval: e.detail.value
      })
    },
    durationChange: function(e) {
      this.setData({
        duration: e.detail.value
      })
    }
  })
```

图 3-9   swiper 和 swiper-item 组件的示例代码（续）

示例代码中 swiper 组件的 indicator-dots、autoplay、interval 和 duration 属性均从逻辑层中获取。按钮 indicator-dots 和 autoplay 分别绑定 changeIndicatorDots 和 changeAutoplay 事件。两个 slider 分别对应 intervalChange 和 durationChange，用于改变 interval 和 duration 的值，其中 interval 的值从 500 变化到 2000，duration 的值从 1000 变化到 10 000。

swiper-item 从基础库 1.0.0 开始支持，低版本需做兼容处理，它仅可放置在 swiper 组件中，宽高自动设置为 100%，它的属性如表 3-8 所示。

表 3-8   swiper-item 组件的属性

序号	属性	说　　明
1	item-id	swiper-item 的标识符。该属性类型是 string

关于 swiper 和 swiper-item 组件的更多内容，可访问以下链接。

https://developers.weixin.qq.com/miniprogram/dev/component/swiper.html

https://developers.weixin.qq.com/miniprogram/dev/component/swiper-item.html

注意：若读者在上述链接对应的 swiper.html 中点击"在开发者工具中预览效果"，代码与图 3-9 不完全一样，请参见本章配套的名为"ex030203_swiper_在开发者工具中预览效果"文件夹下的代码。图 3-9 中的代码存放在本章代码的文件夹下。

3.2.4 movable-area 和 movable-view

movable-view 是可移动的视图容器，在页面中可以拖曳滑动。movable-view 必须在 movable-area 组件中，并且必须是直接子节点，否则不能移动，它们的语法格式如图 3-10 所示。

```
< movable - area >
    < movable - view >
    </ movable - view >
</ movable - area >
```

图 3-10 movable-area 和 movable-view 组件的格式

movable-view 的属性如表 3-9 所示。

表 3-9 movable-view 组件的属性

序号	属 性	说 明
1	direction	movable-view 的移动方向，属性值有 all、vertical、horizontal、none。该属性类型是 string，默认值为 none
2	inertia	movable-view 是否带有惯性。该属性类型是 boolean，默认值为 false
3	out-of-bounds	超过可移动区域后，movable-view 是否还可以移动。该属性类型是 boolean，默认值为 false
4	x	定义 x 轴方向的偏移，如果 x 的值不在可移动范围内，会自动移动到可移动范围；改变 x 的值会触发动画。该属性类型是 number
5	y	定义 y 轴方向的偏移，如果 y 的值不在可移动范围内，会自动移动到可移动范围；改变 y 的值会触发动画。该属性类型是 number
6	damping	阻尼系数，用于控制 x 或 y 改变时的动画和过界回弹的动画，值越大移动越快。该属性类型是 number，默认值为 20
7	friction	摩擦系数，用于控制惯性滑动的动画，值越大摩擦力越大，滑动越快停止；必须大于 0，否则会被设置成默认值。该属性类型是 number，默认值为 2
8	disabled	是否禁用。该属性类型是 boolean，默认值为 false
9	scale	是否支持双指缩放，默认缩放手势生效区域是在 movable-view 内。该属性类型是 boolean，默认值为 false
10	scale-min	定义缩放倍数最小值。该属性类型是 number，默认值为 0.5
11	scale-max	定义缩放倍数最大值。该属性类型是 number，默认值为 10
12	scale-value	定义缩放倍数，取值范围为 0.5～10
13	animation	是否使用动画。该属性类型是 boolean，默认值为 true
14	bindchange	拖动过程中触发的事件，event.detail = {x, y, source}。该属性类型是 eventhandle
15	bindscale	缩放过程中触发的事件，event.detail = {x, y, scale}，x 和 y 字段在 2.1.0 之后支持。该属性类型是 eventhandle
16	htouchmove	初次手指触摸后移动为横向的移动时触发，如果 catch 此事件，则意味着 touchmove 事件也被 catch。该属性类型是 eventhandle
17	vtouchmove	初次手指触摸后移动为纵向的移动时触发，如果 catch 此事件，则意味着 touchmove 事件也被 catch。该属性类型是 eventhandle

其中 bindchange 事件返回的 source 表示产生移动的原因,具体如表 3-10 所示。

表 3-10　source 的值和说明

序号	值	说　明
1	touch	拖动
2	touch-out-of-bounds	超出移动范围
3	out-of-bounds	超出移动范围后的回弹
4	friction	惯性
5	空字符串	setData

> **注意**:movable-view 默认为绝对定位,top 和 left 属性为 0px,它的 width 和 height 属性默认为 10px。

movable-area 是 movable-view 的可移动区域,从基础库 1.2.0 开始支持,低版本需做兼容处理。它的属性如表 3-11 所示。

表 3-11　source 的值和说明

序号	属性	说　明
1	scale-area	当里面的 movable-view 设置为支持双指缩放时,设置此值可将缩放手势生效区域修改为整个 movable-area。该属性类型是 boolean,默认值为 false

> **注意**:
> (1) movable-area 必须设置 width 和 height 属性,不设置默认为 10px。
> (2) 当 movable-view 小于 movable-area 时,movable-view 的移动范围是在 movable-area 内。
> (3) 当 movable-view 大于 movable-area 时,movable-view 的移动范围必须包含 movable-area(x 轴方向和 y 轴方向分开考虑)。

图 3-11 为 movable-area 和 movable-view 组件的示例代码。

```
//视图层
< view class = "section">
  < view class = "section__title"> movable - view 区域小于 movable - area </view >
  < movable - area style = "height: 200px; width: 200px; background: red;">
    < movable - view style = "height: 50px; width: 50px; background: blue;" x = "{{x}}" y = "{{y}}" direction = "all">
    </movable - view >
  </movable - area >
  < view class = "btn - area">
    < button size = "mini" bindtap = "tap"> click me to move to (30px, 30px)</button >
  </view >
  < view class = "section__title"> movable - view 区域大于 movable - area </view >
```

图 3-11　movable-area 和 movable-view 组件的示例代码

```
< movable - area style = "height: 100px; width: 100px; background: red;">
  < movable - view style = "height: 200px; width: 200px; background: blue;" direction = "all">
  </movable - view >
</movable - area >
< view class = "section__title">可放缩</view>
< movable - area style = "height: 200px; width: 200px; background: red;" scale - area >
  < movable - view style = "height: 50px; width: 50px; background: blue;" direction = "all"
bindchange = "onChange" bindscale = "onScale" scale scale - min = "0.5" scale - max = "4" scale -
value = "2">
  </movable - view >
</movable - area >
</view>

//逻辑层
Page({
  data: {
    x: 0,
    y: 0
  },
  tap: function(e) {
    this. setData({
      x: 30,
      y: 30
    });
  },
  onChange: function(e) {
    console. log(e. detail)
  },
  onScale: function(e) {
    console. log(e. detail)
  }
})
```

图 3-11　movable-area 和 movable-view 组件的示例代码（续）

在示例代码中，当 movable-view 区域小于 movable-area 时，通过在按钮上绑定 tap 事件，可以把 movable-view 移动到 movable-area 中位置（30px，30px）处；当 movable-view 区域大于 movable-area 时，movable-area 被 movable-view 完全覆盖；将 movable-area 的 scale-area 属性设置为真，并设置了 movable-view 的 scale 为真，scale-min 和 scale-max 分别设置为 0.5 和 4，scale-value 设置为 2，此时 movable-view 实际高度（height）为 height * scale-value＝50px * 2＝100px，高度（width）为 width * scale-value＝50px * 2＝100px。若将 scale-value 设置为 4，则 movable-view 的实际宽高将与 movable-area 一致。

关于 movable-area 和 movable-view 组件的更多内容，可访问以下链接。

https://developers. weixin. qq. com/miniprogram/dev/component/movable-area. html

https://developers. weixin. qq. com/miniprogram/dev/component/movable-view. html

注意：若读者在上述链接对应的 movable-area. html 中点击"在开发者工具中预览效果"，代码与图 3-11 不完全一样，请参见教材配套的本章代码（文件夹名为"ex030204_movable-area_在开发者工具中预览效果"）。图 3-11 中的代码存放在本章代码的文件夹下。

3.2.5　cover-view 和 cover-image

cover-view 是覆盖在原生组件之上的文本视图,可覆盖的原生组件包括 map、video、canvas、camera、live-player、live-pusher。该组件属性的长度单位默认为 px,从基础库 2.4.0 起支持传入单位(rpx/px)。

cover-view 只支持嵌套 cover-view、cover-image,在 cover-view 中可使用 button。它的语法格式如图 3-12 所示。

```
<cover - view>

</cover - view>
```

图 3-12　cover-view 组件的格式

cover-view 的属性如表 3-12 所示。

表 3-12　cover-view 组件的属性

序号	属　性	说　明
1	scroll-top	用于设置顶部滚动偏移量,仅在设置了 overflow-y:scroll 成为滚动元素后生效。该属性类型为 number/string

使用 cover-view 组件时,请注意:

(1)从基础库 1.6.0 起,cover-view 支持 css opacity 和 css transition 动画,transition-property 只支持 transform(translateX,translateY)与 opacity。

(2)从基础库 1.9.90 起,cover-view 支持 overflow:scroll,但不支持动态更新 overflow;最外层 cover-view 支持 position:fixed;支持插在 view 等标签下。在此之前只可嵌套在原生组件 map、video、canvas、camera 内,避免嵌套在其他组件内。

(3)从基础库 2.1.0 起支持设置 scale rotate 的 css 样式,包括 transition 动画。

(4)从基础库 2.2.4 起支持 touch 相关事件,也可使用 hover-class 设置点击态。

(5)cover-view 和 cover-image 的 aria-role 仅可设置为 button,读屏模式下才可以点击,并朗读出"按钮";为空时可以聚焦,但不可点击。

(6)事件模型遵循冒泡模型,但不会冒泡到原生组件。

(7)文本建议都套上 cover-view 标签,避免排版错误。

(8)只支持基本的定位、布局、文本样式。不支持设置单边的 border、background-image、shadow、overflow:visible 等。

(9)建议子节点不要溢出父节点。

(10)支持使用 z-index 控制层级。

(11)默认设置的样式有:white-space:nowrap;line-height:1.2;display:block。

> 注意:自定义组件嵌套 cover-view 时,自定义组件的 slot 及其父节点暂不支持通过 wx:if 控制显隐,否则会导致 cover-view 不显示。

图 3-13 为 cover-view 和 cover-image 组件的示例代码。

```
//index.wxml
< video id = "myVideo" src = "http://wxsnsdy.tc.qq.com/105/20210/snsdyvideodownload?filekey =
30280201010421301f0201690402534804102ca905ce620b1241b726bc41dcff44e00204012882540400&bizid  =
1023&hy = SH&fileparam = 302c02010104253023020202136ffd93020457e3c4ff02024ef202031e8d7f02030 -
f42400204045a320a0201000400" controls = "{{false}}" event - model = "bubble">
  < cover - view class = "controls">
    < cover - view class = "play" bindtap = "play">
      < cover - image class = "img" src = "/path/to/icon_play.jpg" />
    </cover - view >
    < cover - view class = "pause" bindtap = "pause">
      < cover - image class = "img" src = "/path/to/icon_pause.jpg" />
    </cover - view >
    < cover - view class = "time"> 00:00 </cover - view >
  </cover - view >
</video >

//index.wxss
.controls {
  position: relative;
  top: 50 % ;
  height: 50px;
  margin - top: - 25px;
  display: flex;
}
.play, .pause, .time {
  flex: 1;
  height: 100 % ;
}
.time {
  text - align: center;
  background - color: rgba(0, 0, 0, .5);
  color: white;
  line - height: 50px;
}
.img {
  width: 40px;
  height: 40px;
  margin: 5px auto;
}

//index.js
Page({
  onReady() {
    this.videoCtx = wx.createVideoContext('myVideo')
  },
  play() {
    this.videoCtx.play()
  },
  pause() {
    this.videoCtx.pause()
  }
})
```

图 3-13　cover-view 和 cover-image 组件的示例代码

图 3-14 显示了示例代码中 video、cover-view 与 cover-image 的关系。原生组件 video 在最下面，cover-view 组件覆盖在 video 组件之上，在这个 cover-view 组件中放置了三个 cover-view 组件，其中前两个 cover-view 组件分别用于放置 cover-image 组件，在这两个 cover-image 组件中分别放置了播放和暂停的图片。

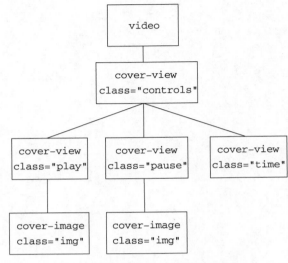

图 3-14　示例代码中控件间的关系

cover-image 是覆盖在原生组件之上的图片视图组件。它可以覆盖的原生组件同 cover-view 一样，还支持嵌套在 cover-view 里。基础库从 1.4.0 开始支持，低版本需做兼容处理。它的语法格式如图 3-15 所示。

```
<cover-image>

</cover-image>
```

图 3-15　cover-image 组件的格式

cover-image 的属性如表 3-13 所示。

表 3-13　cover-image 组件的属性

序号	属 性	说 明
1	src	图标路径，支持临时路径、网络地址(1.6.0 起支持)、云文件 ID(2.2.3 起支持)。暂不支持 base64 格式。该属性的类型为 string
2	bindload	图片加载成功时触发。该属性的类型为 eventhandle
3	binderror	图片加载失败时触发。该属性的类型为 eventhandle

关于 cover-view 和 cover-image 组件的更多内容，可访问以下链接。

https://developers.weixin.qq.com/miniprogram/dev/component/cover-image.html

https://developers.weixin.qq.com/miniprogram/dev/component/cover-image.html

3.3 基础内容组件

3.3.1 icon

icon 是图标组件,其语法格式如图 3-16 所示。

```
< icon >

</icon>
或
< icon        />
```

图 3-16　icon 组件的格式

icon 的属性如表 3-14 所示。

表 3-14　icon 组件的属性

序号	属　　性	说　　明
1	type	icon 的类型,有效值:success、success _ no _ circle、info、warn、waiting、cancel、download、search、clear。该字段是必填字段,类型为 string
2	size	icon 的大小。该字段的类型为 number/string,默认值为 23
3	color	icon 的颜色,同 css 的 color。该字段的类型为 string

如图 3-17 所示为 icon 组件的示例代码。

```
//视图层
< view class = "group">
  < block wx:for = "{{iconSize}}">
    < icon type = "success" size = "{{item}}"/>
  </block >
</view>

< view class = "group">
  < block wx:for = "{{iconType}}">
    < icon type = "{{item}}" size = "40"/>
  </block >
</view>

< view class = "group">
  < block wx:for = "{{iconColor}}">
    < icon type = "success" size = "40" color = "{{item}}"/>
  </block >
</view>
//逻辑层
Page({
  data: {
```

图 3-17　icon 组件的示例代码

```
        iconSize: [20, 30, 40, 50, 60, 70],
        iconColor: [
          'red', 'orange', 'yellow', 'green', 'rgb(0,255,255)', 'blue', 'purple'
        ],
        iconType: [
          'success', 'success_no_circle', 'info', 'warn', 'waiting', 'cancel', 'download', 'search', 'clear'
        ]
    }
})
```

图 3-17 icon 组件的示例代码(续)

从代码中可以看出,视图层有三个 view,在每个 view 里都放了 block 用于展示 icon 组件的用法。第一个 view 的 block 里的 icon 类型为 success,大小从 20 到 70 依次变大;第二个 view 的 block 里的 icon 的大小为 40,类型分别为 success、success_no_circle、info、warn、waiting、cancel、download、search 和 clear;第三个 view 的 block 里的 icon 类型为 success,大小为 40,颜色依次为 red、orange、yellow、green、rgb(0,255,255)、blue 和 purple。

关于 icon 组件的更多内容,可访问以下链接。

https://developers.weixin.qq.com/miniprogram/dev/component/icon.html

读者既可以在上述链接页面内看到示例代码的效果,也可以点击"在开发者工具中预览效果",在微信开发者工具中查看代码和模拟器上运行的效果,还可以导入教材配套的代码(在本章文件夹 ex030301_icon 中)运行之。

3.3.2 text

text 是文本组件,其语法格式如图 3-18 所示。

```
< text >

</text >
```

图 3-18 text 组件的格式

text 的属性如表 3-15 所示。

表 3-15 text 组件的属性

序号	属 性	说 明
1	selectable	文本是否可选。该字段的类型为 boolean,默认值为 false
2	space	显示连续空格。该字段的类型为 string
3	decode	是否解码。该字段的类型为 boolean,默认值为 false

其中 space 的合法值如表 3-16 所示。

表 3-16 space 的合法值

序号	属 性	说 明
1	ensp	中文字符空格一半大小
2	emsp	中文字符空格大小
3	nbsp	根据字体设置的空格大小

使用 text 组件时,请注意:

(1) 各个操作系统的空格标准不一致;

(2) decode 属性可以解析的字符有 、&lt、&gt、&amp、&apos、 和

(3) text 组件内只支持 text 嵌套;

(4) 除了文本节点以外的其他节点都无法长按选中;

(5) 当基础库版本低于 2.1.0 时,text 组件内嵌的 text style 设置可能不会生效。

如图 3-19 所示为 text 组件的示例代码。

```
//视图层
<view class = "btn - area">
  <view class = "body - view">
    <text>{{text}}</text>
    <button bindtap = "add">add line</button>
    <button bindtap = "remove">remove line</button>
  </view>
</view>
//逻辑层
var initData = 'this is first line\nthis is second line'
var extraLine = [];
Page({
  data: {
    text: initData
  },
  add: function(e) {
    extraLine.push('other line')
    this.setData({
      text: initData + '\n' + extraLine.join('\n')
    })
  },
  remove: function(e) {
    if (extraLine.length > 0) {
      extraLine.pop()
      this.setData({
        text: initData + '\n' + extraLine.join('\n')
      })
    }
  }
})
```

图 3-19 text 组件的示例代码

在示例代码中,有两个 view 组件,一个 text 组件和两个 button 组件。其中 class="body-view"的 view 嵌套在 class="btn-area"的 view 中,text 组件和 button 组件自上而下的置于 class="body-view"的 view 中,这三个组件是并列关系。text 组件的内容是动态获取的,第一个 button 组件绑定了 add 事件,若单击该按钮(即 add line)将触发 add 函数,会在 text 组件中新增一行(内容为 other line);第二个 button 组件绑定了 remove 事件,若单击该按钮(即 remove line)将触发 remove 函数,只要 text 组件中存在新增行,均会移除一行(内容为 other line)。

注意：因为变量 initData 的内容 this is first line\nthis is second line 不写入变量 extraLine 中，所以它们也不会被移除。

关于 text 组件的更多内容，可访问以下链接。

https://developers.weixin.qq.com/miniprogram/dev/component/text.html

3.3.3 rich-text

rich-text 是富文本组件，其语法格式如图 3-20 所示。

```
< rich - text >

</rich - text >
```

图 3-20　rich-text 组件的格式

rich-text 的属性如表 3-17 所示。

表 3-17　rich-text 组件的属性

序号	属性	说　明
1	nodes	节点列表/HTML String。该属性的类型为 array/string，其默认值为[]
2	space	显示连续空格。该属性的类型为 string

 nodes 属性

属性 nodes 支持两种节点，它们通过 type 来区分，分别是元素节点（type ＝ node＊）和文本节点（type ＝ text＊），其中默认是元素节点。

1）元素节点

元素节点的属性如表 3-18 所示。

表 3-18　元素节点的属性

序号	属性	说　明
1	name	节点的标签名。支持部分受信任的 HTML 节点。该属性的类型为 string，为必填字段
2	attrs	节点的属性。支持部分受信任的属性，遵循 Pascal 命名法。该属性的类型为 object
3	children	节点的子节点列表。结构和 nodes 一致。该属性的类型为 array

受信任的 HTML 节点及属性如表 3-19 所示。

表 3-19　受信任的 HTML 节点及属性

序号	节　点	属　性
1	a，abbr，address，article，aside，b，bdi	
2	bdo	dir
3	big，blockquote，br，caption，center，cite，code	

续表

序号	节 点	属 性
4	col，colgroup	span，width
5	dd，del，div，dl，dt，em，fieldset，font，footer，h1，h2，h3，h4，h5，h6，header，hr，i	
6	img	alt，src，height，width
7	ins，label，legend，li，mark，nav，	
8	ol	start，type
9	p，pre，q，rt，ruby，s，section，small，span，strong，sub，sup	
10	table	width
11	td，th，tr	colspan，height，rowspan，width
12	tbody，tfoot，thead，tt，u，ul	

表中列举的受信任的 HTML 节点，全局支持 class 和 style 属性，但不支持 id 属性。

对于 rich-text 组件及其属性，使用时还要注意以下几点：

（1）nodes 属性不推荐使用 string 类型，性能会有所下降。

（2）rich-text 组件内屏蔽所有节点的事件。

（3）attrs 属性不支持 id，支持 class。

（4）name 属性大小写不敏感。

（5）如果使用了不受信任的 HTML 节点，该节点及其所有子节点将会被移除。

（6）img 标签仅支持网络图片。

（7）如果在自定义组件中使用 rich-text 组件，那么仅自定义组件的 wxss 样式对 rich-text 中的 class 生效。

2）文本节点

文本节点的属性如表 3-20 所示。

表 3-20　文本节点的属性

属 性	说 明
text	节点的文本。支持部分受信任的 HTML 节点。该属性的类型为 string，为必填字段

2 space 属性

属性 space 的合法值如表 3-21 所示。

表 3-21　space 的合法值

序号	属 性	说 明
1	ensp	中文字符空格一半大小
2	emsp	中文字符空格大小
3	nbsp	根据字体设置的空格大小

如图 3-21 所示为 rich-text 组件的示例代码。

```
//视图层
<rich-text nodes = "{{nodes}}" bindtap = "tap"></rich-text>
//逻辑层
Page({
  data: {
    nodes: [{
      name: 'div',
      attrs: {
        class: 'div_class',
        style: 'line-height: 60px; color: red;'
      },
      children: [{
        type: 'text',
        text: 'Hello World!'
      }]
    }]
  },
  tap() {
    console.log('tap')
  }
})
```

图 3-21　rich-text 组件的格式

在视图层中的代码只有一个 rich-text 组件,它绑定了 tap 事件,并从逻辑层中动态获取
nodes 属性对应地数据。属性 nodes 中放置了元素节点的 name、attrs 和 children 属性,其中
children 为文本节点,text 属性为"Hello World!",属性 attrs 的 style 为"line-height:60px;
color:red;",读者可运行该代码查看最终效果。

关于 rich-text 组件的更多内容,可访问以下链接。

https://developers.weixin.qq.com/miniprogram/dev/component/rich-text.html

> **注意**:若读者在上述链接中"示例代码"下方点击"在开发者工具中预览效果"超链接,
> 将会在微信开发者工具中打开与图 3-21 不完全一样的代码,具体请参见教材配
> 套的本章代码(文件夹名为"ex030303_rich-text_在开发者工具中预览效果")。

图 3-21 中的代码存放在本章代码的文件夹下。

3.3.4　progress

progress 是进度条组件,其语法格式如图 3-22 所示。

```
<progress>

</progress>
或
<progress        />
```

图 3-22　progress 组件的格式

如表 3-22 所示为 progress 组件的属性,其长度单位默认为 px,从基础库 2.4.0 起支持传入单位(rpx/px)。

表 3-22　progress 组件的属性

序号	属　性	说　明
1	percent	百分比 0~100。该属性的类型为 number
2	show-info	在进度条右侧显示百分比。该属性的类型为 boolean,默认值为 false
3	border-radius	圆角大小。该属性的类型为 number/string,默认值为 0
4	font-size	右侧百分比字体大小。该属性的类型为 number/string,默认值为 16
5	stroke-width	进度条线的宽度。该属性的类型为 number/string,默认值为 6
6	color	进度条颜色(请使用 activeColor)。该属性的类型为 string,默认值为 ♯09BB07
7	activeColor	已选择的进度条的颜色。该属性的类型为 string,默认值为 ♯09BB07
8	backgroundColor	未选择的进度条的颜色。该属性的类型为 string,默认值为 ♯EBEBEB
9	active	进度条从左往右的动画。该属性的类型为 boolean,默认值为 false
10	active-mode	backwards:动画从头播;forwards:动画从上次结束点接着播。该属性的类型为 string,默认值为 backwards
11	duration	进度增加 1% 所需毫秒数。该属性的类型为 number,默认值为 30
12	bindactiveend	动画完成事件。该属性的类型为 eventhandle

如图 3-23 所示为 progress 组件的示例代码。

```
< progress percent = "20" show - info />
< progress percent = "40" stroke - width = "12" />
< progress percent = "60" color = "pink" />
< progress percent = "80" active />
```

图 3-23　progress 组件的示例代码

上述代码中一共有四个 progress 组件,第一个 progress 组件设置了在右侧显示百分比,第二个 progress 组件设置了进度条线宽度,第三个 progress 组件设置了进度条颜色,第四个 progress 组件设置了从左往右的动画。

关于 progress 组件的更多内容,可访问以下链接。

https://developers. weixin. qq. com/miniprogram/dev/component/progress. html

3.4　表单组件

3.4.1　label 和 button

1 label

label 用来改进表单组件的可用性,其语法格式如图 3-24 所示。

```
< label >

</label >
```

图 3-24　label 组件的格式

使用 for 属性找到对应的 id,或者将控件放在该标签下,当点击时,就会触发对应的控件。for 优先级高于内部控件,内部有多个控件的时候默认触发第一个控件。目前可以绑定的控件有：button、checkbox、radio、switch。

表 3-23 所示为 label 组件的属性。

表 3-23　label 组件的属性

属性	说　　明
for	用于绑定控件的 id。该属性的数据类型是 string

图 3-25 为 label 组件的示例代码。

```
//视图层
< view class = "section section_gap">
< view class = "section__title">表单组件在 label 内</view>
< checkbox - group class = "group" bindchange = "checkboxChange">
  < view class = "label - 1" wx:for = "{{checkboxItems}}">
    < label >
      < checkbox hidden value = "{{item.name}}" checked = "{{item.checked}}"></checkbox>
      < view class = "label - 1__icon">
        < view class = "label - 1__icon - checked" style = "opacity:{{item.checked ? 1: 0}}"></view>
      </view>
      < text class = "label - 1__text">{{item.value}}</text>
    </label >
  </view>
</checkbox - group >
</view>

< view class = "section section_gap">
< view class = "section__title"> label 用 for 标识表单组件</view>
< radio - group class = "group" bindchange = "radioChange">
  < view class = "label - 2" wx:for = "{{radioItems}}">
    < radio id = "{{item.name}}" hidden value = "{{item.name}}" checked = "{{item.checked}}"></radio >
    < view class = "label - 2__icon">
      < view class = "label - 2__icon - checked" style = "opacity:{{item.checked ? 1: 0}}"></view>
    </view>
    < label class = "label - 2__text" for = "{{item.name}}"><text>{{item.name}}</text></label>
  </view>
</radio - group >
</view>

.label - 1, .label - 2{
    margin - bottom: 15px;
}
```

图 3-25　label 组件的示例代码

```
.label - 1__text, .label - 2__text {
    display: inline - block;
    vertical - align: middle;
}


.label - 1__icon {
    position: relative;
    margin - right: 10px;
    display: inline - block;
    vertical - align: middle;
    width: 18px;
    height: 18px;
    background: #fcfff4;
}


.label - 1__icon - checked {
    position: absolute;
    top: 3px;
    left: 3px;
    width: 12px;
    height: 12px;
    background: #1aad19;
}



.label - 2__icon {
    position: relative;
    display: inline - block;
    vertical - align: middle;
    margin - right: 10px;
    width: 18px;
    height: 18px;
    background: #fcfff4;
    border - radius: 50px;
}

.label - 2__icon - checked {
    position: absolute;
    left: 3px;
    top: 3px;
    width: 12px;
    height: 12px;
    background: #1aad19;
    border - radius: 50%;
}

.label - 4_text{
    text - align: center;
    margin - top: 15px;
```

图 3-25 label 组件的示例代码（续）

```
}

.label - 1, .label - 2{
    margin - bottom: 15px;
}
.label - 1__text, .label - 2__text {
    display: inline - block;
    vertical - align: middle;
}

.label - 1__icon {
    position: relative;
    margin - right: 10px;
    display: inline - block;
    vertical - align: middle;
    width: 18px;
    height: 18px;
    background: #fcfff4;
}

.label - 1__icon - checked {
    position: absolute;
    top: 3px;
    left: 3px;
    width: 12px;
    height: 12px;
    background: #1aad19;
}

.label - 2__icon {
    position: relative;
    display: inline - block;
    vertical - align: middle;
    margin - right: 10px;
    width: 18px;
    height: 18px;
    background: #fcfff4;
    border - radius: 50px;
}

.label - 2__icon - checked {
    position: absolute;
    left: 3px;
    top: 3px;
    width: 12px;
    height: 12px;
    background: #1aad19;
    border - radius: 50 % ;
```

图 3-25   label 组件的示例代码（续）

```
}

.label - 4_text{
    text - align: center;
    margin - top: 15px;
}

//逻辑层
Page({
  data: {
    checkboxItems: [
      { name: 'USA', value: '美国' },
      { name: 'CHN', value: '中国', checked: 'true' },
      { name: 'BRA', value: '巴西' },
      { name: 'JPN', value: '日本', checked: 'true' },
      { name: 'ENG', value: '英国' },
      { name: 'TUR', value: '法国' },
    ],
    radioItems: [
      { name: 'USA', value: '美国' },
      { name: 'CHN', value: '中国', checked: 'true' },
      { name: 'BRA', value: '巴西' },
      { name: 'JPN', value: '日本' },
      { name: 'ENG', value: '英国' },
      { name: 'TUR', value: '法国' },
    ],
    hidden: false
  },
  checkboxChange: function (e) {
    var checked = e.detail.value
    var changed = {}
    for (var i = 0; i < this.data.checkboxItems.length; i++) {
      if (checked.indexOf(this.data.checkboxItems[i].name) !== -1) {
        changed['checkboxItems[' + i + '].checked'] = true
      } else {
        changed['checkboxItems[' + i + '].checked'] = false
      }
    }
    this.setData(changed)
  },
  radioChange: function (e) {
    var checked = e.detail.value
    var changed = {}
    for (var i = 0; i < this.data.radioItems.length; i++) {
      if (checked.indexOf(this.data.radioItems[i].name) !== -1) {
        changed['radioItems[' + i + '].checked'] = true
      } else {
        changed['radioItems[' + i + '].checked'] = false
      }
    }
    this.setData(changed)
  }
})
```

图 3-25　label 组件的示例代码（续）

从视图层代码中可以看到 label 控件内嵌套了 checkbox、view 和 text 等控件，层次结构比较复杂，具体如图 3-26 所示。

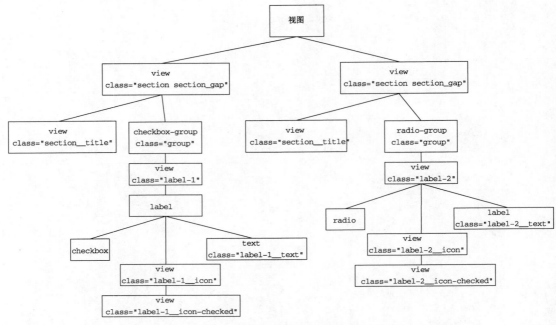

图 3-26   label 组件的示例代码中控件的关系

2 button

button 是按钮组件，其语法格式如图 3-27 所示。

```
< button >

</button >
```

图 3-27   button 组件的格式

如表 3-24 所示为 button 组件的属性。

表 3-24   button 组件的属性

序号	属　　性	说　　　明
1	size	按钮的大小。该属性的类型为 string，默认值为 default（即默认尺寸），该属性还可以取值 mini（即小尺寸）
2	type	按钮的样式类型。该属性的类型为 string，默认值为 default（即白色），该属性还可以取值 primary（即绿色）和 warn（即红色）
3	plain	按钮是否镂空，背景色透明。该属性的类型为 boolean，默认值为 false
4	disabled	是否禁用。该属性的类型为 boolean，默认值为 false
5	loading	名称前是否带 loading 图标。该属性的类型为 boolean，默认值为 false
6	form-type	用于 form 组件，点击分别会触发 form 组件的 submit（即提交表单）或 reset（即重置表单）事件。该属性的类型为 string

续表

序号	属 性	说 明
7	open-type	微信开放能力。该属性的类型为 string
8	hover-class	指定按钮按下去的样式类。当 hover-class="none"时,没有点击态效果。该属性的类型为 string,默认值为 button-hover
9	hover-stop-propagation	指定是否阻止本节点的祖先节点出现点击态。该属性的类型为 boolean,默认值为 false
10	hover-start-time	按住后多久出现点击态,单位为毫秒。该属性的类型为 number,默认值为 20
11	hover-stay-time	手指松开后点击态保留时间,单位为毫秒。该属性的类型为 number,默认值为 20
12	lang	指定返回用户信息的语言,取值可以为 zh_CN(即简体中文)、zh_TW(即繁体中文)和 en(即英文)。该属性的类型为 string,默认值为 en
13	session-from	会话来源,open-type="contact"时有效。该属性的类型为 string
14	send-message-title	会话内消息卡片标题,open-type="contact"时有效。该属性的类型为 string,默认值为当前标题
15	send-message-path	会话内消息卡片点击跳转小程序路径,open-type="contact"时有效。该属性的类型为 string,默认值为当前分享路径
16	send-message-img	会话内消息卡片图片,open-type="contact"时有效。该属性的类型为 string,默认值为截图
17	app-parameter	打开 APP 时,向 APP 传递的参数,open-type=launchApp 时有效。该属性的类型为 string
18	show-message-card	是否显示会话内消息卡片,设置此参数为 true,用户进入客服会话会在右下角显示"可能要发送的小程序"提示,用户点击后可以快速发送小程序消息,open-type="contact"时有效。该属性的类型为 boolean,默认值为 false
19	bindgetuserinfo	用户点击该按钮时,会返回获取到的用户信息,回调的 detail 数据与 wx.getUserInfo 返回的一致,open-type="getUserInfo"时有效。该属性的类型为 eventhandle
20	bindcontact	客服消息回调,open-type="contact"时有效。该属性的类型为 eventhandle
21	bindgetphonenumber	获取用户手机号回调,open-type=getPhoneNumber 时有效。该属性的类型为 eventhandle
22	binderror	当使用开放能力时,发生错误的回调,open-type=launchApp 时有效。该属性的类型为 eventhandle
23	bindopensetting	在打开授权设置页后回调,open-type=openSetting 时有效。该属性的类型为 eventhandle
24	bindlaunchapp	打开 APP 成功的回调,open-type=launchApp 时有效。该属性的类型为 eventhandle

属性 open-type 的合法值如表 3-25 所示。

表 3-25　open-type 的合法值

序号	值	说　明
1	contact	打开客服会话,如果用户在会话中点击消息卡片后返回小程序,可以从 bindcontact 回调中获得具体信息(消息的页面路径 path 和对应的参数 query)
2	share	触发用户转发。例如:用户点击按钮后触发 Page.onShareAppMessage 事件
3	getPhoneNumber	获取用户手机号,可以从 bindgetphonenumber 回调中获取到用户信息。例如:用户可以通过 bindgetphonenumber 事件回调获取到微信服务器返回的加密数据,然后在第三方服务端结合 session_key 以及 app_id 进行解密获取手机号
4	getUserInfo	获取用户信息,可以从 bindgetuserinfo 回调中获取到用户信息
5	launchApp	打开 APP,可以通过 app-parameter 属性设定向 APP 传的参数。通过 binderror 可以监听打开 APP 的错误事件
6	openSetting	打开授权设置页
7	feedback	打开"意见反馈"页面,用户可提交反馈内容并上传日志,开发者可以登录小程序管理后台后进入左侧菜单"客服反馈"页面获取到反馈内容

使用 button 组件,请注意以下几点:

(1) button-hover 默认为{background-color:rgba(0,0,0,0.1);opacity:0.7;}。

(2) bindgetphonenumber 从 1.2.0 开始支持,但是在 1.5.3 以下版本中无法使用 wx.canIUse 进行检测,建议使用基础库版本进行判断。

(3) 在 bindgetphonenumber 等返回加密信息的回调中调用 wx.login 登录,可能会刷新登录态。此时服务器使用 code 换取的 sessionKey 不是加密时使用的 sessionKey,导致解密失败。建议开发者提前进行 login;或者在回调中先使用 checkSession 进行登录态检查,避免 login 刷新登录态。

(4) 从 2.1.0 起,button 可作为原生组件的子节点嵌入,以便在原生组件上使用 open-type 的能力。

(5) 目前设置了 form-type 的 button 只会对当前组件中的 form 有效。若将 button 封装在自定义组件中,而将 form 放在自定义组件外,这会使这个 button 的 form-type 失效。

图 3-28 为 button 组件的示例代码。

```
//视图层
<button type="default" size="{{defaultSize}}" loading="{{loading}}" plain="{{plain}}"
       disabled="{{disabled}}" bindtap="default" hover-class="other-button-hover">
default</button>
<button type="primary" size="{{primarySize}}" loading="{{loading}}" plain="{{plain}}"
       disabled="{{disabled}}" bindtap="primary"> primary</button>
<button type="warn" size="{{warnSize}}" loading="{{loading}}" plain="{{plain}}"
       disabled="{{disabled}}" bindtap="warn"> warn</button>
<button bindtap="setDisabled">点击设置以上按钮 disabled 属性</button>
<button bindtap="setPlain">点击设置以上按钮 plain 属性</button>
```

图 3-28　button 组件的示例代码

```
< button bindtap = "setLoading">点击设置以上按钮 loading 属性</button >
< button open - type = "contact">进入客服会话</button >
< button open - type = "getUserInfo" lang = "zh_CN" bindgetuserinfo = "onGotUserInfo">获取用户信
息</button >

/ ** wxss ** /
/ ** 修改 button 默认的点击态样式类 ** /
.button - hover {
  background - color: red;
}
/ ** 添加自定义 button 点击态样式类 ** /
.other - button - hover {
  background - color: blue;
}
button {margin: 10px;}

//逻辑层
var types = ['default', 'primary', 'warn']
var pageObject = {
  data: {
    defaultSize: 'default',
    primarySize: 'default',
    warnSize: 'default',
    disabled: false,
    plain: false,
    loading: false
  },
  setDisabled: function (e) {
    this.setData({
      disabled: !this.data.disabled
    })
  },
  setPlain: function (e) {
    this.setData({
      plain: !this.data.plain
    })
  },
  setLoading: function (e) {
    this.setData({
      loading: !this.data.loading
    })
  },
  onGotUserInfo: function (e) {
    console.log(e.detail.errMsg)
    console.log(e.detail.userInfo)
    console.log(e.detail.rawData)
  },
}

for (var i = 0; i < types.length; ++i) {
```

图 3-28 button 组件的示例代码(续)

```
   (function (type) {
    pageObject[type] = function (e) {
       var key = type + 'Size'
       var changedData = {}
       changedData[key] =
          this.data[key] === 'default'? 'mini' : 'default'
       this.setData(changedData)
     }
   })(types[i])
  }

  Page(pageObject)
```

图 3-28 button 组件的示例代码(续)

视图层的代码中有 8 个 button,第一个 button 的 type 为 default,第二个 button 的 type 为 primary,第三个 button 的 type 为 warn,第四个 button 绑定了 setDisabled 函数,由于前三个 button 的 disabled 属性都是动态获取的,因此若按下第四个 button,将会触发 setDisabled 函数,从而使前三个 button 的 disabled 属性的值为当前值的非(!),即若当前值为 true,则变为 false,反之亦然。若反复按下第四个 button,前三个 button 就会在可用和不可用之间循环切换。

第五个 button 绑定了 setPlain 函数,由于前三个 button 的 plain 属性都是动态获取的,因此若按下第四个 button,将会触发 setPlain 函数,从而使前三个 button 的 plain 属性的值为当前值的非(!),即若当前值为 true,则变为 false,反之亦然。若反复按下第五个 button,前三个 button 就会在背景色透明和背景色不透明之间循环切换。

第六个 button 绑定了 setLoading 函数,由于前三个 button 的 loading 属性都是动态获取的,因此若按下第四个 button,将会触发 setLoading 函数,从而使前三个 button 的 loading 属性的值为当前值的非(!),即若当前值为 true,则变为 false,反之亦然。若反复按下第六个 button,前三个 button 就会在名称前带 loading 图标和名称前不带 loading 图标之间循环切换。

第七个 button 的 open-type 为 contact,按下它可以打开客服会话。

第八个 button 的 open-type 为 getUserInfo,按下它将通过 bindgetuserinfo 回调获取到用户信息,onGotUserInfo 函数将在控制台输出 errMsg、userInfo 和 rawData。

关于 label 和 button 组件的更多内容,可访问以下链接。

https://developers.weixin.qq.com/miniprogram/dev/component/label.html

https://developers.weixin.qq.com/miniprogram/dev/component/button.html

3.4.2 radio 和 radio-group

radio 是单选项目组件,radio-group 是单项选择器组件,它的内部由多个 radio 组成。radio 和 radio-group 的语法格式如图 3-29 所示。

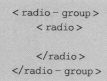

```
< radio - group >
    < radio >

    </radio >
</radio - group >
```

图 3-29　radio 和 radio-group 组件的格式

如表 3-26 所示为 radio 组件的属性。

表 3-26　radio 组件的属性

序号	属　性	说　明
1	value	radio 标识。当该 radio 选中时，radio-group 的 change 事件会携带 radio 的 value。该属性的类型为 string
2	checked	当前是否选中。该属性的类型为 boolean，默认值为 false
3	disabled	是否禁用。该属性的类型为 boolean，默认值为 false
4	color	radio 的颜色，同 css 的 color。该属性的类型为 string，默认值为 #09BB07

如表 3-27 所示为 radio-group 组件的属性。

表 3-27　radio-group 组件的属性

属　性	说　明
bindchange	radio-group 中选中项发生改变时触发 change 事件，detail = {value:［选中的 radio 的 value 的数组］}。该属性的类型为 EventHandle

图 3-30 为 radio 和 radio-group 组件的示例代码。

```
//视图层
< view class = "page">
    < view class = "page__hd">
        < text class = "page__title"> radio </text >
        < text class = "page__desc">单选框</text >
    </view >
    < view class = "page__bd">
        < view class = "section section_gap">
            < radio - group class = "radio - group" bindchange = "radioChange">
                < radio class = "radio" wx:for - items = "{{items}}" wx:key = "name" value = "
{{item.name}}" checked = "{{item.checked}}">
                    < text >{{item.value}}</text >
                </radio >
            </radio - group >
        </view >
    </view >
</view >
//逻辑层
Page({
  data: {
    items: [
```

图 3-30　radio 和 radio-group 组件的格式

```
            { name: 'USA', value: '美国'},
            { name: 'CHN', value: '中国', checked: 'true'},
            { name: 'BRA', value: '巴西'},
            { name: 'JPN', value: '日本'},
            { name: 'ENG', value: '英国'},
            { name: 'FRA', value: '法国'},
        ]
    },
    radioChange: function (e) {
        console.log('radio 发生 change 事件,携带 value 值为: ', e.detail.value)
    }
})
```

图 3-30   radio 和 radio-group 组件的格式(续)

从视图层代码可以看到,radio 组件嵌入在 radio-group 组件中,text 组件嵌入在 radio 组件中。radio 和 text 组件的数据(如 radio 组件的 value 和 checked 的值,text 组件的值)都是从逻辑层动态获得。由于 radio-group 组件绑定了 radioChange 事件,所以在改变选择项时将会触发这一事件,在控制台输出改变后选择的值。

关于 radio 和 radio-group 组件的更多内容,可访问以下链接。

https://developers.weixin.qq.com/miniprogram/dev/component/radio.html

https://developers.weixin.qq.com/miniprogram/dev/component/radio-group.html

3.4.3   checkbox 和 checkbox-group

checkbox 是多选项目组件,checkbox-group 是多项选择器组件,它的内部由多个 checkbox 组成。checkbox 和 checkbox-group 的语法格式如图 3-31 所示。

```
<checkbox-group>
    <checkbox>

    </checkbox>
</checkbox-group>
```

图 3-31   checkbox 和 checkbox-group 组件的格式

如表 3-28 所示为 checkbox 组件的属性。

表 3-28   checkbox 组件的属性

序号	属　　性	说　　明
1	value	checkbox 标识,选中时触发 checkbox-group 的 change 事件,并携带 checkbox 的 value。该属性的类型为 string
2	disabled	是否禁用。该属性的类型为 boolean,默认值为 false
3	checked	当前是否选中,可用来设置默认选中。该属性的类型为 boolean,默认值为 false
4	color	checkbox 的颜色,同 css 的 color。该属性的类型为 string,默认值为 #09BB07

如表 3-29 所示为 checkbox-group 组件的属性。

表 3-29　checkbox-group 组件的属性

属　　性	说　　明
bindchange	checkbox-group 中选中项发生改变时触发 change 事件，detail ＝ ｛value：〔选中的 checkbox 的 value 的数组〕｝。该属性的类型为 EventHandle

图 3-32 为 checkbox 和 checkbox-group 组件的示例代码。

```
//视图层
< checkbox − group bindchange = "checkboxChange">
  < label class = "checkbox" wx:for = "{{items}}">
    < checkbox value = "{{item.name}}" checked = "{{item.checked}}"/>{{item.value}}
  </label >
</checkbox − group >
//逻辑层
Page({
  data: {
    items: [
      { name: 'USA', value: '美国' },
      { name: 'CHN', value: '中国', checked: 'true' },
      { name: 'BRA', value: '巴西' },
      { name: 'JPN', value: '日本' },
      { name: 'ENG', value: '英国' },
      { name: 'TUR', value: '法国' },
    ]
  },
  checkboxChange: function (e) {
    console.log('checkbox 发生 change 事件,携带 value 值为: ', e.detail.value)
  }
})
```

图 3-32　checkbox 和 checkbox-group 组件的示例代码

在上述视图层代码中，label 组件内嵌在 checkbox-group 组件中，checkbox 内嵌在 label 组件中，其数据从逻辑层动态获取。checkbox-group 组件绑定了 checkboxChange 函数，当改变 checkbox 当前值时，将会触发该事件，从而在控制台上输出 value。

关于 checkbox 和 checkbox-group 组件的更多内容，可访问以下链接。

https://developers.weixin.qq.com/miniprogram/dev/component/checkbox.html

https://developers.weixin.qq.com/miniprogram/dev/component/checkbox-group.html

3.4.4　input、textarea 和 editor

1 input

input 是输入框组件，它是原生组件，使用时请注意相关限制。它的语法格式如图 3-33 所示。

```
< input >

</ input >
或
< input          />
```

图 3-33　input 组件的格式

如表 3-30 所示为 input 组件的属性。

表 3-30　input 组件的属性

序号	属　　性	说　　明
1	value	输入框的初始内容。该属性的类型为 string，为必填字段
2	type	input 的类型。该属性的类型为 string，默认值为 text（文本输入键盘）。该属性的值还可以为 number（数字输入键盘）、idcard（身份证输入键盘）和 digit（带小数点的数字键盘）
3	password	是否是密码类型。该属性的类型为 boolean，默认值为 false
4	placeholder	输入框为空时占位符。该属性的类型为 string，为必填字段
5	placeholder-style	指定 placeholder 的样式。该属性的类型为 string，为必填字段
6	placeholder-class	指定 placeholder 的样式类。该属性的类型为 string，默认值为 input-placeholder
7	disabled	是否禁用。该属性的类型为 boolean，默认值为 false
8	maxlength	最大输入长度，设置为－1 的时候不限制最大长度。该属性的类型为 number，默认值为 140
9	cursor-spacing	指定光标与键盘的距离，取 input 距离底部的距离和 cursor-spacing 指定的距离的最小值作为光标与键盘的距离。该属性的类型为 number，默认值 140
10	auto-focus	（即将废弃，请直接使用 focus）自动聚焦，拉起键盘。该属性的类型为 boolean，默认值为 false
11	focus	获取焦点。该属性的类型为 boolean，默认值为 false
12	confirm-type	设置键盘右下角按钮的文字，仅在 type＝'text'时生效。该属性的类型为 string，默认值为 done（右下角按钮为"完成"）。该属性的值还可以为 send（右下角按钮为"发送"）、search（右下角按钮为"搜索"）、next（右下角按钮为"下一个"）和 go（右下角按钮为"前往"）
13	confirm-hold	点击键盘右下角按钮时是否保持键盘不收起。该属性的类型为 boolean，默认值为 false
14	cursor	指定 focus 时的光标位置。该属性的类型为 number
15	selection-start	光标起始位置，自动聚集时有效，需与 selection-end 搭配使用。该属性的类型为 number，默认值为－1
16	selection-end	光标结束位置，自动聚集时有效，需与 selection-start 搭配使用。该属性的类型为 number，默认值为－1
17	adjust-position	键盘弹起时，是否自动上推页面。该属性的类型为 boolean，默认值为 true
18	hold-keyboard	focus 时，点击页面的时候不收起键盘。该属性的类型为 boolean，默认值为 false
19	bindinput	键盘输入时触发，event. detail＝{value, cursor, keyCode}，keyCode 为键值，2.1.0 起支持，处理函数可以直接 return 一个字符串，将替换输入框的内容。该属性的类型为 eventhandle

续表

序号	属 性	说 明
20	bindfocus	输入框聚焦时触发,event.detail={value,height},height 为键盘高度。该属性的类型为 eventhandle
21	bindblur	输入框失去焦点时触发,event.detail={value:value}。该属性的类型为 eventhandlev
22	bindconfirm	点击完成按钮时触发,event.detail={value:value}。该属性的类型为 eventhandle
23	bindkeyboardheightchange	键盘高度发生变化的时候触发此事件,event.detail={height:height,duration:duration}。该属性的类型为 eventhandle

使用 input 组件时,还需要注意以下问题。

(1) confirm-type 的最终表现与手机输入法本身的实现有关,部分安卓系统输入法和第三方输入法可能不支持或不完全支持;

(2) input 组件是一个原生组件,字体是系统字体,所以无法设置 font-family;

(3) 在 input 聚焦期间,避免使用 css 动画;

(4) 对于将 input 封装在自定义组件中、而 form 在自定义组件外的情况,form 将不能获得这个自定义组件中 input 的值。此时需要使用自定义组件的内置 behaviors wx://form-field;

(5) 键盘高度发生变化,keyboardheightchange 事件可能会多次触发,开发者对于相同的 height 值应该忽略掉;

(6) 微信版本 6.3.30,focus 属性设置无效,placeholder 在聚焦时出现重影问题。

图 3-34 为 input 组件的示例代码。

```
< view class = "page - body">
  < view class = "page - section">
    < view class = "weui - cells__title">可以自动聚焦的 input </view>
    < view class = "weui - cells weui - cells_after - title">
      < view class = "weui - cell weui - cell_input">
        < input class = "weui - input" auto - focus placeholder = "将会获取焦点"/>
      </view>
    </view>
  </view>
  < view class = "page - section">
    < view class = "weui - cells__title">控制最大输入长度的 input </view>
    < view class = "weui - cells weui - cells_after - title">
      < view class = "weui - cell weui - cell_input">
        < input class = "weui - input" maxlength = "10" placeholder = "最大输入长度为 10" />
      </view>
    </view>
  </view>
  < view class = "page - section">
    < view class = "weui - cells__title">实时获取输入值: {{inputValue}}</view>
    < view class = "weui - cells weui - cells_after - title">
```

图 3-34 input 组件的示例代码

```
    <view class = "weui - cell weui - cell_input">
        <input class = "weui - input" maxlength = "10" bindinput = "bindKeyInput" placeholder = "输
入同步到 view 中"/>
    </view>
  </view>
 </view>
 <view class = "page - section">
   <view class = "weui - cells__title">控制输入的 input </view>
   <view class = "weui - cells weui - cells_after - title">
     <view class = "weui - cell weui - cell_input">
         <input class = "weui - input" bindinput = "bindReplaceInput" placeholder = "连续的两个
1 会变成 2" />
     </view>
   </view>
 </view>
 <view class = "page - section">
   <view class = "weui - cells__title">控制键盘的 input </view>
   <view class = "weui - cells weui - cells_after - title">
     <view class = "weui - cell weui - cell_input">
         <input class = "weui - input" bindinput = "bindHideKeyboard" placeholder = "输入 123 自
动收起键盘" />
     </view>
   </view>
 </view>
 <view class = "page - section">
   <view class = "weui - cells__title">数字输入的 input </view>
   <view class = "weui - cells weui - cells_after - title">
     <view class = "weui - cell weui - cell_input">
       <input class = "weui - input" type = "number" placeholder = "这是一个数字输入框" />
     </view>
   </view>
 </view>
 <view class = "page - section">
   <view class = "weui - cells__title">密码输入的 input </view>
   <view class = "weui - cells weui - cells_after - title">
     <view class = "weui - cell weui - cell_input">
       <input class = "weui - input" password type = "text" placeholder = "这是一个密码输入框" />
     </view>
   </view>
 </view>
 <view class = "page - section">
   <view class = "weui - cells__title">带小数点的 input </view>
   <view class = "weui - cells weui - cells_after - title">
     <view class = "weui - cell weui - cell_input">
       <input class = "weui - input" type = "digit" placeholder = "带小数点的数字键盘"/>
     </view>
   </view>
 </view>
 <view class = "page - section">
```

图 3-34　input 组件的示例代码（续）

```
    <view class = "weui - cells__title">身份证输入的 input </view>
    <view class = "weui - cells weui - cells_after - title">
      <view class = "weui - cell weui - cell_input">
        <input class = "weui - input" type = "idcard" placeholder = "身份证输入键盘" />
      </view>
    </view>
  </view>
  <view class = "page - section">
    <view class = "weui - cells__title">控制占位符颜色的 input </view>
    <view class = "weui - cells weui - cells_after - title">
      <view class = "weui - cell weui - cell_input">
        <input class = "weui - input" placeholder - style = "color:#F76260" placeholder = "占位
符字体是红色的" />
      </view>
    </view>
  </view>
</view>
//逻辑层
Page({
  data: {
    focus: false,
    inputValue: ''
  },
  bindKeyInput: function (e) {
    this.setData({
      inputValue: e.detail.value
    })
  },
  bindReplaceInput: function (e) {
    var value = e.detail.value
    var pos = e.detail.cursor
    var left
    if (pos !== - 1) {
      // 光标在中间
      left = e.detail.value.slice(0, pos)
      // 计算光标的位置
      pos = left.replace(/11/g, '2').length
    }

    // 直接返回对象,可以对输入进行过滤处理,同时可以控制光标的位置
    return {
      value: value.replace(/11/g, '2'),
      cursor: pos
    }

    // 或者直接返回字符串,光标在最后边
    // return value.replace(/11/g, '2'),
  },
  bindHideKeyboard: function (e) {
```

图 3-34 input 组件的示例代码(续)

```
        if (e.detail.value === '123') {
          // 收起键盘
          wx.hideKeyboard()
        }
      }
    })
```

图 3-34   input 组件的示例代码（续）

上述代码中包括多个 view 和 input 控件，这些控件的关系如图 3-35 所示。

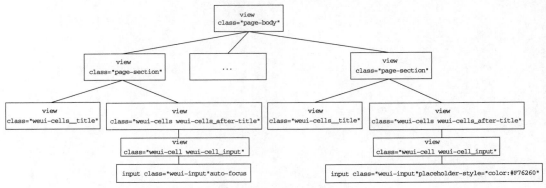

图 3-35   input 组件的示例代码中控件的关系

上述视图层代码中，在 class＝"page-body"的 view 中一共内嵌 10 个 class＝"page-section"的 view。对于每一个 class＝"page-section"的 view，又分别内嵌一个 class＝"weui-cells__title"的 view 和一个 class＝"weui-cells weui-cells_after-title"的 view，在 class＝"weui-cells weui-cells_after-title"的 view 里，内嵌了 class＝"weui-cell weui-cell_input"的 view，在其中内嵌了 class＝"weui-input"的 input。因此，在 class＝"page-body"的 view 中一共有 10 个不同类型的 input。

2 textarea

textarea 是多行输入框组件，它是原生组件，使用时请注意相关限制。它的语法格式如图 3-36 所示。

```
< textarea >

</textarea >
或
< textarea      />
```

图 3-36   textarea 组件的格式

如表 3-31 所示为 textarea 组件的属性。

表 3-31   textarea 组件的属性

序号	属 性	说 明
1	value	输入框的内容。该属性的类型的 string
2	placeholder	输入框为空时占位符。该属性的类型的 string

序号	属　　性	说　　明
3	placeholder-style	指定 placeholder 的样式,目前仅支持 color,font-size 和 font-weight。该属性的类型的 string
4	placeholder-class	指定 placeholder 的样式类。该属性的类型的 string,默认值为 textarea-placeholder
5	disabled	是否禁用。该属性的类型的 boolean,默认值为 false
6	maxlength	最大输入长度,设置为−1 的时候不限制最大长度。该属性的类型的 number,默认值为 140
7	auto-focus	自动聚焦,拉起键盘。该属性的类型的 boolean,默认值为 false
8	focus	获取焦点。该属性的类型的 boolean,默认值为 false
9	auto-height	是否自动增高,设置 auto-height 时,style. height 不生效。该属性的类型的 boolean,默认值为 false
10	fixed	如果 textarea 是在一个 position:fixed 的区域,需要显示指定属性 fixed 为 true。该属性的类型的 boolean,默认值为 false
11	cursor-spacing	指定光标与键盘的距离。取 textarea 距离底部的距离和 cursor-spacing 指定的距离的最小值作为光标与键盘的距离。该属性的类型的 number,默认值为 0
12	cursor	指定 focus 时的光标位置。该属性的类型的 number,默认值为−1
13	show-confirm-bar	是否显示键盘上方带有"完成"按钮那一栏。该属性的类型的 boolean,默认值为 true
14	selection-start	光标起始位置,自动聚集时有效,需与 selection-end 搭配使用。该属性的类型的 number,默认值为−1
15	selection-end	光标结束位置,自动聚集时有效,需与 selection-start 搭配使用。该属性的类型的 number,默认值为−1
16	adjust-position	键盘弹起时,是否自动上推页面。该属性的类型的 boolean,默认值为 true
17	hold-keyboard	focus 时,点击页面的时候不收起键盘。该属性的类型的 boolean,默认值为 false
18	bindfocus	输入框聚焦时触发,event. detail＝{value,height},height 为键盘高度。该属性的类型为 eventhandle
19	bindblur	输入框失去焦点时触发,event. detail＝{value,cursor}。该属性的类型为 eventhandle
20	bindlinechange	输入框行数变化时调用,event. detail＝{height:0,heightRpx:0,lineCount:0}。该属性的类型为 eventhandle
21	bindinput	当键盘输入时,触发 input 事件,event. detail＝{value,cursor,keyCode},keyCode 为键值,目前工具还不支持返回 keyCode 参数。bindinput 处理函数的返回值并不会反映到 textarea 上。该属性的类型为 eventhandle
22	bindconfirm	点击完成时,触发 confirm 事件,event. detail＝{value:value}。该属性的类型为 eventhandle
23	bindkeyboardheightchange	键盘高度发生变化的时候触发此事件,event. detail＝{height:height,duration:duration}。该属性的类型为 eventhandle

使用 textarea 组件时,请注意以下几点。

（1）textarea 的 blur 事件会晚于页面上的 tap 事件,如果需要在 button 的点击事件获取

textarea,可以使用 form 的 bindsubmit。

（2）不建议在多行文本上对用户的输入进行修改,所以 textarea 的 bindinput 处理函数并不会将返回值反映到 textarea 上。

（3）键盘高度发生变化,keyboardheightchange 事件可能会多次触发,开发者对于相同的 height 值应该忽略掉。

（4）微信版本 6.3.30,textarea 在列表渲染时,新增加的 textarea 在自动聚焦时的位置计算错误。

图 3-37 为 textarea 组件的示例代码。

```
<view class = "section">
  <textarea bindblur = "bindTextAreaBlur" auto - height placeholder = "自动变高" />
</view>
<view class = "section">
  <textarea placeholder = "placeholder 颜色是红色的" placeholder - style = "color:red;" />
</view>
<view class = "section">
  <textarea placeholder = "这是一个可以自动聚焦的 textarea" auto - focus />
</view>
<view class = "section">
  <textarea placeholder = "这个只有在按钮点击的时候才聚焦" focus = "{{focus}}" />
  <view class = "btn - area">
    <button bindtap = "bindButtonTap">使得输入框获取焦点</button>
  </view>
</view>
<view class = "section">
  <form bindsubmit = "bindFormSubmit">
    <textarea placeholder = "form 中的 textarea" name = "textarea"/>
    <button form - type = "submit"> 提交 </button>
  </form>
</view>

//textarea.js
Page({
  data: {
    height: 20,
    focus: false
  },
  bindButtonTap: function() {
    this.setData({
      focus: true
    })
  },
  bindTextAreaBlur: function(e) {
    console.log(e.detail.value)
  },
  bindFormSubmit: function(e) {
    console.log(e.detail.value.textarea)
  }
})
```

图 3-37　textarea 组件的格式

上述代码中包括多个 view 和 textarea 控件,这些控件的关系如图 3-38 所示。

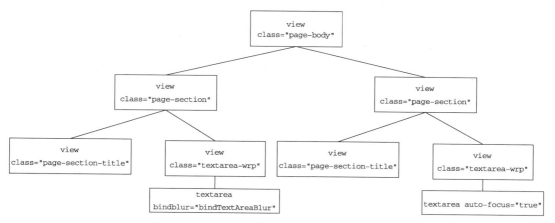

图 3-38 textarea 组件的示例代码中控件的关系

上述视图层代码中,在 class="page-body"的 view 中内嵌两个 class="page-section"的 view。对于每一个 class="page-section"的 view,分别内嵌一个 class="page-section-title"的 view 和一个 class="textarea-wrp"的 view,在 class=" textarea-wrp"的 view 里内嵌了一个 textarea。

3 editor

editor 是富文本编辑器组件,可以对图片、文字进行编辑。它的语法格式如图 3-39 所示。

```
< editor >

</editor >
```

图 3-39 editor 组件的格式

编辑器导出内容支持带标签的 html 和纯文本的 text,编辑器内部采用 delta 格式进行存储。通过 setContents 接口设置内容时,解析插入的 html 可能会由于一些非法标签导致解析错误,建议开发者在小程序内使用时通过 delta 进行插入。

富文本组件内部引入了一些基本的样式使得内容可以正确的展示,开发时可以进行覆盖。需要注意的是,在其他组件或环境中使用富文本组件导出的 html 时,需要额外引入 editor. css(参考 https://github. com/wechat-miniprogram/editor-style 或教材配套的本章代码),并维护如图 3-40 所示结构。

```
< ql - container >
    < ql - editor >

    </ql - editor >
</ql - container >
```

图 3-40 在其他组件或环境中使用富文本组件

注意:图片控件仅初始化时设置有效。

如表 3-32 所示为 editor 组件的属性。

表 3-32　editor 组件的属性

序号	属　性	说　明
1	read-only	设置编辑器为只读。该属性的类型的 boolean，默认值为 false
2	placeholder	提示信息。该属性的类型的 string
3	show-img-size	点击图片时显示图片大小控件。该属性的类型的 boolean，默认值为 false
4	show-img-toolbar	点击图片时显示工具栏控件。该属性的类型的 boolean，默认值为 false
5	show-img-resize	点击图片时显示修改尺寸控件。该属性的类型的 boolean，默认值为 false
6	bindready	编辑器初始化完成时触发。该属性的类型的 eventhandle
7	bindfocus	编辑器聚焦时触发，event.detail = {html，text，delta}。该属性的类型的 eventhandle
8	bindblur	编辑器失去焦点时触发，detail = {html，text，delta}。该属性的类型的 eventhandle
9	bindinput	编辑器内容改变时触发，detail = {html，text，delta}。该属性的类型的 eventhandle
10	bindstatuschange	通过 Context 方法改变编辑器内样式时触发，返回选区已设置的样式。该属性的类型的 eventhandle

注意：编辑器内支持部分 HTML 标签和内连样式，不支持 class 和 id。对于不支持的标签会被忽略，＜div＞会被转换为＜p＞储存。

编辑器支持的标签如表 3-33 所示。

表 3-33　编辑器支持的标签

序号	类型	节　点
1	行内元素	＜span＞＜strong＞＜b＞＜ins＞＜em＞＜i＞＜u＞＜a＞＜del＞＜s＞＜sub＞＜sup＞＜img＞
2	块级元素	＜p＞＜h1＞＜h2＞＜h3＞＜h4＞＜h5＞＜h6＞＜hr＞＜ol＞＜ul＞＜li＞

编辑器支持的内联样式如表 3-34 所示。

表 3-34　编辑器支持的内联样式

序号	类型	节　点
1	块级样式	text-align direction margin margin-top margin-left margin-right margin-bottom padding padding-top padding-left padding-right padding-bottom line-height text-indent
2	行内样式	font font-size font-style font-variant font-weight font-family letter-spacing text-decoration color background-color

使用编辑器组件时，请注意以下问题。

（1）使用 catchtouchend 绑定事件则不会使编辑器失去焦点（2.8.3）。

（2）插入的 html 中事件绑定会被移除。

（3）formats 中的 color 属性会统一以 hex 格式返回。

（4）粘贴时仅纯文本内容会被复制进编辑器。

（5）插入 html 到编辑器内时，编辑器会删除一些不必要的标签，以保证内容的统一。例如<p>xxx</p>会改写为<p>xxx</p>。

（6）编辑器聚焦时页面会被上推，系统行为以保证编辑区可见。

图 3-41 为 editor 组件在视图层的示例代码（完整项目见本章配套代码文件夹 ex030404_editor）。

```
<view class = "container" style = "height:{{editorHeight}}px;">
  < editor id = " editor"  class = " ql - container"  placeholder = " {{ placeholder }}"
bindstatuschange = "onStatusChange" bindready = "onEditorReady">
  </editor>
</view>

<view class = "toolbar" catchtouchend = "format" hidden = "{{keyboardHeight > 0 ? false : true}}"
style = "bottom: {{isIOS ? keyboardHeight : 0}}px">
  < i class = "iconfont icon - charutupian" catchtouchend = "insertImage"></i>
  < i class = "iconfont icon - format - header - 2 {{formats.header === 2 ? 'ql - active' : ''}}"
data - name = "header" data - value = "{{2}}"></i>
  < i class = "iconfont icon - format - header - 3 {{formats.header === 3 ? 'ql - active' : ''}}"
data - name = "header" data - value = "{{3}}"></i>
  < i class = "iconfont icon - zitijiacu {{formats.bold ? 'ql - active' : ''}}" data - name = "bold"></i>
  < i class = "iconfont icon - zitixieti {{formats.italic ? 'ql - active' : ''}}" data - name =
"italic"></i>
  < i class = "iconfont icon - zitixiahuaxian {{formats.underline ? 'ql - active' : ''}}" data -
name = "underline"></i>
  < i class = "iconfont icon -- checklist" data - name = "list" data - value = "check"></i>
  < i class = "iconfont icon - youxupailie {{formats.list === 'ordered' ? 'ql - active' : ''}}"
data - name = "list" data - value = "ordered"></i>
  < i class = "iconfont icon - wuxupailie {{formats.list === 'bullet'? 'ql - active' : ''}}" data -
name = "list" data - value = "bullet"></i>
</view>
```

图 3-41　editor 组件的示例代码

关于 input、textarea 和 editor 组件的更多内容，可访问以下链接。

https://developers.weixin.qq.com/miniprogram/dev/component/input.html

https://developers.weixin.qq.com/miniprogram/dev/component/textarea.html

https://developers.weixin.qq.com/miniprogram/dev/component/editor.html

3.4.5　picker、picker-view 和 picker-view-column

1 picker

picker 是从底部弹起的滚动选择器组件。它的语法格式如图 3-42 所示。

```
<picker>

</picker>
```

图 3-42　picker 组件的格式

如表 3-35 所示为 picker 组件的属性。

表 3-35　picker 组件的属性

序号	属　性	说　明
1	mode	选择器类型。该属性的类型是 string，默认值是 selector（普通选择器），该属性的值还可以为 multiSelector（多列选择器）、time（时间选择器）、date（日期选择器）和 region（省市区选择器）
2	disabled	是否禁用。该属性的类型是 boolean，默认值是 false
3	bindcancel	取消选择时触发。该属性的类型是 eventhandle

对于取值不同的 mode，picker 拥有不同的属性，具体如下。

1) mode 为 selector

当 mode 为 selector，其属性如表 3-36 所示。

表 3-36　mode 为 selector 时 picker 组件的属性

序号	属　性	说　明
1	range	mode 为 selector 或 multiSelector 时，range 有效。该属性类型为 array 或 object array，默认值为[]
2	range-key	当 range 是一个 Object Array 时，通过 range-key 来指定 Object 中 key 的值作为选择器显示内容。该属性类型为 string
3	value	表示选择了 range 中的第几个（下标从 0 开始）。该属性类型为 number，默认值为 0
4	bindchange	value 改变时触发 change 事件，event. detail = ｛value｝。该属性类型为 eventhandle

2) mode 为 multiSelector

当 mode 为 multiSelector，其属性如表 3-37 所示。

表 3-37　mode 为 mutiSelector 时 picker 组件的属性

序号	属　性	说　明
1	range	mode 为 selector 或 multiSelector 时，range 有效。该属性类型为 array 或 object array，默认值为[]
2	range-key	当 range 是一个 Object Array 时，通过 range-key 来指定 Object 中 key 的值作为选择器显示内容。该属性类型为 string
3	value	表示选择了 range 中的第几个（下标从 0 开始）。该属性类型为 array，默认值为[]
4	bindchange	value 改变时触发 change 事件，event. detail = ｛value｝。该属性类型为 eventhandle
5	bindcolumnchange	列改变时触发。该属性的类型是 eventhandle

3) mode 为 time

当 mode 为 time，其属性如表 3-38 所示。

表 3-38　mode 为 time 时 picker 组件的属性

序号	属　　性	说　　明
1	value	表示选中的时间,格式为"hh:mm"。该属性类型为 string
2	start	表示有效时间范围的开始,字符串格式为"hh:mm"。该属性类型为 string
3	end	表示有效时间范围的结束,字符串格式为"hh:mm"。该属性类型为 string
4	bindchange	value 改变时触发 change 事件,event. detail ＝〈value〉。该属性类型为 eventhandle

4) mode 为 date

当 mode 为 date,其属性如表 3-39 所示。

表 3-39　mode 为 date 时 picker 组件的属性

序号	属　　性	说　　明
1	value	表示选中的日期,格式为"YYYY-MM-DD"。该属性类型为 string,默认值为 0
2	start	表示有效日期范围的开始,字符串格式为"YYYY-MM-DD"。该属性类型为 string
3	end	表示有效日期范围的结束,字符串格式为"YYYY-MM-DD"。该属性类型为 string
4	fields	表示选择器的粒度,有效值为 year(选择器粒度为年)、month(选择器粒度为月份)和 day(选择器粒度为天)。该属性类型为 string,默认值为 day
5	bindchange	value 改变时触发 change 事件,event. detail ＝〈value〉。该属性类型为 eventhandle

5) mode 为 region

当 mode 为 region,其属性如表 3-40 所示。

表 3-40　mode 为 region 时 picker 组件的属性

序号	属　　性	说　　明
1	value	表示选中的省市区,默认选中每一列的第一个值。该属性类型为 array,默认值为[]
2	custom-item	可为每一列的顶部添加一个自定义的项。该属性类型为 string
3	bindchange	value 改变时触发 change 事件,event. detail ＝〈value, code, postcode〉,其中字段 code 是统计用区划代码,postcode 是邮政编码。该属性类型为 eventhandle

图 3-43 为 picker 组件的视图层示例代码。

```
< view class = "section">
  < view class = "section__title">普通选择器</view>
  < picker bindchange = "bindPickerChange" value = "{{index}}" range = "{{array}}">
    < view class = "picker">
      当前选择: {{array[index]}}
```

图 3-43　picker 组件的视图层示例代码

```
        </view>
      </picker>
    </view>
  <view class = "section">
    <view class = "section__title">多列选择器</view>
    <picker mode = "multiSelector" bindchange = "bindMultiPickerChange" bindcolumnchange =
"bindMultiPickerColumnChange" value = "{{multiIndex}}" range = "{{multiArray}}">
      <view class = "picker">
        当前选择: {{multiArray[0][multiIndex[0]]}}, {{multiArray[1][multiIndex[1]]}},
{{multiArray[2][multiIndex[2]]}}
      </view>
    </picker>
  </view>
  <view class = "section">
    <view class = "section__title">时间选择器</view>
    <picker mode = "time" value = "{{time}}" start = "09:01" end = "21:01" bindchange = "
bindTimeChange">
      <view class = "picker">
        当前选择: {{time}}
      </view>
    </picker>
  </view>

  <view class = "section">
    <view class = "section__title">日期选择器</view>
    <picker mode = "date" value = "{{date}}" start = "2015 - 09 - 01" end = "2017 - 09 - 01"
bindchange = "bindDateChange">
      <view class = "picker">
        当前选择: {{date}}
      </view>
    </picker>
  </view>
  <view class = "section">
    <view class = "section__title">省市区选择器</view>
    <picker mode = "region" bindchange = "bindRegionChange" value = "{{region}}" custom - item = "
{{customItem}}">
      <view class = "picker">
        当前选择: {{region[0]}},{{region[1]}},{{region[2]}}
      </view>
    </picker>
  </view>
```

图 3-43　picker 组件的视图层示例代码(续)

上述代码中 picker 组件分别为普通选择器、多列选择器、时间选择器、日期选择器和省市区选择器。

2 picker-view 和 picker-view-column

picker-view 是嵌入页面的滚动选择器,picker-view-column 是滚动选择器子项,它仅可放置于 picker-view 中,其子节点的高度会自动设置成与 picker-view 的选中框的高度一致。它们的语法格式如图 3-44 所示。

```
<picker-view>
    <picker-view-column>

    </picker-view-column>
</picker-view>
```

图 3-44 picker-view 和 picker-view-column 组件的格式

如表 3-41 所示为 picker-view 组件的属性。

表 3-41 picker-view 组件的属性

序号	属 性	说 明
1	value	数组中的数字依次表示 picker-view 内的 picker-view-column 选择的第几项(下标从 0 开始),数字大于 picker-view-column 可选项长度时,选择最后一项。该属性的类型为 Array.<number>
2	indicator-style	设置选择器中间选中框的样式。该属性的类型为 string
3	indicator-class	设置选择器中间选中框的类名。该属性的类型为 string
4	mask-style	设置蒙层的样式。该属性的类型为 string
5	mask-class	设置蒙层的类名。该属性的类型为 string
6	bindchange	滚动选择时触发 change 事件,event. detail=〈value〉; value 为数组,表示 picker-view 内的 picker-view-column 当前选择的是第几项(下标从 0 开始)。该属性的类型为 eventhandle
7	bindpickstart	当滚动选择开始时候触发事件。该属性的类型为 eventhandle
8	bindpickend	当滚动选择结束时候触发事件。该属性的类型为 eventhandle

注意:滚动时在 iOS 自带振动反馈,可在系统设置—>声音与触感—>系统触感反馈中关闭。

图 3-45 为 picker-view 和 picker-view-column 组件的示例代码。

```
//视图层
<view>
  <view>{{year}}年{{month}}月{{day}}日</view>
  <picker-view indicator-style="height: 50px;" style="width: 100%; height: 300px;" value=
"{{value}}" bindchange="bindChange">
    <picker-view-column>
      <view wx:for="{{years}}" style="line-height: 50px">{{item}}年</view>
    </picker-view-column>
    <picker-view-column>
      <view wx:for="{{months}}" style="line-height: 50px">{{item}}月</view>
    </picker-view-column>
    <picker-view-column>
      <view wx:for="{{days}}" style="line-height: 50px">{{item}}日</view>
    </picker-view-column>
  </picker-view>
</view>
```

图 3-45 picker-view 和 picker-view-column 组件的示例代码

```
</view>
//逻辑层
const date = new Date()
const years = []
const months = []
const days = []

for (let i = 1990; i <= date.getFullYear(); i++) {
  years.push(i)
}

for (let i = 1; i <= 12; i++) {
  months.push(i)
}

for (let i = 1; i <= 31; i++) {
  days.push(i)
}

Page({
  data: {
    years: years,
    year: date.getFullYear(),
    months: months,
    month: 2,
    days: days,
    day: 2,
    value: [9999, 1, 1],
  },
  bindChange: function (e) {
    const val = e.detail.value
    this.setData({
      year: this.data.years[val[0]],
      month: this.data.months[val[1]],
      day: this.data.days[val[2]]
    })
  }
})
```

图 3-45　picker-view 和 picker-view-column 组件的示例代码（续）

在示例代码中，picker-view 组件中嵌入了三个 picker-view-column 组件，其中第一个 picker-view-column 组件显示年份，第二个 picker-view-column 组件显示月份，第三个 picker-view-column 组件显示日。由于 picker-view 组件绑定了 bindChange 函数，因此在三个 picker-view-column 组件中分别选择年月日时，将会显示在最上方的 view 上。

关于 picker、picker-view 和 picker-view-column 组件的更多内容，可访问以下链接。

https://developers.weixin.qq.com/miniprogram/dev/component/picker.html

https://developers.weixin.qq.com/miniprogram/dev/component/picker-view.html

https://developers.weixin.qq.com/miniprogram/dev/component/picker-view-column.html

3.4.6　slider

slider 是滑动选择器组件。它的语法格式如图 3-46 所示。

```
< slider >

</slider >
或
< slider      />
```

图 3-46　slider 组件的格式

如表 3-42 所示为 slider 组件的属性。

表 3-42　slider 组件的属性

序号	属　　性	说　　明
1	min	最小值。该属性的类型为 number,默认值为 0
2	max	最大值。该属性的类型为 number,默认值为 100
3	step	步长,取值必须大于 0,并且可被(max-min)整除。该属性的类型为 number,默认值为 1
4	disabled	是否禁用。该属性的类型为 boolean,默认值为 false
5	value	当前取值。该属性的类型为 number,默认值为 0
6	color	背景条的颜色(请使用 backgroundColor)。该属性的类型为 color,默认值为 ♯ e9e9e9
7	selected-color	已选择的颜色(请使用 activeColor)。该属性的类型为 color,默认值为 ♯ 1aad19
8	activeColor	已选择的颜色。该属性的类型为 color,默认值为 ♯ 1aad19
9	backgroundColor	背景条的颜色。该属性的类型为 color,默认值为 ♯ e9e9e9
10	block-size	滑块的大小,取值范围为 12～28。该属性的类型为 number,默认值为 28
11	block-color	滑块的颜色。该属性的类型为 color,默认值为 ♯ ffffff
12	show-value	是否显示当前 value。该属性的类型为 boolean,默认值为 false
13	bindchange	完成一次拖动后触发的事件,event. detail ＝ {value}。该属性的类型为 eventhandle
14	bindchanging	拖动过程中触发的事件,event. detail ＝ {value}。该属性的类型为 eventhandle

如图 3-47 所示为 slider 的示例代码。

```
< view class = "page">
    < view class = "page__hd">
        < text class = "page__title"> slider </text>
        < text class = "page__desc">滑块</text >
    </view >
    < view class = "page__bd">
        < view class = "section section_gap">
```

图 3-47　slider 组件的示例代码

```
                    <text class = "section__title">设置 left/right icon</text>
                    <view class = "body - view">
                        <slider bindchange = "slider1change" left - icon = "cancel" right - icon =
"success_no_circle"/>
                    </view>
                </view>

                <view class = "section section_gap">
                    <text class = "section__title">设置 step</text>
                    <view class = "body - view">
                        <slider bindchange = "slider2change" step = "5"/>
                    </view>
                </view>

                <view class = "section section_gap">
                    <text class = "section__title">显示当前 value</text>
                    <view class = "body - view">
                        <slider bindchange = "slider3change" show - value/>
                    </view>
                </view>

                <view class = "section section_gap">
                    <text class = "section__title">设置最小/最大值</text>
                    <view class = "body - view">
                        <slider bindchange = "slider4change" min = "50" max = "200" show - value/>
                    </view>
                </view>
            </view>
        </view>
</view>
//逻辑层
var pageData = {}
for (var i = 1; i < 5; ++i) {
    (function (index) {
        pageData['slider$ {index}change'] = function (e) {
            console.log('slider$ {index}发生 change 事件,携带值为', e.detail.value)
        }
    })(i);
}
Page(pageData)
```

图 3-47 slider 组件的示例代码(续)

示例代码中有四个 slider,每一个 slider 都绑定了 bindchange 事件。在微信开发者工具中,第一个 slider 无法实现设置 left 或 right 的 icon;第二个 slider 设置了其步长(每拖动一次移动的距离)为 5;第三个 slider 设置了显示滑块当前值;第四个 slider 不仅设置了显示滑块当前值,还设置了滑块的最小和最大值。

关于 slider 组件的更多内容,可访问以下链接。

https://developers.weixin.qq.com/miniprogram/dev/component/slider.html

3.4.7 switch

switch 是开关选择器组件。它的语法格式如图 3-48 所示。

```
< switch >

</switch >
或
< switch      />
```

图 3-48 switch 组件的格式

如表 3-43 所示为 switch 组件的属性。

表 3-43 switch 组件的属性

序号	属　　性	说　　明
1	checked	是否选中。该属性的类型为 boolean,默认值为 false
2	disabled	是否禁用。该属性的类型为 boolean,默认值为 false
3	type	switch 的样式,其有效值为 switch 或 checkbox。该属性的类型为 string,默认值为 switch
4	color	switch 的颜色,同 css 的 color。该属性的类型为 string,默认值为 ♯04BE02
5	bindchange	checked 改变时触发 change 事件,event. detail＝{ value}。该属性的类型为 eventhandle

注意：switch 类型切换时在 iOS 自带振动反馈,可在系统设置—>声音与触感—>系统触感反馈中关闭。

图 3-49 为 switch 组件的示例代码。

```
//视图层
< view class = "page">
   < view class = "page__hd">
      < text class = "page__title"> switch </text >
      < text class = "page__desc">开关</text >
   </view >
   < view class = "page__bd">
      < view class = "section section_gap">
         < view class = "section__title"> type = "switch"</view >
         < view class = "body - view">
            < switch checked = "{{switch1Checked}}" bindchange = "switch1Change"/>
         </view >
      </view >

      < view class = "section section_gap">
```

图 3-49 switch 组件的示例代码

```
                    < view class = "section__title"> type = "checkbox"</view >
                    < view class = "body - view">
                          < switch type = "checkbox" checked = " {{ switch2Checked}}" bindchange =
"switch2Change"/>
                    </view >
              </view >
         </view >
</view >
//逻辑层
var pageData = {
  data: {
    switch1Checked: true,
    switch2Checked: false,
    switch1Style: '',
    switch2Style: 'text - decoration: line - through'
  }
}
for (var i = 1; i <= 2; ++i) {
  (function (index) {
    pageData['switch $ {index}Change'] = function (e) {
      console. log('switch $ {index}发生 change 事件,携带值为', e. detail. value)
      var obj = {}
      obj['switch $ {index}Checked'] = e. detail. value
      this. setData(obj)
      obj = {}
      obj['switch $ {index}Style'] = e. detail. value ? '' : 'text - decoration: line - through'
      this. setData(obj)
    }
  })(i)
}
Page(pageData)
```

图 3-49 switch 组件的示例代码(续)

示例代码中有两个 switch 组件,分别绑定了 switch1Change 和 switch2Change,逻辑层代码中统一处理了这两个事件。第一个 switch 的 type 为默认的 switch;第二个 switch 的 type 为 checkbox。

关于 switch 组件的更多内容,可访问以下链接。

https://developers. weixin. qq. com/miniprogram/dev/component/switch. html

3.4.8 form

form 是表单组件,当点击 form 表单中 form-type 为 submit 的 button 组件时,会将表单组件中提供给用户输入的 switch、input、checkbox、slider、radio 和 picker 的组件的 value 值提交(此时需要在表单内各组件中加上 name 用作 key)。它的语法格式如图 3-50 所示。

```
< form >

</form >
```

图 3-50 form 组件的格式

如表 3-44 所示为 form 组件的属性。

表 3-44　form 组件的属性

序号	属　　性	说　　明
1	report-submit	是否返回 formId 用于发送模板消息。该属性的类型为 boolean，默认值为 false
2	report-submit-timeout	等待一段时间（毫秒数）以确认 formId 是否生效。如果未指定这个参数，formId 有很小的概率是无效的（如遇到网络失败的情况）。指定这个参数将可以检测 formId 是否有效，以这个参数的时间作为这项检测的超时时间。如果失败，将返回 requestFormId:fail 开头的 formId。该属性的类型为 number，默认值为 0
3	bindsubmit	携带 form 中的数据触发 submit 事件，event.detail = ｛value：｛'name'：'value'｝,formId：''｝。该属性的类型为 eventhandle
4	bindreset	表单重置时会触发 reset 事件。该属性的类型为 eventhandle

如图 3-51 所示为表单组件的示例代码。

```
//视图层
< form bindsubmit = "formSubmit" bindreset = "formReset">
  < view class = "section section_gap">
    < view class = "section__title"> switch </view>
    < switch name = "switch"/>
  </view>
  < view class = "section section_gap">
    < view class = "section__title"> slider </view>
    < slider name = "slider" show - value ></slider>
  </view>

  < view class = "section">
    < view class = "section__title"> input </view>
    < input name = "input" placeholder = "please input here" />
  </view>
  < view class = "section section_gap">
    < view class = "section__title"> radio </view>
    < radio - group name = "radio - group">
      < label >< radio value = "radio1"/> radio1 </label >
      < label >< radio value = "radio2"/> radio2 </label >
    </radio - group >
  </view>
  < view class = "section section_gap">
    < view class = "section__title"> checkbox </view>
    < checkbox - group name = "checkbox">
      < label >< checkbox value = "checkbox1"/> checkbox1 </label>
      < label >< checkbox value = "checkbox2"/> checkbox2 </label>
    </checkbox - group >
  </view>
  < view class = "btn - area">
```

图 3-51　form 组件的示例代码

```
      < button formType = "submit"> Submit </button >
      < button formType = "reset"> Reset </button >
    </view >
  </form >
  //逻辑层
  Page({
    formSubmit: function (e) {
      console.log('form 发生了 submit 事件,携带数据为: ', e.detail.value)
    },
    formReset: function () {
      console.log('form 发生了 reset 事件')
    }
  })
```

图 3-51　form 组件的示例代码(续)

示例代码中包括的组件较多,这些组件间的关系如图 3-52 所示。

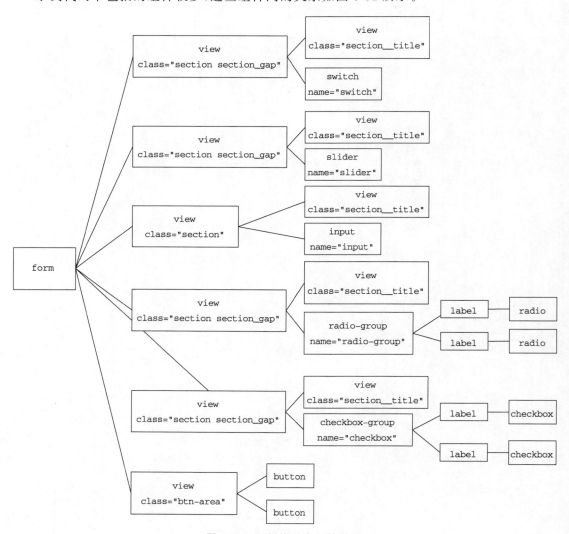

图 3-52　示例代码中组件关系

关于 form 组件的更多内容,可访问以下链接。

https://developers. weixin. qq. com/miniprogram/dev/component/form. html

3.5 导航组件

3.5.1 functional-page-navigator

functional-page-navigator 组件仅在插件中有效,用于跳转到插件功能页。它的语法格式如图 3-53 所示。

```
< functional - page - navigator >

</functional - page - navigator >
```

图 3-53 functional-page-navigator 组件的格式

如表 3-45 所示为 functional-page-navigator 组件的属性。

表 3-45 functional-page-navigator 组件的属性

序号	属 性	说 明
1	version	跳转到的小程序版本,线上版本必须设置为 release。该属性的类型为 string,默认值为 release(正式版)。该属性的值还可以为 develop(开发版)和 trial(体验版)
2	name	要跳转到的功能页。该属性的类型为 string,其合法值为 loginAndGetUserInfo(用户信息功能页)和 requestPayment(支付功能页)
3	args	功能页参数,参数格式与具体功能页相关。该属性的类型为 object
4	bindsuccess	功能页返回,且操作成功时触发,detail 格式与具体功能页相关。该属性的类型为 eventhandler
5	bindfail	功能页返回,且操作失败时触发,detail 格式与具体功能页相关。该属性的类型为 eventhandler
6	bindcancel	因用户操作从功能页返回时触发。该属性的类型为 eventhandler

使用 functional-page-navigator 组件时,请注意以下问题。

(1) 功能页是插件所有者小程序中的一个特殊页面,开发者不能自定义这个页面的外观;

(2) 在功能页展示时,一些与界面展示相关的接口将被禁用(接口调用返回 fail);

(3) 这个组件本身可以在开发者工具中使用,但功能页的跳转目前不支持在开发者工具中调试,请在真机上测试。

图 3-54 为组件 functional-page-navigator 的示例代码。

```
//视图层
< functional - page - navigator name = "loginAndGetUserInfo" bind: success = "loginSuccess">
  < button >登录到插件</button >
</functional - page - navigator >

//逻辑层
```

图 3-54 functional-page-navigator 组件的示例代码

```
Component({
    methods: {
        loginSuccess: function(e) {
            console.log(e.detail.code)        // wx.login 的 code
            console.log(e.detail.userInfo) // wx.getUserInfo 的 userInfo
        }
    }
})
```

图 3-54 functional-page-navigator 组件的示例代码（续）

关于 functional-page-navigator 组件的更多内容，可访问以下链接。

https://developers. weixin. qq. com/miniprogram/dev/component/functional-page-navigator. html

3.5.2 navigator

navigator 是页面链接组件，它的语法格式如图 3-55 所示。

```
< navigator >

</navigator >
```

图 3-55 navigator 组件的格式

如表 3-46 所示为 navigator 组件的属性。

表 3-46 navigator 组件的属性

序号	属 性	说 明
1	target	在哪个目标上发生跳转，默认当前小程序。该属性的类型为 string，默认值为 self(当前小程序)。该属性的值还可以是 miniProgram(其他小程序)
2	url	当前小程序内的跳转链接。该属性的类型为 string
3	open-type	跳转方式。该属性的类型为 string，默认值为 navigate（对应 wx. navigateTo 或 wx. navigateToMiniProgram 的功能）。该属性的合法值还有 redirect(对应 wx. redirectTo 的功能)，switchTab(对应 wx. switchTab 的功能)，reLaunch(对应 wx. reLaunch 的功能)，navigateBack(对应 wx. navigateBack 的功能)和 exit(退出小程序，target＝"miniProgram"时生效)
4	delta	当 open-type 为 'navigateBack' 时有效，表示回退的层数。该属性的类型为 number，默认值为 1
5	app-id	当 target＝"miniProgram"时有效，要打开的小程序 appId。该属性的类型为 string
6	path	当 target＝"miniProgram"时有效，打开的页面路径，如果为空则打开首页。该属性的类型为 string
7	extra-data	当 target＝"miniProgram"时有效，需要传递给目标小程序的数据，目标小程序可在 App. onLaunch()，App. onShow()中获取到这份数据。该属性的类型为 object

序号	属　　性	说　　明
8	version	当 target＝"miniProgram"时有效,要打开的小程序版本。该属性的类型为 string,默认值为 release(正式版,仅在当前小程序为开发版或体验版时此参数有效;如果当前小程序是正式版,则打开的小程序必定是正式版)。该属性的值还可以为 develop(开发版)和 trial(体验版)
9	hover-class	指定点击时的样式类,当 hover-class＝"none"时,没有点击态效果。该属性的类型为 string,默认值为 navigator-hover
10	hover-stop-propagation	指定是否阻止本节点的祖先节点出现点击态。该属性的类型为 boolean,默认值为 false
11	hover-start-time	按住后多久出现点击态,单位为毫秒。该属性的类型为 number,默认值为 50
12	hover-stay-time	手指松开后点击态保留时间,单位为毫秒。该属性的类型为 number,默认值为 600
13	bindsuccess	当 target＝"miniProgram"时有效,跳转小程序成功。该属性的类型为 string
14	bindfail	当 target＝"miniProgram"时有效,跳转小程序失败。该属性的类型为 string
15	bindcomplete	当 target＝"miniProgram"时有效,跳转小程序完成。该属性的类型为 string

使用 navigator 组件,要注意以下限制。

(1)需要用户确认跳转。从 2.3.0 版本开始,在跳转至其他小程序前,将统一增加弹窗,询问是否跳转,用户确认后才可以跳转其他小程序。如果用户点击取消,则回调 fail cancel。

(2)每个小程序可跳转的其他小程序数量限制为不超过 10 个。从 2.4.0 版本以及指定日期(具体待定)开始,开发者提交新版小程序代码时,如使用了跳转其他小程序功能,则需要在代码配置中声明将要跳转的小程序名单,限定不超过 10 个,否则将无法通过审核。该名单可在发布新版时更新,不支持动态修改。调用此接口时,所跳转的 appId 必须在配置列表中,否则回调 fail appId "${appId}" is not in navigateToMiniProgramAppIdList。

(3)在开发者工具上调用此 API 并不会真实地跳转到另外的小程序,但是开发者工具会校验本次调用跳转是否成功。

(4)开发者工具上支持被跳转的小程序处理接收参数的调试。

(5)navigator-hover 默认为{background-color：rgba(0，0，0，0.1)；opacity：0.7；},navigator 的子节点背景色应为透明色。

图 3-56 为 navigator 的示例代码。

```
//视图层
<! -- index.wxml -->
< view class = "btn - area">
  < navigator url = "/page/navigate/navigate? title = navigate" hover - class = "navigator -
hover">跳转到新页面</navigator>
  < navigator url = "../../redirect/redirect/redirect? title = redirect" open - type = "redirect"
hover - class = "other - navigator - hover">在当前页打开</navigator>
```

图 3-56　navigator 组件的示例代码

```
  <!-- <navigator url = "/page/index/index" open-type = "switchTab" hover-class = "other-
navigator-hover">切换Tab</navigator>
  <navigator target = "miniProgram" open-type = "navigate" app-id = "" path = "" extra-data = ""
version = "release">打开绑定的小程序</navigator> -->
</view>

<!-- navigator.wxml -->
<view style = "text-align:center">{{title}}</view>
<view>点击左上角返回回到之前页面</view>
<!-- redirect.wxml -->
<view style = "text-align:center">{{title}}</view>
<view>点击左上角返回回到上级页面</view>
Page({
  onLoad: function(options) {
    this.setData({
      title: options.title
    })
  }
})
/** index.wxss **/
.navigator-hover {
  color:blue;
}
.other-navigator-hover {
  color:red;
}
```

图 3-56　navigator 组件的示例代码（续）

示例代码中有两个 navigator 组件，第一个组件的跳转方式为默认，因此会跳转到新页面；第二个组件的跳转方式设置为 redirect，即在当前页面打开（不跳转）。

> 注意：被注释的代码中也有两个 navigator 组件，其中 open-type 为"switchTab"，需
> 要读者修改 app.json 文件增加对应的页面才可以使切换 Tab 生效，同理
> open-type 为"navigate"时，也需要读者设置 app-id 和 path 等信息才可以实现
> 打开绑定的小程序。

关于 navigator 组件的更多内容，可访问以下链接。

https://developers.weixin.qq.com/miniprogram/dev/component/navigator.html

3.6　媒体组件

3.6.1　audio

audio 是音频组件，它的语法格式如图 3-57 所示。该组件从 1.6.0 版本开始不再维护，建议使用能力更强的 wx.createInnerAudioContext 接口。

```
<audio>

</audio>
```

图 3-57　audio 组件的格式

如表 3-47 所示为 audio 组件的属性。

表 3-47　audio 组件的属性

序号	属性	说　　明
1	id	audio 组件的唯一标识符。该属性的类型为 string
2	src	要播放音频的资源地址。该属性的类型为 string
3	loop	是否循环播放。该属性的类型为 boolean,默认值为 false
4	controls	是否显示默认控件。该属性的类型为 boolean,默认值为 false
5	poster	默认控件上的音频封面的图片资源地址,如果 controls 属性值为 false 则设置 poster 无效。该属性的类型为 string
6	name	默认控件上的音频名字,如果 controls 属性值为 false 则设置 name 无效。该属性的类型为 string,默认值为未知音频
7	author	默认控件上的作者名字,如果 controls 属性值为 false 则设置 author 无效。该属性的类型为 string,默认值为未知作者
8	binderror	当发生错误时触发 error 事件,detail＝{errMsg:MediaError. code}。该属性的类型为 eventhandle。MediaError. code 返回的错误码可以为 1(获取资源被用户禁止),2(网络错误),3(解码错误)和 4(不合适资源)
9	bindplay	当开始/继续播放时触发 play 事件。该属性的类型为 eventhandle
10	bindpause	当暂停播放时触发 pause 事件。该属性的类型为 eventhandle
11	bindtimeupdate	当播放进度改变时触发 timeupdate 事件,detail＝{currentTime,duration}。该属性的类型为 eventhandle
12	bindended	当播放到末尾时触发 ended 事件。该属性的类型为 eventhandle

注意：创建 audio 上下文 AudioContext 对象的接口是 wx. createAudioContext (string id, Object this),其中 string id 为 audio 组件的 id,Object this 是当前组件实例的 this,用以操作自定义组件内 audio 组件。从基础库 1.6.0 开始,本接口停止维护,请使用 wx. createInnerAudioContext 代替。

图 3-58 为 audio 组件的示例代码。

```
//视图层代码
<audio poster = "{{poster}}" name = "{{name}}" author = "{{author}}" src = "{{src}}" id = "
myAudio" controls loop></audio>

<button type = "primary" bindtap = "audioPlay">播放</button>
<button type = "primary" bindtap = "audioPause">暂停</button>
<button type = "primary" bindtap = "audio14">设置当前播放时间为 14 秒</button>
<button type = "primary" bindtap = "audioStart">回到开头</button>

//逻辑层代码
```

图 3-58　audio 组件的示例代码

```
Page({
  onReady: function (e) {
    // 使用 wx.createAudioContext 获取 audio 上下文 context
    this.audioCtx = wx.createAudioContext('myAudio')
  },
  data: {
    poster: 'http://y.gtimg.cn/music/photo_new/T002R300x300M000003rsKF44GyaSk.jpg?max_age =
2592000',
    name: '此时此刻',
    author: '许巍',
    src: 'http://ws.stream.qqmusic.qq.com/M500001VfvsJ21xFqb.mp3?guid = ffffffff82def4af4 -
b12b3cd9337d5e7&uin = 346897220&vkey = 6292F51E1E384E06DCBDC9AB7C49FD713D632D313AC4858BACB8 -
DDD29067D3C601481D36E62053BF8DFEAF74C0A5CCFADD6471160CAF3E6A&fromtag = 46',
  },
  audioPlay: function () {
    this.audioCtx.play()
  },
  audioPause: function () {
    this.audioCtx.pause()
  },
  audio14: function () {
    this.audioCtx.seek(14)
  },
  audioStart: function () {
    this.audioCtx.seek(0)
  }
})
```

图 3-58　audio 组件的示例代码(续)

视图层代码中有一个 audio 组件和四个 button 组件。四个 button 组件分别对应播放、暂停、设置当前播放时间为 14 秒和回到开头这四个功能,它们是通过绑定逻辑层的 audioPlay,audioPause,audio14 和 audioStart 实现的。

关于 audio 组件的更多内容,可访问以下链接。

https://developers.weixin.qq.com/miniprogram/dev/component/audio.html

> **注意**:若读者在上述链接对应的 audio.html 中点击"在开发者工具中预览效果",代码与图 3-58 不完全一样,请参见本章配套的名为"ex030601_audio_在开发者工具中预览效果"文件夹下的代码。图 3-58 中的代码存放在本章代码的文件夹下。

3.6.2　image

image 是图片组件,它支持 JPG、PNG、SVG 格式,该组件从 2.3.0 起支持云文件 ID,它的语法格式如图 3-59 所示。

```
< image >

</image >
```

图 3-59　image 组件的格式

如表 3-48 所示为 image 组件的属性。

表 3-48　image 组件的属性

序号	属 性	说 明
1	src	图片资源地址。该属性的类型为 string
2	mode	图片裁剪、缩放的模式。该属性的类型为 string,默认值为 scaleToFill
3	lazy-load	图片懒加载,在即将进入一定范围(上下三屏)时才开始加载。该属性的类型为 boolean,默认值为 false
4	show-menu-by-longpress	开启长按图片显示识别小程序码菜单。该属性的类型为 boolean,默认值为 false
5	binderror	当错误发生时触发,event. detail ＝ {errMsg}。该属性的类型为 eventhandle
6	bindload	当图片载入完毕时触发,event. detail ＝ {height,width}。该属性的类型为 eventhandle

如表 3-49 所示为 mode 属性的合法取值和说明。

表 3-49　mode 属性的合法取值和说明

序号	值	说 明
1	scaleToFill	缩放模式,不保持纵横比缩放图片,使图片的宽高完全拉伸至填满 image 元素。scaleToFill 为默认值
2	aspectFit	缩放模式,保持纵横比缩放图片,使图片的长边能完全显示出来。也就是说,可以完整地将图片显示出来
3	aspectFill	缩放模式,保持纵横比缩放图片,只保证图片的短边能完全显示出来。也就是说,图片通常只在水平或垂直方向是完整的,另一个方向将会发生截取
4	widthFix	缩放模式,宽度不变,高度自动变化,保持原图宽高比不变
5	top	裁剪模式,不缩放图片,只显示图片的顶部区域
6	bottom	裁剪模式,不缩放图片,只显示图片的底部区域
7	center	裁剪模式,不缩放图片,只显示图片的中间区域
8	left	裁剪模式,不缩放图片,只显示图片的左边区域
9	right	裁剪模式,不缩放图片,只显示图片的右边区域
10	top left	裁剪模式,不缩放图片,只显示图片的左上边区域
11	top right	裁剪模式,不缩放图片,只显示图片的右上边区域
12	bottom left	裁剪模式,不缩放图片,只显示图片的左下边区域
13	bottom right	裁剪模式,不缩放图片,只显示图片的右下边区域

使用 image 组件时,要注意以下问题。

(1) image 组件默认宽度 300px、高度 225px。

(2) image 组件中二维码/小程序码图片不支持长按识别。仅在 wx. previewImage 中支持长按识别。

图 3-60 为 image 组件的示例代码。

```
//视图层
<view class = "page">
  <view class = "page__hd">
    <text class = "page__title"> image </text>
    <text class = "page__desc">图片</text>
  </view>
  <view class = "page__bd">
    <view class = "section section_gap" wx:for = "{{array}}" wx:for-item = "item">
      <view class = "section__title">{{item.text}}</view>
      <view class = "section__ctn">
        <image style = "width: 200px; height: 200px; background-color: #eeeeee;" mode = "
{{item.mode}}" src = "{{src}}"></image>
      </view>
    </view>
  </view>
</view>
//逻辑层
Page({
  data: {
    array: [{
      mode: 'scaleToFill',
      text: 'scaleToFill: 不保持纵横比缩放图片,使图片完全适应'
    }, {
      mode: 'aspectFit',
      text: 'aspectFit: 保持纵横比缩放图片,使图片的长边能完全显示出来'
    }, {
      mode: 'aspectFill',
      text: 'aspectFill: 保持纵横比缩放图片,只保证图片的短边能完全显示出来'
    }, {
      mode: 'top',
      text: 'top: 不缩放图片,只显示图片的顶部区域'
    }, {
      mode: 'bottom',
      text: 'bottom: 不缩放图片,只显示图片的底部区域'
    }, {
      mode: 'center',
      text: 'center: 不缩放图片,只显示图片的中间区域'
    }, {
      mode: 'left',
      text: 'left: 不缩放图片,只显示图片的左边区域'
    }, {
      mode: 'right',
      text: 'right: 不缩放图片,只显示图片的右边边区域'
    }, {
      mode: 'top left',
      text: 'top left: 不缩放图片,只显示图片的左上边区域'
    }, {
      mode: 'top right',
      text: 'top right: 不缩放图片,只显示图片的右上边区域'
```

图 3-60　image 组件的示例代码

```
    }, {
      mode: 'bottom left',
      text: 'bottom left: 不缩放图片,只显示图片的左下边区域'
    }, {
      mode: 'bottom right',
      text: 'bottom right: 不缩放图片,只显示图片的右下边区域'
    }],
    src: '../resources/cat.jpg'
  },
  imageError: function(e) {
    console.log('image3 发生 error 事件,携带值为', e.detail.errMsg)
  }
})
```

图 3-60　image 组件的示例代码(续)

示例代码中展示了 image 组件不同 mode 下图片显示的效果,有兴趣的读者可以运行教材配套的代码感受下。

关于 image 组件的更多内容,可访问以下链接。

https://developers.weixin.qq.com/miniprogram/dev/component/image.html

3.6.3　video

video 是视频组件,它的语法格式如图 3-61 所示。

```
<video>

</video>
```

图 3-61　video 组件的格式

如表 3-50 所示为 video 组件的属性。

表 3-50　video 组件的属性

序号	属　　性	说　　明
1	src	要播放视频的资源地址,支持云文件 ID(2.3.0)。该属性的类型为 string,为必填属性
2	duration	指定视频时长。该属性的类型为 number
3	controls	是否显示默认播放控件(播放/暂停按钮、播放进度、时间)。该属性的类型为 boolean,默认值为 true
4	danmu-list	弹幕列表。该属性的类型为 Array.<object>
5	danmu-btn	是否显示弹幕按钮,只在初始化时有效,不能动态变更。该属性的类型为 boolean,默认值为 false
6	enable-danmu	是否展示弹幕,只在初始化时有效,不能动态变更。该属性的类型为 boolean,默认值为 false
7	autoplay	是否自动播放。该属性的类型为 boolean,默认值为 false
8	loop	是否循环播放。该属性的类型为 boolean,默认值为 false

续表

序号	属 性	说 明
9	muted	是否静音播放。该属性的类型为 boolean，默认值为 false
10	initial-time	指定视频初始播放位置。该属性的类型为 number，默认值为 0
11	page-gesture	在非全屏模式下，是否开启亮度与音量调节手势（废弃，见 vslide-gesture）。该属性的类型为 boolean，默认值为 false
12	direction	设置全屏时视频的方向，不指定则根据宽高比自动判断。该属性的类型为 number，其合法值为 0（正常竖向），90（屏幕逆时针 90 度）和−90（屏幕顺时针 90 度）
13	show-progress	若不设置，宽度大于 240 时才会显示。该属性的类型为 boolean，默认值为 true
14	show-fullscreen-btn	是否显示全屏按钮。该属性的类型为 boolean，默认值为 true
15	show-play-btn	是否显示视频底部控制栏的播放按钮。该属性的类型为 boolean，默认值为 true
16	show-center-play-btn	是否显示视频中间的播放按钮。该属性的类型为 boolean，默认值为 true
17	enable-progress-gesture	是否开启控制进度的手势。该属性的类型为 boolean，默认值为 true
18	object-fit	当视频大小与 video 容器大小不一致时，视频的表现形式。该属性的类型为 string，默认值为 contain（即包含）。该属性的值还可以为 fill（即填充）和 cover（即覆盖）
19	poster	视频封面的图片网络资源地址或云文件 ID（2.3.0）。若 controls 属性值为 false 则设置 poster 无效。该属性的类型为 string
20	show-mute-btn	是否显示静音按钮。该属性的类型为 boolean，默认值为 false
21	title	视频的标题，全屏时在顶部展示。该属性的类型为 string
22	play-btn-position	播放按钮的位置。该属性的类型为 string，默认值为 bottom（即 controls bar 上）。该属性的值还可以为 center（即视频中间）
23	enable-play-gesture	是否开启播放手势，即双击切换播放/暂停。该属性的类型为 boolean，默认值为 false
24	auto-pause-if-navigate	当跳转到其他小程序页面时，是否自动暂停本页面的视频。该属性的类型为 boolean，默认值为 true
25	auto-pause-if-open-native	当跳转到其他微信原生页面时，是否自动暂停本页面的视频。该属性的类型为 boolean，默认值为 true
26	vslide-gesture	在非全屏模式下，是否开启亮度与音量调节手势（同 page-gesture）。该属性的类型为 boolean，默认值为 false
27	vslide-gesture-in-fullscreen	在全屏模式下，是否开启亮度与音量调节手势。该属性的类型为 boolean，默认值为 true
28	ad-unit-id	视频前贴广告单元 ID，该属性的类型为 string
29	bindplay	当开始/继续播放时触发 play 事件。该属性的类型为 eventhandle
30	bindpause	当暂停播放时触发 pause 事件。该属性的类型为 eventhandle
31	bindended	当播放到末尾时触发 ended 事件。该属性的类型为 eventhandle
32	bindtimeupdate	播放进度变化时触发，event. detail ＝ {currentTime, duration}。触发频率 250ms 一次。该属性的类型为 eventhandle

续表

序号	属 性	说 明
33	bindfullscreenchange	视频进入和退出全屏时触发，event. detail = {fullScreen, direction}，direction 有效值为 vertical 或 horizontal。该属性的类型为 eventhandle
34	bindwaiting	视频出现缓冲时触发。该属性的类型为 eventhandle
35	binderror	视频播放出错时触发。该属性的类型为 eventhandle
36	bindprogress	加载进度变化时触发，只支持一段加载。event. detail = {buffered}，百分比。该属性的类型为 eventhandle

使用 video 组件时，请注意以下方面。

(1) video 默认宽度 300px、高度 225px，可通过 wxss 设置宽高。

(2) 从 2.4.0 起 video 支持同层渲染。对于 iOS，video 支持 mp4、mov、m4v、3gp、avi 和 m3u8 视频格式，支持 H.264、HEVC 和 MPEG-4 编码格式；对于 Android，video 支持 mp4、3gp、m3u8 和 webm 视频格式，支持 H.264、HEVC、MPEG-4 和 VP9 编码格式。

图 3-62 为 video 组件的示例代码。

```
//视图层
< view class = "section tc">
  < video src = "{{src}}" controls ></video >
  < view class = "btn - area">
    < button bindtap = "bindButtonTap">获取视频</button >
  </view >
</view >

< view class = "section tc">
  < video id = "myVideo" src = "http://wxsnsdy. tc. qq. com/105/20210/snsdyvideodownload? filekey =
30280201010421301f0201690402534804102ca905ce620b1241b726bc41dcff44e00204012882540400&bizid =
1023&hy = SH&fileparam = 302c020101042530230204136ffd93020457e3c4ff02024ef202031e8d7f02030f
42400204045a320a0201000400" danmu - list = "{{danmuList}}" enable - danmu danmu - btn controls >
  </video >
  < view class = "btn - area">
    < button bindtap = "bindButtonTap">获取视频</button >
    < input bindblur = "bindInputBlur"/>
    < button bindtap = "bindSendDanmu">发送弹幕</button >
  </view >
</view >

//逻辑层
function getRandomColor () {
  let rgb = []
  for (let i = 0 ; i < 3; ++i){
    let color = Math. floor(Math. random() * 256). toString(16)
    color = color. length == 1 ? '0' + color : color
    rgb. push(color)
  }
```

图 3-62　video 组件的示例代码

```
      return '#' + rgb.join('')
    }
    Page({
      onReady: function (res) {
        this.videoContext = wx.createVideoContext('myVideo')
      },
      inputValue: '',
      data: {
        src: '',
        danmuList: [
          {
            text: '第 1s 出现的弹幕',
            color: '#ff0000',
            time: 1
          },
          {
            text: '第 3s 出现的弹幕',
            color: '#ff00ff',
            time: 3
          }]
      },
      bindInputBlur: function(e) {
        this.inputValue = e.detail.value
      },
      bindButtonTap: function() {
        var that = this
        wx.chooseVideo({
          sourceType: ['album', 'camera'],
          maxDuration: 60,
          camera: ['front','back'],
          success: function(res) {
            that.setData({
              src: res.tempFilePath
            })
          }
        })
      },
      bindSendDanmu: function () {
        this.videoContext.sendDanmu({
          text: this.inputValue,
          color: getRandomColor()
        })
      }
    })
```

图 3-62　video 组件的示例代码(续)

示例代码中的组件的关系如图 3-63 所示。

示例代码中的第一个 video 需要通过按下 button 获取,第二个 video 则是从指定 URL 获取的一段视频,可以通过在 input 中输入相应的内容并按下 button 发送弹幕。

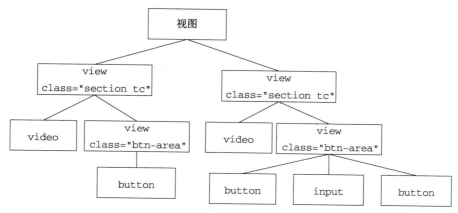

图 3-63 示例代码中组件的关系

关于 video 组件的更多内容,可访问以下链接。

https://developers.weixin.qq.com/miniprogram/dev/component/video.html

注意: 若读者在上述链接对应的 video.html 中点击"在开发者工具中预览效果",代码与图 3-62 不完全一样,请参见本章配套的名为"ex030603_video_在开发者工具中预览效果"的文件夹下的代码。图 3-62 中的代码存放在本章代码的文件夹下。

3.6.4 camera

camera 是系统相机组件,使用时需要用户授权(scope.camera),升级微信客户端至 6.7.3 该组件将具有扫码功能。它的语法格式如图 3-64 所示。

```
<camera>

</camera>
```

图 3-64 camera 组件的格式

如表 3-51 所示为 camera 组件的属性。

表 3-51 camera 组件的属性

序号	属 性	说 明
1	mode	应用模式,只在初始化时有效,不能动态变更。该属性的类型为 string,默认值为 normal(相机模式)。该属性的值还可以为 scanCode(扫码模式)
2	device-position	摄像头朝向。该属性的类型为 string,默认值为 back(后置)。该属性的值还可以为 front(前置)
3	flash	闪光灯,值为 auto(自动)、on(打开)、off(关闭)和 torch(常亮)。该属性的类型为 string,默认值为 auto
4	frame-size	指定期望的相机帧数据尺寸。该属性的类型为 string,默认值为 medium(中尺寸帧数据)。该属性的值还可以为 small(小尺寸帧数据)和 large(大尺寸帧数据)

续表

序号	属　性	说　明
5	bindstop	摄像头在非正常终止时触发,如退出后台等情况。该属性的类型为 eventhandle
6	binderror	用户不允许使用摄像头时触发。该属性的类型为 eventhandle
7	bindinitdone	相机初始化完成时触发。该属性的类型为 eventhandle
8	bindscancode	在扫码识别成功时触发,仅在 mode＝"scanCode"时生效。该属性的类型为 eventhandle

使用 camera 组件时,还要注意以下问题。

(1)同一页面只能插入一个 camera 组件。

(2)请注意原生组件使用限制。

(3)onCameraFrame 接口根据 frame-size 返回不同尺寸的原始帧数据,与 Camera 组件展示的图像不同,其实际像素值由系统决定。

图 3-65 是 camera 组件的示例代码。

```
//视图层
< camera device - position = "back" flash = "off" binderror = "error" style = "width: 100 % ;
height: 300px;"></camera>
< button type = "primary" bindtap = "takePhoto">拍照</button>
< view>预览</view>
< image mode = "widthFix" src = "{{src}}"></image>
//逻辑层
Page({
  takePhoto() {
    const ctx = wx.createCameraContext()
    ctx.takePhoto({
      quality: 'high',
      success: (res) => {
        this.setData({
          src: res.tempImagePath
        })
      }
    })
  },
  error(e) {
    console.log(e.detail)
  }
})
```

图 3-65　camera 组件的示例代码

示例代码中有一个 camera 组件、一个 button 组件和一个 image 组件,其中 button 组件绑定了 takePhoto 事件用于拍照并将照片显示在 image 组件中。

关于 camera 组件的更多内容,可访问以下链接。

https://developers.weixin.qq.com/miniprogram/dev/component/camera.html

> **注意**：若读者在上述链接对应的 camera.html 中点击"在开发者工具中预览效果"，代码与图 3-65 不完全一样，请参见本章配套的名为"ex030605_camera_在开发者工具中预览效果"的文件夹下的代码。图 3-65 中的代码在存放本章代码的文件夹下。

3.6.5 live-player

live-player 是实时音视频播放组件，它的语法格式如图 3-66 所示。

```
< live - player >

</live - player >
或
< live - player            />
```

图 3-66 live-player 组件的格式

live-player 暂时只针对如表 3-52 所示的国内主体类目的小程序开放，需要先通过类目审核，然后在小程序管理后台"开发"-"接口设置"中自助开通该组件权限。

表 3-52 国内小程序主体类目

序号	一级类目/主体类型	二级类目	说　明
1	社交	直播	涉及娱乐性质，如明星直播、生活趣事直播、宠物直播等。选择该类目后首次提交代码审核，需经当地互联网主管机关审核确认，预计审核时长 7 天左右
2	教育	在线视频课程	网课、在线培训、讲座等教育类直播
3	医疗	互联网医院、公立医院	问诊、大型健康讲座等直播
4	金融	银行、信托、基金、证券/期货、证券、期货投资咨询、保险、征信业务、新三板信息服务平台、股票信息服务平台（港股/美股）、消费金融	金融产品视频客服理赔、金融产品推广直播等
5	汽车	汽车预售服务	汽车预售、推广直播
6	政府主体账号	/	政府相关工作推广直播、领导讲话直播等
7	工具	视频客服	不涉及以上几类内容的一对一视频客服服务，如企业售后一对一视频服务等

如表 3-53 所示为 live-player 组件的属性。

表 3-53 live-player 组件的属性

序号	属　性	说　明
1	src	音视频地址。目前仅支持 flv、rtmp 格式。该属性的类型是 string
2	mode	模式。该属性的类型是 string，默认值为 live(直播)。该属性的值还可以为 RTC(实时通话，该模式时延更低)

序号	属 性	说 明
3	autoplay	自动播放。该属性的类型是 boolean,默认值为 false
4	muted	是否静音。该属性的类型是 boolean,默认值为 false
5	orientation	画面方向。该属性的类型是 string,默认值为 vertical(竖直)。该属性的值还可以为 horizontal(水平)
6	object-fit	填充模式,可选值有 contain(图像长边填满屏幕,短边区域会被填充),fillCrop(图像铺满屏幕,超出显示区域的部分将被截掉)。该属性的类型是 string,默认值为 contain
7	background-mute	进入后台时是否静音(已废弃,默认退台静音)。该属性的类型是 boolean,默认值为 false
8	min-cache	最小缓冲区,单位 s(RTC 模式推荐 0.2s)。该属性的类型是 number,默认值为 1
9	max-cache	最大缓冲区,单位 s(RTC 模式推荐 0.8s)。该属性的类型是 number,默认值为 3
10	sound-mode	声音输出方式。该属性的类型是 string,默认值为 speaker(扬声器)。该属性的值还可以为 ear(听筒)
11	auto-pause-if-navigate	当跳转到其他小程序页面时,是否自动暂停本页面的实时音视频播放。该属性的类型是 boolean,默认值为 true
12	auto-pause-if-open-native	当跳转到其他微信原生页面时,是否自动暂停本页面的实时音视频播放。该属性的类型是 boolean,默认值为 true
13	bindstatechange	播放状态变化事件,detail＝{code}。该属性的类型是 eventhandle
14	bindfullscreenchange	全屏变化事件, detail＝{direction, fullScreen}。该属性的类型是 eventhandle
15	bindnetstatus	网络状态通知,detail＝{info}。该属性的类型是 eventhandle

如表 3-54 所示为状态码 code 的取值及释义。

表 3-54　状态码 code 的取值及释义

序号	代 码	说 明
1	2001	已经连接服务器
2	2002	已经连接 RTMP 服务器,开始拉流
3	2003	网络接收到首个视频数据包(IDR)
4	2004	视频播放开始
5	2005	视频播放进度
6	2006	视频播放结束
7	2007	视频播放 Loading
8	2008	解码器启动
9	2009	视频分辨率改变
10	−2301	网络断连,且经多次重连抢救无效,更多重试请自行重启播放
11	−2302	获取加速拉流地址失败
12	2101	当前视频帧解码失败
13	2102	当前音频帧解码失败
14	2103	网络断连,已启动自动重连
15	2104	网络来包不稳:可能是下行带宽不足,或由于主播端出流不均匀

续表

序号	代　码	说　明
16	2105	当前视频播放出现卡顿
17	2106	硬解启动失败,采用软解
18	2107	当前视频帧不连续,可能丢帧
19	2108	当前流硬解第一个 I 帧失败,SDK 自动切软解
20	3001	RTMP-DNS 解析失败
21	3002	RTMP 服务器连接失败
22	3003	RTMP 服务器握手失败
23	3005	RTMP 读/写失败

如表 3-55 所示为网络状态数据 info 的键名及释义。

表 3-55　网络状态数据 info 的键名及释义

序号	键　名	说　明
1	videoBitrate	当前视频编/码器输出的比特率,单位 kbps
2	audioBitrate	当前音频编/码器输出的比特率,单位 kbps
3	videoFPS	当前视频帧率
4	videoGOP	当前视频 GOP,也就是每两个关键帧(I 帧)间隔时长,单位 s
5	netSpeed	当前的发送/接收速度
6	netJitter	网络抖动情况,抖动越大,网络越不稳定
7	videoWidth	视频画面的宽度
8	videoHeight	视频画面的高度

live-player 组件默认宽度 300px、高度 225px,可通过 wxss 设置宽高。开发者工具上暂时不支持该组件。图 3-67 为 live-player 组件的示例代码。

```
< live - player src = "https://domain/pull_stream" mode = "RTC" autoplay bindstatechange = "
statechange" binderror = "error" style = "width: 300px; height: 225px;" />
Page({
  statechange(e) {
    console.log('live - player code:', e.detail.code)
  },
  error(e) {
    console.error('live - player error:', e.detail.errMsg)
  }
})
```

图 3-67　live-player 组件的示例代码

关于 live-player 组件的更多内容,可访问以下链接。

https://developers.weixin.qq.com/miniprogram/dev/component/live-player.html

> **注意**:若读者在上述链接对应的 live-player.html 中点击"在开发者工具中预览效果",代码与图 3-67 不完全一样,请参见本章配套的名为"ex030605_live-player_在开发者工具中预览效果"文件夹下的代码。图 3-67 中的代码存放在本章代码的文件夹下。

3.6.6 live-pusher

live-pusher 是实时音视频录制组件,它的语法格式如图 3-68 所示。

```
< live – pusher >

</live – pusher >
或
< live – pusher                    />
```

图 3-68　live-pusher 组件的格式

和 live-player 一样,live-pusher 暂时也只针对国内主体类目的小程序开放,需要先通过类目审核,然后在小程序管理后台"开发"-"接口设置"中自助开通该组件权限(需要用户授权 scope.camera 和 scope.record)。

如表 3-56 所示为 live-pusher 组件的属性。

表 3-56　live-pusher 组件的属性

序号	属　　性	说　　明
1	url	推流地址。目前仅支持 flv、rtmp 格式。该属性的类型是 string
2	mode	模式。该属性的类型是 string,默认值为 RTC(实时通话)。该属性的值还可以为 SD(标清)、HD(高清)和 FHD(超清)
3	autopush	自动推流。该属性的类型是 boolean,默认值为 false
4	muted	是否静音。该属性的类型是 boolean,默认值为 false
5	enable-camera	开启摄像头。该属性的类型是 boolean,默认值为 true
6	auto-focus	自动聚集。该属性的类型是 boolean,默认值为 true
7	orientation	画面方向。该属性的类型是 string,默认值为 vertical(竖直)。该属性的值还可以为 horizontal(水平)
8	beauty	美颜,取值范围 0-9,0 表示关闭。该属性的类型是 number,默认值为 0
9	whiteness	美白,取值范围 0-9,0 表示关闭。该属性的类型是 number,默认值为 0
10	aspect	宽高比,可选值有 3:4,9:16。该属性的类型是 string,默认值为 9:16
11	min-bitrate	最小码率。该属性的类型是 number,默认值为 200
12	max-bitrate	最大码率。该属性的类型是 number,默认值为 1000
13	audio-quality	高音质(48KHz)或低音质(16KHz),值为 high,low。该属性的类型是 string,默认值为 high
14	waiting-image	进入后台时推流的等待画面。该属性的类型是 string
15	waiting-image-hash	等待画面资源的 MD5 值。该属性的类型是 string
16	zoom	调整焦距。该属性的类型是 boolean,默认值为 false
17	device-position	前置或后置,值为 front,back。该属性的类型是 string,默认值为 front
18	background-mute	进入后台时是否静音。该属性的类型是 boolean,默认值为 false
19	mirror	设置推流画面是否镜像,产生的效果在 live-player 显现。该属性的类型是 boolean,默认值为 false
20	bindstatechange	状态变化事件,detail={code}。该属性的类型是 eventhandle
21	bindnetstatus	网络状态通知,detail={info}。该属性的类型是 eventhandle
22	binderror	渲染错误事件,detail={errMsg, errCode}。该属性的类型是 eventhandle

续表

序号	属 性	说 明
23	bindbgmstart	背景音开始播放时触发。该属性的类型是 eventhandle
24	bindbgmprogress	背景音进度变化时触发,detail＝{progress,duration}。该属性的类型是 eventhandle
25	bindbgmcomplete	背景音播放完成时触发。该属性的类型是 eventhandle

如表 3-57 所示为错误码(errCode)的取值及释义。

表 3-57　错误码(errCode)的取值及释义

序号	代 码	说 明
1	10001	用户禁止使用摄像头
2	10002	用户禁止使用录音
3	10003	背景音资源(BGM)加载失败
4	10004	等待画面资源(waiting-image)加载失败

如表 3-58 所示为状态码 code 的取值及说明。

表 3-58　状态码 code 的取值及说明

序号	代 码	说 明
1	1001	已经连接推流服务器
2	1002	已经与服务器握手完毕,开始推流
3	1003	打开摄像头成功
4	1004	录屏启动成功
5	1005	推流动态调整分辨率
6	1006	推流动态调整码率
7	1007	首帧画面采集完成
8	1008	编码器启动
9	－1301	打开摄像头失败
10	－1302	打开麦克风失败
11	－1303	视频编码失败
12	－1304	音频编码失败
13	－1305	不支持的视频分辨率
14	－1306	不支持的音频采样率
15	－1307	网络断连,且经多次重连抢救无效,更多重试请自行重启推流
16	－1308	开始录屏失败,可能是被用户拒绝
17	－1309	录屏失败,不支持的 Android 系统版本,需要 5.0 以上的系统
18	－1310	录屏被其他应用打断了
19	－1311	Android Mic 打开成功,但是录不到音频数据
20	－1312	录屏动态切横竖屏失败
21	1101	网络状况不佳:上行带宽太小,上传数据受阻
22	1102	网络断连,已启动自动重连
23	1103	硬编码启动失败,采用软编码
24	1104	视频编码失败
25	1105	新美颜软编码启动失败,采用老的软编码

续表

序号	代 码	说 明
26	1106	新美颜软编码启动失败,采用老的软编码
27	3001	RTMP-DNS 解析失败
28	3002	RTMP 服务器连接失败
29	3003	RTMP 服务器握手失败
30	3004	RTMP 服务器主动断开,请检查推流地址的合法性或防盗链有效期
31	3005	RTMP 读/写失败

注意:
(1) live-pusher 组件中代码为 3001、3002、3003 和 3005 的状态码与 live-player 组件中的一致。
(2) live-pusher 组件网络状态数据(info)的键名和释义与 live-player 组件的相同。

图 3-69 为 live-pusher 组件的示例代码。

```
< live - pusher url = " https://domain/push_ stream" mode = " RTC" autopush bindstatechange =
"statechange" style = "width: 300px; height: 225px;" />
Page({
   statechange(e) {
       console.log('live - pusher code:', e.detail.code)
   }
})
```

图 3-69　live-pusher 组件的示例代码

关于 live-pusher 组件的更多内容,可访问以下链接。
https://developers. weixin. qq. com/miniprogram/dev/component/live-pusher. html

注意: 若读者在上述链接对应的 live-pusher. html 中点击"在开发者工具中预览效果",代码与图 3-69 不完全一样,请参见本章配套的名为"ex030606_live-pusher_在开发者工具中预览效果"文件夹下的代码。图 3-69 中的代码在存放本章代码的文件夹下。

3.7　地图组件

map 是地图组件,它的语法格式如图 3-70 所示。

```
< map >

</map >
```

图 3-70　map 组件的格式

个性化地图能力可在小程序后台"开发-开发者工具-腾讯位置服务"申请开通,详见《小程序个性地图使用指南》(https://lbs. qq. com/product/miniapp/guide/)。小程序内地图组件应使用同一 subkey,可通过 layer-style(地图官网设置的样式 style 编号)属性选择不同的地图风格。组件属性的长度单位默认为 px,从 2.4.0 起支持传入单位(rpx/px)。

如表 3-59 所示为 map 组件的属性。

表 3-59　map 组件的属性

序号	属性	说明
1	longitude	中心经度。该属性的类型为 number,为必填字段
2	latitude	中心纬度。该属性的类型为 number,为必填字段
3	scale	缩放级别,取值范围为 3~20。该属性的类型为 number,默认值为 16
4	markers	标记点,用于在地图上显示标记的位置。该属性的类型为 Array.<marker>
5	covers	此属性即将移除,请使用 markers。该属性的类型为 Array.<cover>
6	polyline	路线。该属性的类型为 Array.<polyline>
7	circles	圆。该属性的类型为 Array.<circle>
8	controls	控件(即将废弃,建议使用 cover-view 代替)。该属性的类型为 Array.<control>
9	include-points	缩放视野以包含所有给定的坐标点。该属性的类型为 Array.<point>
10	show-location	显示带有方向的当前定位点。该属性的类型为 boolean,默认值为 false
11	polygons	多边形。该属性的类型为 Array.<polygon>
12	subkey	个性化地图使用的 key。该属性的类型为 string
13	layer-style	个性化地图配置的 style,不支持动态修改。该属性的类型为 number,默认值为 1
14	rotate	旋转角度,范围 0~360,地图正北和设备 y 轴角度的夹角。该属性的类型为 number,默认值为 0
15	skew	倾斜角度,范围 0~40,关于 z 轴的倾角。该属性的类型为 number,默认值为 0
16	enable-3D	展示 3D 楼块(工具暂不支持)。该属性的类型为 boolean,默认值为 false
17	show-compass	显示指南针。该属性的类型为 boolean,默认值为 false
18	show-scale	显示比例尺,工具暂不支持。该属性的类型为 boolean,默认值为 false
19	enable-overlooking	开启俯视。该属性的类型为 boolean,默认值为 false
20	enable-zoom	是否支持缩放。该属性的类型为 boolean,默认值为 true
21	enable-scroll	是否支持拖动。该属性的类型为 boolean,默认值为 true
22	enable-rotate	是否支持旋转。该属性的类型为 boolean,默认值为 false
23	enable-satellite	是否开启卫星图。该属性的类型为 boolean,默认值为 false
24	enable-traffic	是否开启实时路况。该属性的类型为 boolean,默认值为 false
25	setting	配置项。该属性的类型为 object
26	bindtap	点击地图时触发。该属性的类型为 eventhandle
27	bindmarkertap	点击标记点时触发,e.detail={markerId}。该属性的类型为 eventhandle
28	bindcontroltap	点击控件时触发,e.detail={controlId}。该属性的类型为 eventhandle
29	bindcallouttap	点击标记点对应的气泡时触发 e.detail={markerId}。该属性的类型为 eventhandle
30	bindupdated	在地图渲染更新完成时触发。该属性的类型为 eventhandle
31	bindregionchange	视野发生变化时触发。该属性的类型为 eventhandle。视野改变时,regionchange 会触发两次,返回的 type 值分别为 begin(视野变化开始)和 end(视野变化结束)。从 2.8.0 起 begin 阶段返回 causedBy(导致视野变化的原因),有效值为 gesture(手势触发)和 update(接口触发)。从 2.3.0 起 end 阶段返回 causedBy,有效值为 drag(拖动导致)、scale(缩放导致)、update(调用更新接口导致)rotate,skew 仅在 end 阶段返回
32	bindpoitap	点击地图 poi 点时触发,e.detail={name,longitude,latitude}。该属性的类型为 eventhandle

1 setting

提供 setting 对象统一设置地图配置。同时对于一些动画属性如 rotate 和 skew，通过 setData 分开设置时无法同时生效，需通过 setting 统一修改，如图 3-71 所示。

```
// 默认值
const setting = {
  skew: 0,
  rotate: 0,
  showLocation: false,
  showScale: false,
  subKey: '',
  layerStyle: -1,
  enableZoom: true,
  enableScroll: true,
  enableRotate: false,
  showCompass: false,
  enable3D: false,
  enableOverlooking: false,
  enableSatellite: false,
  enableTraffic: false,
}

this.setData({
  // 仅设置的属性会生效,其他的不受影响
  setting: {
    enable3D: true,
    enableTraffic: true
  }
})
```

图 3-71　setting 的用法

2 marker

marker 用于在地图上显示标记的位置，如表 3-60 所示为其属性及说明。

表 3-60　marker 的属性及说明

序号	属　　性	说　　明
1	id	标记点 id,marker 点击事件回调会返回此 id。该属性的类型为 number,建议为每个 marker 设置上 number 类型 id,保证更新 marker 时有更好的性能
2	latitude	经度。该属性的类型为 number,为必填字段。浮点数,范围-90～90
3	longitude	纬度。该属性的类型为 number,为必填字段。浮点数,范围-180～180
4	title	标注点名。点击时显示,callout 存在时将被忽略。该属性的类型为 string
5	zIndex	显示层级。该属性的类型为 number
6	iconPath	显示的图标。项目目录下的图片路径,支持相对路径写法,以'/'开头则表示相对小程序根目录;也支持临时路径和网络图片(2.3.0)。该属性的类型为 string
7	rotate	旋转角度。顺时针旋转的角度,范围 0～360,默认为 0。该属性的类型为 number
8	alpha	标注的透明度。默认为 1,无透明,范围 0～1。该属性的类型为 number

序号	属　　性	说　　明
9	width	标注图标宽度。默认为图片实际宽度。该属性的类型为 number/string
10	height	标注图标高度。默认为图片实际高度。该属性的类型为 number/string
11	callout	自定义标记点上方的气泡窗口。该属性的类型为 Object
12	label	为标记点旁边增加标签。该属性的类型为 Object
13	anchor	经纬度在标注图标的锚点，默认底边中点。该属性的类型为 Object。{x，y}，x 表示横向(0-1)，y 表示竖向(0-1)。{x：.5，y：1} 表示底边中点
14	aria-label	无障碍访问，(属性)元素的额外描述。该属性的类型为 string

marker 上的气泡 callout 的属性及说明如表 3-61 所示。

表 3-61　callout 的属性及说明

序号	属　　性	说　　明
1	content	文本。该属性的类型为 string
2	color	文本颜色。该属性的类型为 string
3	fontSize	文字大小。该属性的类型为 number
4	borderRadius	边框圆角。该属性的类型为 number
5	borderWidth	边框宽度。该属性的类型为 number
6	borderColor	边框颜色。该属性的类型为 string
7	bgColor	背景色。该属性的类型为 string
8	padding	文本边缘留白。该属性的类型为 string
9	display	'BYCLICK':点击显示；'ALWAYS':常显。该属性的类型为 string
10	textAlign	文本对齐方式。有效值：left，right，center。该属性的类型为 string

marker 上的气泡 label 的属性及说明如表 3-62 所示。

表 3-62　label 的属性及说明

序号	属　　性	说　　明
1	content	文本。该属性的类型为 string
2	color	文本颜色。该属性的类型为 string
3	fontSize	文字大小。该属性的类型为 number
4	x	label 的坐标(废弃)。该属性的类型为 number
5	y	label 的坐标(废弃)。该属性的类型为 number
6	anchorX	label 的坐标,原点是 marker 对应的经纬度。该属性的类型为 number
7	anchorY	label 的坐标,原点是 marker 对应的经纬度。该属性的类型为 number
8	borderWidth	边框宽度。该属性的类型为 number
9	borderColor	边框颜色。该属性的类型为 string
10	borderRadius	边框圆角。该属性的类型为 number
11	bgColor	背景色。该属性的类型为 string
12	padding	文本边缘留白。该属性的类型为 number
13	textAlign	文本对齐方式。有效值：left，right，center。该属性的类型为 string

3 polyline

polyline 用于指定一系列坐标点,从数组第一项连线至最后一项,其属性和说明如表 3-63 所示。

表 3-63　polyline 的属性及说明

序号	属　性	说　明
1	points	经纬度数组。该属性的类型为 array，为必填字段。例如：〔{latitude：0，longitude：0}〕
2	color	线的颜色。该属性的类型为 string(十六进制)
3	width	线的宽度。该属性的类型为 number
4	dottedLine	是否虚线。该属性的类型为 boolean，默认值为 false
5	arrowLine	带箭头的线。该属性的类型为 boolean，默认值为 false，开发者工具暂不支持该属性
6	arrowIconPath	更换箭头图标。该属性的类型为 string，在 arrowLine 为 true 时生效
7	borderColor	线的边框颜色。该属性的类型为 string
8	borderWidth	线的厚度。该属性的类型为 number

4 polygon

polygon 用于指定一系列坐标点，根据 points 坐标数据生成闭合多边形，其属性和说明如表 3-64 所示。

表 3-64　polygon 的属性及说明

序号	属　性	说　明
1	points	经纬度数组，该属性的类型为 array，为必填字段。例如：〔{latitude：0，longitude：0}〕
2	strokeWidth	描边的宽度，该属性的类型为 number
3	strokeColor	描边的颜色，该属性的类型为 string(十六进制)
4	fillColor	填充颜色，该属性的类型为 string(十六进制)
5	zIndex	设置多边形 Z 轴数值，该属性的类型为 number

5 circle

circle 用于在地图上显示圆，如表 3-65 所示。

表 3-65　circle 的属性及说明

序号	属　性	说　明
1	latitude	纬度，该属性的类型为 number(浮点数，范围 −90～90)，为必填字段
2	longitude	经度，该属性的类型为 number(浮点数，范围 −180～180)
3	color	描边的颜色，该属性的类型为 string(十六进制)
4	fillColor	填充颜色，该属性的类型为 string(十六进制)
5	radius	半径，该属性的类型为 number，为必填字段
6	strokeWidth	描边的宽度，该属性的类型为 number

6 control

control 用于在地图上显示控件，控件不随着地图移动。如表 3-66 所示为 control 组件的属性和说明。

表 3-66　control 的属性及说明

序号	属　　性	说　　明
1	id	控件 id。在控件点击事件回调会返回此 id,该属性的类型为 number
2	position	控件在地图的位置。控件相对地图位置,该属性的类型为 object,为必填字段
3	iconPath	显示的图标。项目目录下的图片路径,支持相对路径写法,以 '/' 开头则表示相对小程序根目录;也支持临时路径。该属性的类型为 string,为必填字段
4	clickable	是否可点击。默认不可点击,该属性的类型为 boolean,为必填字段

注意：control 组件即将废弃,请使用 cover-view。

control 组件的属性 position 的属性如表 3-67 所示。

表 3-67　position 的属性及说明

序号	属　　性	说　　明
1	left	距离地图的左边界多远。该属性的类型为 number,默认为 0
2	top	距离地图的上边界多远。该属性的类型为 number,默认为 0
3	width	控件宽度。该属性的类型为 number,默认为图片宽度
4	height	控件高度。该属性的类型为 number,默认为图片高度

7 scale

scale(比例尺)属性取值范围及对应的比例尺如表 3-68 所示。

表 3-68　scale 的属性及说明

序号	scale	比　　例
1	3	1000km
2	4	500km
3	5	200km
4	6	100km
5	7	50km
6	8	50km
7	9	20km
8	10	10km
9	11	5km
10	12	2km
11	13	1km
12	14	500m
13	15	200m
14	16	100m
15	17	50m
16	18	50m
17	19	20m
18	20	10m

如图 3-72 所示为 map 组件的示例代码。

```
//视图层
<!-- map.wxml -->
<map id = "map" longitude = "113.324520" latitude = "23.099994" scale = "14" controls =
"{{controls}}" bindcontroltap = "controltap" markers = "{{markers}}" bindmarkertap = "markertap"
polyline = "{{polyline}}" bindregionchange = "regionchange" show-location style = "width: 100 % ;
height: 300px;"></map>
//逻辑层
Page({
  data: {
    markers: [{
      iconPath: "/resources/others.png",
      id: 0,
      latitude: 23.099994,
      longitude: 113.324520,
      width: 50,
      height: 50
    }],
    polyline: [{
      points: [{
        longitude: 113.3245211,
        latitude: 23.10229
      }, {
        longitude: 113.324520,
        latitude: 23.21229
      }],
      color:"#FF0000DD",
      width: 2,
      dottedLine: true
    }],
    controls: [{
      id: 1,
      iconPath: '/resources/location.png',
      position: {
        left: 0,
        top: 300 - 50,
        width: 50,
        height: 50
      },
      clickable: true
    }]
  },
  regionchange(e) {
    console.log(e.type)
  },
  markertap(e) {
    console.log(e.markerId)
  },
  controltap(e) {
    console.log(e.controlId)
  }
})
```

图 3-72　map 组件的示例代码

使用地图组件时,请注意以下问题。

(1)个性化地图暂不支持在微信开发者工具中调试。请先使用微信客户端进行测试。

(2)地图中的颜色值 color/borderColor/bgColor 等需使用 6 位(8 位)十六进制表示,8 位时后两位表示 alpha 值,如:♯000000AA。

(3)地图组件的经纬度必填,如果不填经纬度则默认值是北京的经纬度。

(4)map 组件使用的经纬度是火星坐标系,调用 wx.getLocation 接口需要指定 type 为 gcj02。

(5)从 2.8.0 起 map 支持同层渲染,更多请参考原生组件使用限制。

(6)请注意原生组件使用限制。

关于 map 组件的更多内容,可访问以下链接。

https://developers.weixin.qq.com/miniprogram/dev/component/map.html

> **注意**:若读者在上述链接中"示例代码"下方点击"在开发者工具中预览效果"超链接,将会在微信开发者工具中打开与图 3-72 不完全一样的代码,具体请参见教材配套的本章代码(文件夹名为"ex0307_map_在开发者工具中预览效果")。

图 3-72 中的代码存放在本章代码的文件夹下。

3.8 画布组件

canvas 是画布组件,它的语法格式如图 3-73 所示。

```
< canvas >

</canvas >
```

图 3-73 canvas 组件的格式

表 3-69 所示为画布组件的属性。

表 3-69 画布组件的属性

序号	属 性	说 明
1	type	指定 canvas 类型,当前仅支持 webgl。该属性的类型为 string
2	canvas-id	canvas 组件的唯一标识符,若指定了 type 则无需再指定该属性。该属性的类型为 string
3	disable-scroll	当在 canvas 中移动时且有绑定手势事件时,禁止屏幕滚动以及下拉刷新。该属性的类型为 boolean,默认值为 false
4	bindtouchstart	手指触摸动作开始。该属性的类型为 eventhandle
5	bindtouchmove	手指触摸后移动。该属性的类型为 eventhandle
6	bindtouchend	手指触摸动作结束。该属性的类型为 eventhandle
7	bindtouchcancel	手指触摸动作被打断,如来电提醒、弹窗。该属性的类型为 eventhandle
8	bindlongtap	手指长按 500ms 之后触发,触发了长按事件后进行移动不会触发屏幕的滚动。该属性的类型为 eventhandle
9	binderror	当发生错误时触发 error 事件,detail = {errMsg}。该属性的类型为 eventhandle

如图 3-74 所示为 canvas 组件的示例代码。

```
//视图层
<! -- canvas.wxml -->
< canvas style = "width: 300px; height: 200px;" canvas - id = "firstCanvas"></canvas >
<! -- 当使用绝对定位时,文档流后边的 canvas 的显示层级高于前边的 canvas -->
< canvas style = "width: 400px; height: 500px;" canvas - id = "secondCanvas"></canvas >
<! -- 因为 canvas - id 与前一个 canvas 重复,该 canvas 不会显示,并会发送一个错误事件到
AppService -->
< canvas style = " width: 400px; height: 500px;" canvas - id = " secondCanvas" binderror =
"canvasIdErrorCallback"></canvas >
//逻辑层
Page({
  canvasIdErrorCallback: function (e) {
    console.error(e.detail.errMsg)
  },
  onReady: function (e) {
    // 使用 wx.createContext 获取绘图上下文 context
    var context = wx.createCanvasContext('firstCanvas')

    context.setStrokeStyle("#00ff00")
    context.setLineWidth(5)
    context.rect(0, 0, 200, 200)
    context.stroke()
    context.setStrokeStyle("#ff0000")
    context.setLineWidth(2)
    context.moveTo(160, 100)
    context.arc(100, 100, 60, 0, 2 * Math.PI, true)
    context.moveTo(140, 100)
    context.arc(100, 100, 40, 0, Math.PI, false)
    context.moveTo(85, 80)
    context.arc(80, 80, 5, 0, 2 * Math.PI, true)
    context.moveTo(125, 80)
    context.arc(120, 80, 5, 0, 2 * Math.PI, true)
    context.stroke()
    context.draw()
  }
})
```

图 3-74　canvas 组件的示例代码

如图 3-75 所示为 canvas 组件的 type 为 2D 时的示例代码。

```
<! -- canvas.wxml -->
  < canvas type = "2d" id = "myCanvas"></canvas >
// canvas.js
Page({
  onReady() {
    const query = wx.createSelectorQuery()
```

图 3-75　canvas 2D 的示例代码

```
    query.select('#myCanvas')
      .fields({ node: true, size: true })
      .exec((res) => {
        const canvas = res[0].node
        const ctx = canvas.getContext('2d')

        const dpr = wx.getSystemInfoSync().pixelRatio
        canvas.width = res[0].width * dpr
        canvas.height = res[0].height * dpr
        ctx.scale(dpr, dpr)

        ctx.fillRect(0, 0, 100, 100)
      })
    }
  })
```

图 3-75　canvas 2D 的示例代码(续)

如图 3-76 所示为 canvas 组件的 type 为 WebGL 时的示例代码。

```
<canvas type = "webgl" id = "myCanvas"></canvas>
Page({
  onReady() {
    const query = wx.createSelectorQuery()
    query.select('#myCanvas').node().exec((res) => {
      const canvas = res[0].node
      const gl = canvas.getContext('webgl')
      console.log(gl)
    })
  }
})
```

图 3-76　type 为 WebGL 时的示例代码

使用 canvas 组件时,请注意以下问题。

(1) canvas 标签默认宽度 300px、高度 150px。

(2) 同一页面中的 canvas-id 不可重复,如果使用一个已经出现过的 canvas-id,该 canvas 标签对应的画布将被隐藏并不再正常工作。

(3) 请注意原生组件使用限制。

(4) 当前暂不支持存在多个 WebGL 实例。

(5) 开发者工具中默认关闭了 GPU 硬件加速,可在开发者工具的设置中开启"硬件加速",提高 WebGL 的渲染性能。

(6) 避免设置过大的宽高,在安卓下会有 crash 的问题。

关于 canvas 组件的更多内容,可访问以下链接。

https://developers.weixin.qq.com/miniprogram/dev/component/canvas.html

> **注意**：若读者在上述链接中"示例代码"下方点击"在开发者工具中预览效果"超链接，将会在微信开发者工具中打开与图 3-74、图 3-75 和图 3-76 不完全一样的代码，具体请参见教材配套的本章代码（文件夹名分别为"ex0308_canvas_在开发者工具中预览效果"、"ex0308_canvas_2d_在开发者工具中预览效果"和"ex0308_canvas_webgl_在开发者工具中预览效果"）。

图 3-74 中的代码，图 3-75 中的代码，图 3-76 中的代码均存放在本章代码的文件夹下。

3.9　其他组件

3.9.1　开放能力的组件

1 ad

ad 是用于 Banner 广告的组件，它的语法格式如图 3-77 所示。

```
< ad >

</ad >
```

图 3-77　ad 组件的格式

如表 3-70 所示为 ad 组件的属性。

表 3-70　ad 组件的属性

序号	属　　性	说　　明
1	unit-id	广告单元 id，可在小程序管理后台的流量主模块新建。该属性的类型为 string，为必填字段
2	ad-intervals	广告自动刷新的间隔时间，单位为秒，参数值必须大于等于 30（该参数不传入时 Banner 广告不会自动刷新）。该属性的类型为 number
3	bindload	广告加载成功的回调。该属性的类型为 eventhandle
4	binderror	广告加载失败的回调，event. detail ＝｛errCode：1002｝。该属性的类型为 eventhandle
5	bindclose	广告关闭的回调。该属性的类型为 eventhandle

错误码是通过 binderror 回调获取到的错误信息，表 3-71 为错误代码、表示的异常情况、理由和解决方案。

表 3-71　错误码相关信息表

序号	代码	异常情况	理　　由	解决方案
1	1000	后端错误调用失败	该项错误不是开发者的异常情况	一般情况下忽略一段时间即可恢复

序号	代码	异常情况	理　由	解决方案
2	1001	参数错误	使用方法错误	可以前往 developers. weixin. qq. com 确认具体教程（小程序和小游戏分别有各自的教程，可以在顶部选项中，"设计"一栏的右侧进行切换
3	1002	广告单元无效	可能是拼写错误、或者误用了其他 APP 的广告 ID	请重新前往 mp. weixin. qq. com 确认广告位 ID
4	1003	内部错误	该项错误不是开发者的异常情况	一般情况下忽略一段时间即可恢复
5	1004	无适合的广告	广告不是每一次都会出现，这次没有出现可能是由于该用户不适合浏览广告	属于正常情况，且开发者需要针对这种情况做形态上的兼容
6	1005	广告组件审核中	你的广告正在被审核，无法展现广告	请前往 mp. weixin. qq. com 确认审核状态，且开发者需要针对这种情况做形态上的兼容
7	1006	广告组件被驳回	你的广告审核失败，无法展现广告	请前往 mp. weixin. qq. com 确认审核状态，且开发者需要针对这种情况做形态上的兼容
8	1007	广告组件被驳回	你的广告能力已经被封禁，封禁期间无法展现广告	请前往 mp. weixin. qq. com 确认小程序广告封禁状态
9	1008	广告单元已关闭	该广告位的广告能力已经被关闭	请前往 mp. weixin. qq. com 重新打开对应广告位的展现

使用 ad 组件时，请注意以下问题。

（1）在无广告展示时，ad 标签不会占用高度。

（2）ad 组件不支持触发 bindtap 等触摸相关事件。

（3）目前可以给 ad 标签设置 wxss 样式调整广告宽度，以使广告与页面更融洽，但请遵循小程序流量主应用规范。

（4）监听到 error 回调后，开发者可以针对性的处理，比如隐藏广告组件的父容器，以保证用户体验，但不要移除广告组件，否则将无法收到 bindload 的回调。

2 official-account

official-account 是公众号关注组件。当用户扫小程序码打开小程序时，开发者可在小程序内配置公众号关注组件，方便用户快捷关注公众号，它也可以嵌套在原生组件内。

它的语法格式如图 3-78 所示。

```
< official – account >

</official – account >
```

图 3-78　official-account 组件的格式

如表 3-72 所示为 official-account 组件的属性。

表 3-72　official-account 组件的属性

序号	属性	说明
1	bindload	组件加载成功时触发。该属性的类型为 EventHandle
2	binderror	组件加载失败时触发。该属性的类型为 EventHandle

如表 3-73 所示为 detail 对象的属性。

表 3-73　detail 对象的属性

序号	属性	说明
1	status	状态码。该属性的类型为 Number,它的有效值分别为 -2(网络错误),-1(数据解析错误),0(加载成功),1(小程序关注公众号功能被封禁),2(关联公众号被封禁),3(关联关系解除或未选中关联公众号),4(未开启关注公众号功能),5(场景值错误),6(重复创建)
2	errMsg	错误信息。该属性的类型为 Number

在使用 official-account 组件时,请注意以下问题。

(1) 使用组件前,需前往小程序后台,在"设置"->"关注公众号"中设置要展示的公众号(设置的公众号需与小程序主体一致)。

(2) 在一个小程序的生命周期内,只有从以下场景进入小程序,才具有展示引导关注公众号组件的能力:

① 当小程序从扫小程序码场景(场景值 1047,场景值 1124)打开时。

② 当小程序从聊天顶部场景(场景值 1089)中的「最近使用」内打开时,若小程序之前未被销毁,则该组件保持上一次打开小程序时的状态。

③ 当从其他小程序返回小程序(场景值 1038)时,若小程序之前未被销毁,则该组件保持上一次打开小程序时的状态。

(3) 为便于开发者调试,从基础库 2.7.3 版本起,开发版小程序增加以下场景展示公众号组件:即开发版小程序从扫二维码(场景值 1011)打开。

(4) 组件限定最小宽度为 300px,高度为定值 84px。

(5) 每个页面只能配置一个该组件。

3 open-data

open-data 是用于展示微信开放的数据的组件,它的语法格式如图 3-79 所示。

```
< open - data >

</open - data >
```

图 3-79　open-data 组件的格式

如表 3-74 所示为 open-data 组件的属性。

表 3-74 open-data 组件的属性

序 号	属 性	说 明
1	type	开放数据类型,该属性的类型为 string。该属性的值可以为 groupName(拉取群名称)、userNickName(用户昵称)、userAvatarUrl(用户头像)、userGender(用户性别)、userCity(用户所在城市)、userProvince(用户所在省份)、userCountry(用户所在国家)和 userLanguage(用户的语言)
2	open-gid	群 id,当 type="groupName"时生效。该属性的类型为 string。关于 open-gid 的获取请使用 wx.getShareInfo
3	lang	当 type="user*"时生效,以哪种语言展示 userInfo,该属性的类型为 string,默认值为 en(英文)。该属性还可以取值 zh_CN(简体中文)或 zh_TW(繁体中文)
4	default-text	数据为空时的默认文案。该属性的类型为 string
5	default-avatar	用户头像为空时的默认图片,支持相对路径和网络图片路径。该属性的类型为 string
6	binderror	群名称或用户信息为空时触发。该属性的类型为 eventhandle

注意:只有当前用户在此群内才能拉取到群名称。

图 3-80 为 open-data 的示例代码。

```
<open-data type="groupName" open-gid="xxxxxx"></open-data>
<open-data type="userAvatarUrl"></open-data>
<open-data type="userGender" lang="zh_CN"></open-data>
```

图 3-80 open-data 组件的示例代码

4 web-view

承载网页的容器。会自动铺满整个小程序页面,个人类型的小程序暂不支持使用。客户端从 6.7.2 版本开始,navigationStyle:custom 对 web-view 组件无效。如表 3-75 所示为 web-view 组件的属性。

表 3-75 web-view 组件的属性

序 号	属 性	说 明
1	src	web-view 指向网页的链接。可打开关联的公众号的文章,其他网页需登录小程序管理后台配置业务域名。该属性的类型为 string
2	bindmessage	网页向小程序 postMessage 时,会在特定时机(小程序后退、组件销毁、分享)触发并收到消息。e.detail={data},data 是多次 postMessage 的参数组成的数组。该属性的类型为 eventhandler
3	bindload	网页加载成功时候触发此事件。e.detail={src}。该属性的类型为 eventhandler
4	binderror	网页加载失败的时候触发此事件。e.detail={src}。该属性的类型为 eventhandler

web-view 网页中可使用 JSSDK 1.3.2 提供的接口返回小程序页面。支持的接口及说明如表 3-76 所示

表 3-76   web-view 网页中可用于返回小程序页面的接口

序号	接口名	说　明
1	wx. miniProgram. navigateTo	参数与小程序接口一致
2	wx. miniProgram. navigateBack	参数与小程序接口一致
3	wx. miniProgram. switchTab	参数与小程序接口一致
4	wx. miniProgram. reLaunch	参数与小程序接口一致
5	wx. miniProgram. redirectTo	参数与小程序接口一致
6	wx. miniProgram. postMessage	向小程序发送消息，会在特定时机（小程序后退、组件销毁、分享）触发组件的 message 事件
7	wx. miniProgram. getEnv	获取当前环境

图 3-81 为 web-view 的示例代码。

```
//视图层
< view class = "page - body">
  < view class = "page - section page - section - gap">
    < web - view src = "https://mp. weixin. qq. com/"></web - view>
  </view>
</view>
//逻辑层
Page({})
```

图 3-81   web-view 组件的示例代码

web-view 网页中仅支持如表 3-77 所示的 JSSDK 接口。

表 3-77   web-view 网页支持的 JSSDK 接口

序号	接口模块	接口说明	具体接口
1	判断客户端是否支持 js		checkJSApi
2	图像接口	拍照或上传	chooseImage
		预览图片	previewImage
		上传图片	uploadImage
		下载图片	downloadImage
		获取本地图片	getLocalImgData
3	音频接口	开始录音	startRecord
		停止录音	stopRecord
		监听录音自动停止	onVoiceRecordEnd
		播放语音	playVoice
		暂停播放	pauseVoice
		停止播放	stopVoice
		监听语音播放完毕	onVoicePlayEnd
		上传接口	uploadVoice
		下载接口	downloadVoice
4	智能接口	识别音频	translateVoice

续表

序号	接口模块	接口说明	具体接口
5	设备信息	获取网络状态	getNetworkType
6	地理位置	使用内置地图打开地点	openLocation
		获取地理位置	getLocation
7	摇一摇周边	开启 ibeacon	startSearchBeacons
		关闭 ibeacon	stopSearchBeacons
		监听 ibeacon	onSearchBeacons
8	微信扫一扫	调起微信扫一扫	scanQRCode
9	微信卡券	拉取使用卡券列表	chooseCard
		批量添加卡券接口	addCard
		查看微信卡包的卡券	openCard
10	长按识别	小程序圆形码	无

用户分享时可获取当前 web-view 的 URL,即在 onShareAppMessage 回调中返回 webViewUrl 参数,图 3-82 为示例代码。

```
Page({
  onShareAppMessage(options) {
    console.log(options.webViewUrl)
  }
})
```

图 3-82 回调中返回 webViewUrl 参数的示例代码

在网页内可通过 window.__wxjs_environment 变量判断是否在小程序环境,建议在 WeixinJSBridgeReady 回调中使用,也可以使用 JSSDK 1.3.2 提供的 getEnv 接口。图 3-83 为示例代码。

```
// web-view 下的页面内
function ready() {
  console.log(window.__wxjs_environment === 'miniprogram') // true
}
if (!window.WeixinJSBridge || !WeixinJSBridge.invoke) {
  document.addEventListener('WeixinJSBridgeReady', ready, false)
} else {
  ready()
}

// 或者
wx.miniProgram.getEnv(function(res) {
  console.log(res.miniprogram) // true
})
```

图 3-83 在 WeixinJSBridgeReady 中回调或使用 getEnv 接口的示例代码

从微信 7.0.0 开始,可以通过判断 userAgent 中包含 miniProgram 字样来判断小程序 web-view 环境。从微信 7.0.3 开始,webview 内可以通过以下方式判断小程序是否在前台,如图 3-84 代码所示。

```
WeixinJSBridge.on('onPageStateChange', function(res) {
    console.log('res is active', res.active)
})
```

图 3-84　判断小程序是否在前台的示例代码

使用 web-view 组件时，请注意以下问题。

（1）网页内 iframe 的域名也需要配置到域名白名单。

（2）开发者工具上，可以在 web-view 组件上通过右击—>调试，打开 web-view 组件的调试。

（3）每个页面只能有一个 web-view，web-view 会自动铺满整个页面，并覆盖其他组件。

（4）web-view 网页与小程序之间不支持除 JSSDK 提供的接口之外的通信。

（5）在 iOS 中，若存在 JSSDK 接口调用无响应的情况，可在 web-view 的 src 后面加个 ♯ wechat_redirect 解决。

（6）避免在链接中带有中文字符，在 iOS 中会有打开白屏的问题，建议加一下 encodeURIComponent。

关于 ad、official-account、open-data 和 web-view 组件的更多内容，可访问以下链接。

https：//developers. weixin. qq. com/miniprogram/dev/component/ad. html

https：//developers. weixin. qq. com/miniprogram/dev/component/official-account. html

https：//developers. weixin. qq. com/miniprogram/dev/component/open-data. html

https：//developers. weixin. qq. com/miniprogram/dev/component/web-view. html

3.9.2　无障碍访问的组件

为了更好地满足视障人士对于小程序的访问需求，基础库自 2.7.1 起，支持部分 ARIA 标签。无障碍特性在读屏模式下可以访问，iOS 可通过设置—>通用—>辅助功能—>旁白打开。

以 view 组件为例，开发者可以增加 aria-role 和 aria-label 属性。其中 aria-role 表示组件的角色，当设置为 'img' 时，读屏模式下聚焦后系统会朗读出 '图像'。设置为 'button' 时，聚焦后系统朗读出 '按钮'。aria-label 表示组件附带的额外信息，聚焦后系统会自动朗读出来。

小程序已经内置了一些无障碍的特性，对于非原生组件，开发者可以添加以下无障碍标签，如表 3-78 所示。

表 3-78　无障碍标签

aria-hidden	aria-role	aria-label	aria-checked	aria-disabled
aria-describedby	aria-expanded	aria-haspopup	aria-selected	aria-required
aria-orientation	aria-valuemin	aria-valuemax	aria-valuenow	aria-readonly
aria-multiselectable	aria-controls	tabindex	aria-labelledby	ria-orientation
aia-multiselectable	aria-labelledby			

图 3-85 为无障碍访问的示例代码。

```
<view aria-role="button"  aria-label="提交表单">提交</view>
```

图 3-85　无障碍访问的示例代码

使用无障碍访问的组件,请注意以下方面。

(1) Android 和 iOS 读屏模式下设置 aria-role 后朗读的内容不同系统之间会有差异。

(2) 可设置的 aria-role 可参看 Using Aria 中的 Widget Roles,部分 role 的设置在移动端可能无效。

关于无障碍访问的更多内容,可访问以下链接。

https://developers.weixin.qq.com/miniprogram/dev/component/aria-component.html

3.10　小结

作为视图层的基本组成单元,组件在小程序的开发中可谓必不可少。本章从组件的概念讲起,然后依据其功能分类,详细介绍了视图容器组件、基础内容组件、表单组件、导航组件、媒体组件、地图组件、画布组件和其他组件。

对于视图容器组件中的 view、scroll-view 和 swiper 组件,表单组件中的 label、button、radio、checkbox、input 和 form 组件等,基础内容组件中的 icon、text 和 progress 组件,读者必须熟练掌握其用法。读者在学习这些组件时,尽可能与后续章节中的实际项目开发结合起来,这样可以达到事半功倍的效果。对于其他组件的学习,可以根据自己的实际情况而定。

← **Chapter 4**

小程序API

小程序开发框架提供了丰富的微信原生 API(Application Programming Interface,应用程序编程接口)供开发者使用,在第 2 章我们已经介绍过,它们按照各自的特征可以大致分为事件监听 API、同步 API 和异步 API。根据微信官方文档提供的资料(https://developers. weixin. qq. com/miniprogram/dev/api/index. html),这些 API 按功能还可以粗略地分为基础类、路由类、界面类、网络类、数据缓存类、媒体类、位置类、转发类、画布类、文件类、开放接口、设备类、Worker、第三方平台、WXML 和广告。

对于上述类别的 API,本章将重点介绍基础类、界面类、网络类、数据缓存类、媒体类、位置类、转发类、画布类、文件类、开放接口和设备类,将路由类、Worker、第三方平台、WXML 和广告全部归为其他类,仅作简单介绍。

本章学习目标

- 了解小程序 API 的作用。
- 了解并掌握界面类 API 的用法,如 wx. showToast、wx. showModal 和 wx. showLoading 等。
- 了解并掌握网络类 API 的用法,如 wx. request、wx. downloadFile 和 wx. uploadFile 等。
- 了解并掌握数据缓存类 API 的用法,如 wx. setStorageSync、wx. setStorage、wx. removeStorageSync 和 wx. removeStorage 等。
- 了解并掌握媒体类 API 的用法,如 wx. createMapContext、wx. chooseImage 和 wx. getImageInfo 等。
- 了解并掌握文件类 API 的用法,如 wx. saveFile、wx. removeSavedFile 和 wx. openDocument 等。
- 了解并掌握开放接口类 API 的用法,如 wx. login、wx. getUserInfo 和 wx. checkSession 等。
- 了解并掌握设备类 API 的用法,如 wx. makePhoneCall、wx. setKeepScreenOn 和 wx. getNetworkType 等。
- 了解基础类、位置类、转发类、画布类和其他类的 API 的用法。

更多关于小程序 API 的知识,请访问以下链接:

https://developers. weixin. qq. com/miniprogram/dev/api/index. html

4.1 基础类 API

基础类 API 包括 wx.canIUse、wx.base64ToArrayBuffer、wx.arrayBufferToBase64、系统、更新、小程序、调试和定时器,如表 4-1 所示。

表 4-1 基础类 API

序号	类别名称	相应的 API 或相关对象
1	无	wx.canIUse wx.base64ToArrayBuffer wx.arrayBufferToBase64
2	系统(系统信息)	wx.getSystemInfoSync wx.getSystemInfo
3	更新	wx.getUpdateManager UpdateManager
4	小程序(生命周期)	wx.getLaunchOptionsSync
5	小程序(应用级事件)	wx.onPageNotFound wx.onError wx.onAudioInterruptionEnd wx.onAudioInterruptionBegin wx.onAppShow wx.onAppHide wx.offPageNotFound wx.offError wx.offAudioInterruptionEnd wx.offAudioInterruptionBegin wx.offAppShow wx.offAppHide
6	调试	wx.setEnableDebug wx.getRealtimeLogManager wx.getLogManager console LogManager RealtimeLogManager
7	定时器	clearInterval clearTimeout setInterval setTimeout

本节重点介绍 wx.canIUse、wx.base64ToArrayBuffer、wx.arrayBufferToBase64、系统信息 API(wx.getSystemInfoSync 和 wx.getSystemInfo)和更新 API(wx.getUpdateManager 和 UpdateManager 相关的方法)。

4.1.1　wx.canIUse

wx.canIUse 用于判断小程序的 API、回调、参数、组件等是否在当前版本可用,它的参数及返回值如表 4-2 所示。

表 4-2　wx.canIUse 的参数及返回值

boolean wx.canIUse(string schema)	
参数及说明	参数 schema 的类型为 string。 使用 ${API}.${method}.${param}.${option} 或者 ${component}.${attribute}.${option} 方式来调用。 ${API} 代表 API 名字; ${method} 代表调用方式,有效值为 return,success,object,callback; ${param} 代表参数或者返回值; ${option} 代表参数的可选值或者返回值的属性; ${component} 代表组件名字; ${attribute} 代表组件属性; ${option} 代表组件属性的可选值
返回值及说明	返回值的类型为 boolean,该返回值表示当前版本是否可用

图 4-1 为 wx.canIUse 的示例代码。

```
// 对象的属性或方法
wx.canIUse('console.log')
wx.canIUse('CameraContext.onCameraFrame')
wx.canIUse('CameraFrameListener.start')
wx.canIUse('Image.src')

// wx 接口参数、回调或者返回值
wx.canIUse('openBluetoothAdapter')
wx.canIUse('getSystemInfoSync.return.safeArea.left')
wx.canIUse('getSystemInfo.success.screenWidth')
wx.canIUse('showToast.object.image')
wx.canIUse('onCompassChange.callback.direction')
wx.canIUse('request.object.method.GET')

// 组件的属性
wx.canIUse('live-player')
wx.canIUse('text.selectable')
wx.canIUse('button.open-type.contact')
```

图 4-1　wx.canIUse 的示例代码

4.1.2　wx.base64ToArrayBuffer 和 wx.arrayBufferToBase64

1 wx.base64ToArrayBuffer

wx.base64ToArrayBuffer 用于将 Base64 字符串转成 ArrayBuffer 对象,它的参数及返回值如表 4-3 所示。

表 4-3　wx.base64ToArrayBuffer 的参数及返回值

ArrayBuffer wx.base64ToArrayBuffer（string base64）	
参数及说明	参数 base64 的数据类型为 string，表示要转化成 ArrayBuffer 对象的 Base64 字符串
返回值及说明	返回值的类型为 ArrayBuffer，即返回一个 ArrayBuffer 对象

图 4-2 为 wx.base64ToArrayBuffer 的示例代码。

```
const base64 = 'CxYh'
const arrayBuffer = wx.base64ToArrayBuffer(base64)
```

图 4-2　wx.base64ToArrayBuffer 的示例代码

2 wx.arrayBufferToBase64

wx.arrayBufferToBase64 用于将 ArrayBuffer 对象转成 Base64 字符串，它的参数及返回值如表 4-4 所示。

表 4-4　wx.base64ToArrayBuffer 的参数及返回值

string wx.arrayBufferToBase64（ArrayBuffer arrayBuffer）	
参数及说明	参数 arrayBuffer 的数据类型为 ArrayBuffer，表示要转换成 Base64 字符串的 ArrayBuffer 对象
返回值及说明	返回值为 Base64 字符串（即 string 类型）

图 4-3 为 wx.arrayBufferToBase64 的示例代码。

```
const arrayBuffer = new Uint8Array([11, 22, 33])
const base64 = wx.arrayBufferToBase64(arrayBuffer)
```

图 4-3　wx.arrayBufferToBase64 的示例代码

4.1.3　系统信息 API

系统信息 API 包括 wx.getSystemInfoSync() 和 wx.getSystemInfo(Object object)，具体如下。

1 wx.getSystemInfoSync

wx.getSystemInfoSync 是获取系统信息的同步版本，它的返回值 res 为 Object 类型。表 4-5 为 Object 的属性和说明。

表 4-5　Object 的属性和说明

序号	属　　性	说　　明
1	brand	设备品牌。该属性的类型为 string
2	model	设备型号。该属性的类型为 string
3	pixelRatio	设备像素比。该属性的类型为 number
4	screenWidth	屏幕宽度，单位为 px。该属性的类型为 number

序号	属　　　　性	说　　　　明
5	screenHeight	屏幕高度,单位为 px。该属性的类型为 number
6	windowWidth	可使用窗口宽度,单位为 px。该属性的类型为 number
7	windowHeight	可使用窗口高度,单位为 px。该属性的类型为 number
8	statusBarHeight	状态栏的高度,单位为 px。该属性的类型为 number
9	language	微信设置的语言。该属性的类型为 string
10	version	微信版本号。该属性的类型为 string
11	system	操作系统及版本。该属性的类型为 string
12	platform	客户端平台。该属性的类型为 string
13	fontSizeSetting	用户字体大小(单位为 px)。以微信客户端「我-设置-通用-字体大小」中的设置为准。该属性的类型为 number
14	SDKVersion	客户端基础库版本。该属性的类型为 string
15	benchmarkLevel	设备性能等级(仅 Android 小游戏)。取值为:−2 或 0(该设备无法运行小游戏),−1(性能未知),>=1(设备性能值,该值越高,设备性能越好,目前最高不到 50)。该属性的类型为 number
16	albumAuthorized	允许微信使用相册的开关(仅 iOS 有效)。该属性的类型为 boolean
17	cameraAuthorized	允许微信使用摄像头的开关。该属性的类型为 boolean
18	locationAuthorized	允许微信使用定位的开关。该属性的类型为 boolean
19	microphoneAuthorized	允许微信使用麦克风的开关。该属性的类型为 boolean
20	notificationAuthorized	允许微信通知的开关。该属性的类型为 boolean
21	notificationAlertAuthorized	允许微信通知带有提醒的开关(仅 iOS 有效)。该属性的类型为 boolean
22	notificationBadgeAuthorized	允许微信通知带有标记的开关(仅 iOS 有效)。该属性的类型为 boolean
23	notificationSoundAuthorized	允许微信通知带有声音的开关(仅 iOS 有效)。该属性的类型为 boolean
24	bluetoothEnabled	蓝牙的系统开关。该属性的类型为 boolean
25	locationEnabled	地理位置的系统开关。该属性的类型为 boolean
26	wifiEnabled	WiFi 的系统开关。该属性的类型为 boolean
27	safeArea	在竖屏正方向下的安全区域。该属性的类型为 Object

表 4-6 为 res. safeArea 的属性和说明。

表 4-6　res. safeArea 的属性和说明

序号	属　　　性	说　　　　明
1	left	安全区域左上角横坐标。该属性的类型为 number
2	right	安全区域右下角横坐标。该属性的类型为 number
3	top	安全区域左上角纵坐标。该属性的类型为 number
4	bottom	安全区域右下角纵坐标。该属性的类型为 number
5	width	安全区域的宽度,单位为逻辑像素。该属性的类型为 number
6	height	安全区域的高度,单位为逻辑像素。该属性的类型为 number

图 4-4 为 wx. getSystemInfoSync 的示例代码。

```
try {
  const res = wx.getSystemInfoSync()
  console.log(res.model)
  console.log(res.pixelRatio)
```

图 4-4　wx. getSystemInfoSync 的示例代码

```
      console.log(res.windowWidth)
      console.log(res.windowHeight)
      console.log(res.language)
      console.log(res.version)
      console.log(res.platform)
  } catch (e) {
    // Do something when catch error
  }
```

图 4-4　wx.getSystemInfoSync 的示例代码（续）

2 wx.getSystemInfo

wx.getSystemInfo(Object object)用于获取系统信息，它的参数 object 的属性及说明如表 4-7 所示。

表 4-7　wx.getSystemInfo 参数的属性和说明

序号	属　性	说　明
1	success	接口调用成功的回调函数
2	fail	接口调用失败的回调函数
3	complete	接口调用结束的回调函数（调用成功、失败都会执行）

object.success 回调函数的参数 res 也是 object 类型，它的属性与 wx.getSystemInfoSync 的返回值的 object 类型的属性完全相同，它们对应的 safeArea 的结构也相同。

图 4-5 为 wx.getSystemInfo(Object object)的示例代码（此时为 object.success）。

```
wx.getSystemInfo({
  success (res) {
    console.log(res.model)
    console.log(res.pixelRatio)
    console.log(res.windowWidth)
    console.log(res.windowHeight)
    console.log(res.language)
    console.log(res.version)
    console.log(res.platform)
  }
})
```

图 4-5　wx.getSystemInfo 的示例代码

4.1.4　更新 API

wx.getUpdateManager()可以获取全局唯一的版本更新管理器，用于管理小程序更新，该 API 的返回值是 UpdateManager 类型的对象。UpdateManager 对象用来管理更新，它的方法如下。

1 UpdateManager.applyUpdate

UpdateManager.applyUpdate()用于强制小程序重启并使用新版本。在小程序新版本下载完成后(即收到 onUpdateReady 回调)调用。

　　2 UpdateManager.onCheckForUpdate

　　UpdateManager.onCheckForUpdate(function callback)用于监听向微信后台请求检查更新结果事件。微信在小程序冷启动时自动检查更新,无须开发者主动触发。

　　3 UpdateManager.onUpdateReady

　　UpdateManager.onUpdateReady(function callback)用于监听小程序有版本更新事件。客户端主动触发下载(无须开发者触发),下载成功后回调。

　　4 UpdateManager.onUpdateFailed

　　UpdateManager.onUpdateFailed(function callback)用于监听小程序更新失败事件。小程序有新版本,客户端主动触发下载(无须开发者触发),下载失败(可能是网络原因等)后回调。

　　图 4-6 为 UpdateManager 的示例代码。

```
const updateManager = wx.getUpdateManager()

updateManager.onCheckForUpdate(function (res) {
  // 请求完新版本信息的回调
  console.log(res.hasUpdate)
})

updateManager.onUpdateReady(function () {
  wx.showModal({
    title: '更新提示',
    content: '新版本已经准备好,是否重启应用?',
    success: function (res) {
      if (res.confirm) {
        // 新版本已经下载好,调用 applyUpdate 应用新版本并重启
        updateManager.applyUpdate()
      }
    }
  })
})

updateManager.onUpdateFailed(function () {
  // 新版本下载失败
})
```

图 4-6　UpdateManager 的示例代码

> 注意:
> (1) 微信开发者工具上可以通过"编译模式"下的"下次编译模拟更新"开关来调试。
> (2) 小程序开发版/体验版没有"版本"概念,所以无法在开发版/体验版上测试该版本更新情况。

☼⊙ 4.2　界面类 API　<<<

　　界面类 API 包括交互、导航栏、背景、tabBar、字体、下拉刷新、滚动、动画、置顶、自定义组件、菜单、窗口和键盘,如表 4-8 所示。

表 4-8　界面类 API

序号	类 别 名 称	相应的 API 或相关对象
1	交互	wx. showToast
		wx. showModal
		wx. showLoading
		wx. showActionSheet
		wx. hideToast
		wx. hideLoading
2	导航栏	wx. showNavigationBarLoading
		wx. setNavigationBarTitle
		wx. setNavigationBarColor
		wx. hideNavigationBarLoading
		wx. hideHomeButton
3	背景	wx. setBackgroundTextStyle
		wx. setBackgroundColor
4	tabBar	wx. showTabBarRedDot
		wx. showTabBar
		wx. setTabBarStyle
		wx. setTabBarItem
		wx. setTabBarBadge
		wx. removeTabBarBadge
		wx. hideTabBarRedDot
		wx. hideTabBar
5	字体	wx. loadFontFace
6	下拉刷新	wx. stopPullDownRefresh
		wx. startPullDownRefresh
7	滚动	wx. pageScrollTo
8	动画	wx. createAnimation
		Animation
9	置顶	wx. setTopBarText
10	自定义组件	wx. nextTick
11	菜单	wx. getMenuButtonBoundingClientRect
12	窗口	wx. onWindowResize
		wx. offWindowResize
13	键盘	wx. onKeyboardHeightChange
		wx. hideKeyboard
		wx. getSelectedTextRange

本节重点介绍交互 API、导航栏 API、tabBar 相关的 API 和动画 API。

4.2.1　交互 API

1 wx. showToast

wx. showToast(Object object)用于显示消息提示框,它的参数 object 属性及说明如表 4-9 所示。

表 4-9　wx.showToast 的参数 object 的属性及说明

序号	属　　性	说　　明
1	title	提示的内容。该属性的类型为 string,为必填项
2	icon	图标。该属性的类型为 string,默认值为 'success'(显示成功图标,此时 title 文本最多显示 7 个汉字长度)。该属性的值还可以为 loading(显示加载图标,此时 title 文本最多显示 7 个汉字长度)和 none(不显示图标,此时 title 文本最多可显示两行,1.9.0 及以上版本支持)
3	image	自定义图标的本地路径,image 的优先级高于 icon
4	duration	提示的延迟时间。该属性的类型为 number,默认值为 1500。该属性的类型为 string
5	mask	是否显示透明蒙层,防止触摸穿透。该属性的类型为 boolean,默认值为 false
6	success	接口调用成功的回调函数
7	fail	接口调用失败的回调函数
8	complete	接口调用结束的回调函数(调用成功、失败都会执行)

如图 4-7 所示为 wx.showToast 的示例代码。

```
wx.showToast({
    title:'成功',
    icon: 'success',
    duration: 2000
})
```

图 4-7　wx.showToast 的示例代码

2 wx.showModal

wx.showModal(Object object) 用于显示模态对话框,它的参数 object 属性及说明如表 4-10 所示。

表 4-10　wx.showModal 的参数 object 的属性及说明

序号	属　　性	说　　明
1	title	提示的标题。该数据类型为 string
2	content	提示的内容。该数据类型为 string
3	showCancel	是否显示取消按钮。该数据类型为 boolean,默认值为 true
4	cancelText	取消按钮的文字,最多 4 个字符。该数据类型为 string,默认值为'取消'
5	cancelColor	取消按钮的文字颜色,必须是十六进制格式的颜色字符串。该数据类型为 string,默认值为♯000000
6	confirmText	确认按钮的文字,最多 4 个字符。该数据类型为 string,默认值为'确定'
7	confirmColor	确认按钮的文字颜色,必须是十六进制格式的颜色字符串。该数据类型为 string,默认值为♯576B95
8	success	接口调用成功的回调函数。该数据类型为 function
9	fail	接口调用失败的回调函数。该数据类型为 function
10	complete	接口调用结束的回调函数(调用成功、失败都会执行)。该数据类型为 function

object.success 回调函数的参数 res 类型为 Object,它的属性及说明如表 4-11 所示。

表 4-11　回调函数的参数 res 的属性及说明

序号	属　　性	说　　明
1	confirm	该属性的类型为 boolean,当其值为 true 时,表示用户点击了确定按钮
2	cancel	该属性的类型为 boolean,当其值为 true 时,表示用户点击了取消(用于 Android 系统区分点击蒙层关闭还是点击取消按钮关闭)

如图 4-8 所示为 wx.showModal 的示例代码。

```
wx.showModal({
  title: '提示',
  content: '这是一个模态弹窗',
  success (res) {
    if (res.confirm) {
      console.log('用户点击确定')
    } else if (res.cancel) {
      console.log('用户点击取消')
    }
  }
})
```

图 4-8　wx.showModal 的示例代码

使用 wx.showModal 时,请注意:

(1) Android 6.7.2 以下版本,点击取消或蒙层时,回调 fail,errMsg 为 fail cancel;

(2) Android 6.7.2 及以上版本和 iOS 点击蒙层不会关闭模态弹窗,所以尽量避免在"取消"分支中实现业务逻辑。

3 wx.showLoading

wx.showLoading(Object object)用于显示 loading 提示框,关闭提示框需要主动调用 wx.hideLoading,它的参数 object 属性及说明如表 4-12 所示。

表 4-12　wx.showLoading 的参数 object 的属性及说明

序号	属　　性	说　　明
1	title	提示的内容。该属性的类型为 string,为必填字段
2	mask	是否显示透明蒙层,防止触摸穿透。该属性的类型为 boolean,默认值为 false
3	success	接口调用成功的回调函数
4	fail	接口调用失败的回调函数
5	complete	接口调用结束的回调函数(调用成功、失败都会执行)

如图 4-9 所示为 wx.showLoading 的示例代码。

```
wx.showLoading({
  title: '加载中',
})

setTimeout(function () {
  wx.hideLoading()
}, 2000)
```

图 4-9　wx.showLoading 的示例代码

注意：wx.showLoading 和 wx.showToast 同时只能显示一个。

4　wx.showActionSheet

wx.showActionSheet(Object object)用于显示操作菜单,它的参数 object 属性及说明如表 4-13 所示。

表 4-13　wx.showActionSheet 的参数 object 的属性及说明

序号	属　性	说　明
1	itemList	按钮的文字数组,数组长度最大为 6。该属性的类型为 Array.<string>,为必填字段
2	itemColor	按钮的文字颜色。该属性的类型为 string,默认值为 #000000
3	success	接口调用成功的回调函数
4	fail	接口调用失败的回调函数
5	complete	接口调用结束的回调函数(调用成功、失败都会执行)

object.success 回调函数的参数 res 类型为 Object,它的属性 tapIndex 的类型为 number,表示用户点击(按从上到下的顺序)的按钮序号,默认从 0 开始。

如图 4-10 所示为 wx.showActionSheet 的示例代码。

```
wx.showActionSheet({
  itemList: ['A', 'B', 'C'],
  success (res) {
    console.log(res.tapIndex)
  },
  fail (res) {
    console.log(res.errMsg)
  }
})
```

图 4-10　wx.showActionSheet 的示例代码

使用 wx.showActionSheet 时,请注意:

(1) Android 6.7.2 以下版本,点击取消或蒙层时,回调 fail,errMsg 为 fail cancel;

(2) Android 6.7.2 及以上版本和 iOS 点击蒙层不会关闭模态弹窗,所以尽量避免使用"取消"分支中实现业务逻辑。

5　wx.hideToast

wx.hideToast(Object object)用于隐藏消息提示框,它的参数 object 属性及说明如表 4-14 所示。

表 4-14　wx.hideToast 的参数 object 的属性及说明

序号	属　性	说　明
1	success	接口调用成功的回调函数
2	fail	接口调用失败的回调函数
3	complete	接口调用结束的回调函数(调用成功、失败都会执行)

注意：wx.showToast 应与 wx.hideToast 配对使用。

6 wx.hideLoading

wx.hideLoading（Object object）用于隐藏 loading 提示框，它的参数 object 属性及说明如表 4-15 所示。

表 4-15　wx.hideLoading 的参数 object 的属性及说明

序号	属　　性	说　　明
1	success	接口调用成功的回调函数
2	fail	接口调用失败的回调函数
3	complete	接口调用结束的回调函数（调用成功、失败都会执行）

4.2.2　导航栏 API

1 wx.showNavigationBarLoading

wx.showNavigationBarLoading（Object object）用于在当前页面显示导航条加载动画，它的参数 object 属性及说明如表 4-16 所示。

表 4-16　wx.showNavigationBarLoading 的参数 object 的属性及说明

序号	属　　性	说　　明
1	success	接口调用成功的回调函数
2	fail	接口调用失败的回调函数
3	complete	接口调用结束的回调函数（调用成功、失败都会执行）

2 wx.setNavigationBarTitle

wx.setNavigationBarTitle（OBJECT）用于动态设置当前页面的标题，它的参数 object 属性及说明如表 4-17 所示。

表 4-17　wx.setNavigationBarTitle 的参数 object 的属性及说明

序号	属　　性	说　　明
1	title	页面标题。该属性的类型为 string，为必填字段
2	success	接口调用成功的回调函数
3	fail	接口调用失败的回调函数
4	complete	接口调用结束的回调函数（调用成功、失败都会执行）

如图 4-11 所示为 wx.setNavigationBarTitle 的示例代码。

```
wx.setNavigationBarTitle({
    title: '当前页面'
})
```

图 4-11　wx.setNavigationBarTitle 的示例代码

3 wx.setNavigationBarColor

wx.setNavigationBarColor（OBJECT）用于设置当前页面导航条颜色，它的参数 object 属

性及说明如表 4-18 所示。

表 4-18　wx. setNavigationBarColor 的参数 object 的属性及说明

序 号	属　　性	说　　明
1	frontColor	前景颜色值,包括按钮、标题、状态栏的颜色,仅支持 ♯ ffffff 和 ♯ 000000。该属性的类型为 string,为必填字段
2	backgroundColor	背景颜色值,有效值为十六进制颜色。该属性的类型为 string,为必填字段
3	animation	动画效果。该属性的类型为 Object
4	success	接口调用成功的回调函数
5	fail	接口调用失败的回调函数
6	complete	接口调用结束的回调函数(调用成功、失败都会执行)

object. animation 的结构如表 4-19 所示。

表 4-19　object. animation 的属性及说明

序 号	属　　性	说　　明
1	duration	动画变化时间,单位为 ms。该属性的类型为 number,默认值为 0
2	timingFunc	动画变化方式。该属性的类型为 string,默认值为 'linear'(动画从头到尾的速度是相同的)。该属性的值还可以为 'easeIn'(动画以低速开始)、'easeOut'(动画以低速结束)和 'easeInOut'(动画以低速开始和结束)

如图 4-12 所示为 wx. setNavigationBarColor 的示例代码。

```
wx.setNavigationBarColor({
    frontColor: '♯ffffff',
    backgroundColor: '♯ff0000',
    animation: {
        duration: 400,
        timingFunc: 'easeIn'
    }
})
```

图 4-12　wx. setNavigationBarColor 的示例代码

4 wx. hideNavigationBarLoading

wx. hideNavigationBarLoading(Object object)用于在当前页面隐藏导航条加载动画,它的参数 object 属性及说明如表 4-20 所示。

表 4-20　wx. hideNavigationBarLoading 的参数 object 的属性及说明

序 号	属　　性	说　　明
1	success	接口调用成功的回调函数
2	fail	接口调用失败的回调函数
3	complete	接口调用结束的回调函数(调用成功、失败都会执行)

5 wx. hideHomeButton

wx. hideHomeButton(Object object)用于隐藏返回首页按钮,它的参数 object 属性及说

明如表 4-21 所示。

表 4-21 wx.hideHomeButton 的参数 object 的属性及说明

序号	属 性	说 明
1	success	接口调用成功的回调函数
2	fail	接口调用失败的回调函数
3	complete	接口调用结束的回调函数(调用成功、失败都会执行)

注意：从微信 7.0.7 版本起,当用户打开的小程序最底层页面是非首页时,默认展示"返回首页"按钮,开发者可在页面 onShow 中调用 hideHomeButton 进行隐藏。

4.2.3 tabBar 相关的 API

1 wx.showtabBarRedDot

wx.showtabBarRedDot(OBJECT)用于显示 tabBar 某一页面右上角的红点,它的参数 object 属性及说明如表 4-22 所示。

表 4-22 wx.showtabBarRedDot 的参数 object 的属性及说明

序号	属 性	说 明
1	index	tabBar 的哪一项,从左边算起。该属性的类型为 number,为必填字段
2	success	接口调用成功的回调函数
3	fail	接口调用失败的回调函数
4	complete	接口调用结束的回调函数(调用成功、失败都会执行)

2 wx.showtabBar

wx.showtabBar(OBJECT)用于显示 tabBar,它的参数 object 属性及说明如表 4-23 所示。

表 4-23 wx.showtabBar 的参数 object 的属性及说明

序号	属 性	说 明
1	animation	是否需要动画效果。该属性的类型为 boolean,默认值为 false
2	success	接口调用成功的回调函数
3	fail	接口调用失败的回调函数
4	complete	接口调用结束的回调函数(调用成功、失败都会执行)

3 wx.settabBarStyle

wx.settabBarStyle(OBJECT)用于设置 tabBar 整体样式,它的参数 object 属性及说明如表 4-24 所示。

表 4-24 wx.settabBarStyle 的参数 object 的属性及说明

序号	属 性	说 明
1	color	tab 上的文字默认颜色,HexColor。该属性的类型为 string
2	selectedColor	tab 上的文字选中时的颜色,HexColor。该属性的类型为 string

序号	属　　性	说　　明
3	backgroundColor	tab 的背景色，HexColor。该属性的类型为 string
4	borderStyle	tabBar 上边框的颜色，仅支持 black/white。该属性的类型为 string
5	success	接口调用成功的回调函数
6	fail	接口调用失败的回调函数
7	complete	接口调用结束的回调函数（调用成功、失败都会执行）

如图 4-13 所示为 wx.settabBarStyle 的示例代码。

```
wx.setTabBarStyle({
  color: '#FF0000',
  selectedColor: '#00FF00',
  backgroundColor: '#0000FF',
  borderStyle: 'white'
})
```

图 4-13　wx.settabBarStyle 的示例代码

4 wx.settabBarItem

wx.settabBarItem(OBJECT)用于动态设置 tabBar 某一项的内容，它的参数 object 属性及说明如表 4-25 所示。

表 4-25　wx.settabBarItem 的参数 object 的属性及说明

序号	属　　性	说　　明
1	index	tabBar 的哪一项，从左边算起。该属性的类型为 number，为必填字段
2	text	tab 上的按钮文字。该属性的类型为 string
3	iconPath	图片路径，icon 大小限制为 40KB，建议尺寸为 81×81px，当 postion 为 top 时，此参数无效。该属性的类型为 string
4	selectedIconPath	选中时的图片路径，icon 大小限制为 40KB，建议尺寸为 81×81px，当 postion 为 top 时，此参数无效。该属性的类型为 string
5	success	接口调用成功的回调函数
6	fail	接口调用失败的回调函数
7	complete	接口调用结束的回调函数（调用成功、失败都会执行）

如图 4-14 所示为 wx.settabBarItem 的示例代码。

```
wx.setTabBarItem({
  index: 0,
  text: 'text',
  iconPath: '/path/to/iconPath',
  selectedIconPath: '/path/to/selectedIconPath'
})
```

图 4-14　wx.settabBarItem 的示例代码

注意：从 2.7.0 起图片支持临时文件和网络文件。

5 wx.settabBarBadge

wx.settabBarBadge（OBJECT）用于为 tabBar 的某一项右上角添加文本，它的参数 object 属性及说明如表 4-26 所示。

表 4-26 wx.settabBarBadge 的参数 object 的属性及说明

序号	属 性	说 明
1	index	tabBar 的哪一项，从左边算起。该属性的类型为 number，为必填字段
2	text	显示的文本，超过 4 个字符则显示成"…"。该属性的类型为 string，为必填字段
3	success	接口调用成功的回调函数
4	fail	接口调用失败的回调函数
5	complete	接口调用结束的回调函数（调用成功、失败都会执行）

如图 4-15 所示为 wx.settabBarBadge 的示例代码。

```
wx.setTabBarBadge({
  index: 0,
  text: '1'
})
```

图 4-15 wx.settabBarBadge 的示例代码

6 wx.removetabBarBadge

wx.removetabBarBadge（OBJECT）用于移除 tabBar 某一项右上角的文本，它的参数 object 属性及说明如表 4-27 所示。

表 4-27 wx.removetabBarBadge 的参数 object 的属性及说明

序号	属 性	说 明
1	index	tabBar 的哪一项，从左边算起。该属性的类型为 number，为必填字段
2	success	接口调用成功的回调函数
3	fail	接口调用失败的回调函数
4	complete	接口调用结束的回调函数（调用成功、失败都会执行）

7 wx.hidetabBarRedDot

wx.hidetabBarRedDot（OBJECT）用于隐藏 tabBar 某一页面右上角的红点，它的参数 object 属性及说明如表 4-28 所示。

表 4-28 wx.hidetabBarRedDot 的参数 object 的属性及说明

序号	属 性	说 明
1	index	tabBar 的哪一项，从左边算起。该属性的类型为 number，为必填字段
2	success	接口调用成功的回调函数
3	fail	接口调用失败的回调函数
4	complete	接口调用结束的回调函数（调用成功、失败都会执行）

8 wx.hidetabBar

wx.hidetabBar(OBJECT)用于隐藏 tabBar,它的参数 object 属性及说明如表 4-29 所示。

表 4-29　wx.hidetabBar 的参数 object 的属性及说明

序号	属　　性	说　　明
1	animation	是否需要动画效果。该属性的类型为 boolean,默认值为 false
2	success	接口调用成功的回调函数
3	fail	接口调用失败的回调函数
4	complete	接口调用结束的回调函数(调用成功、失败都会执行)

4.2.4　动画 API

wx.createAnimation 用于创建一个 Animation 类型的动画实例 animation,它的参数 object 属性及说明如表 4-30 所示。

表 4-30　wx.createAnimation 的参数 object 的属性及说明

序号	属　　性	说　　明
1	duration	动画持续时间,单位为 ms。该属性的类型为 number,默认值为 400
2	timingFunction	动画的效果。该属性的类型为 string,默认值为 'linear'(动画从头到尾的速度是相同的)。该属性的值还可以为 'ease'(动画以低速开始,然后加快,在结束前变慢)、'ease-in'(动画以低速开始)、'ease-in-out'(动画以低速开始和结束)、'ease-out'(动画以低速结束)、'step-start'(动画第一帧就跳至结束状态直到结束)和 'step-end'(动画一直保持开始状态,最后一帧跳到结束状态)
3	delay	动画延迟时间,单位为 ms。该属性的类型为 number,默认值为 0
4	transformOrigin	该属性的类型为 string,默认值为 '50% 50% 0'

Animation 的方法如表 4-31 所示。

表 4-31　Animation 的方法及说明

1	Animation Animation.backgroundColor(string value)
功能	该方法用于设置背景色
参数及说明	参数 value 为 string 类型,表示颜色值
返回值及说明	返回值为 Animation 类型的动画对象
2	Animation Animation.bottom(number|string value)
功能	设置 bottom 值
参数及说明	参数 value 为 number 或 string 类型,表示长度值。如果传入 number 类型,则默认使用 px,也可以传入其他自定义单位的长度值
返回值及说明	返回值为 Animation 类型的动画对象
3	Array.<Object> Animation.export()
功能	导出动画队列。export 方法每次调用后会清掉之前的动画操作
参数及说明	无
返回值及说明	返回值为 Array.<Object>类型的动画对象
4	Animation Animation.height(number|string value)
功能	设置高度

续表

参数及说明	参数 value 为 number 或 string 类型,表示长度值。如果传入 number 类型,则默认使用 px,也可以传入其他自定义单位的长度值
返回值及说明	返回值为 Animation 类型的动画对象
5	Animation Animation. left(number|string value)
功能	设置 left 值
参数及说明	参数 value 为 number 或 string 类型,表示长度值。如果传入 number 类型,则默认使用 px,也可以传入其他自定义单位的长度值
返回值及说明	返回值为 Animation 类型的动画对象
6	Animation Animation. matrix()
功能	同 transform-function matrix,该方法定义一个齐次二维变换矩阵。更多信息请参见以下链接。(https://developer. mozilla. org/en-US/docs/Web/CSS/transform-function/matrix)
参数及说明	无
返回值及说明	返回值为 Animation 类型的动画对象
7	Animation Animation. matrix3d()
功能	同 transform-function matrix3d,该方法对一个 4×4 的齐次矩阵做三维变换。更多信息请参见以下链接。(https://developer. mozilla. org/en-US/docs/Web/CSS/transform-function/matrix3d)
参数及说明	参数 value 为 number 或 string 类型,表示长度值。如果传入 number 类型,则默认使用 px,也可以传入其他自定义单位的长度值
返回值及说明	返回值为 Animation 类型的动画对象
8	Animation Animation. opacity(number value)
功能	设置透明度
参数及说明	参数 value 为 number 类型,表示透明度,其取值范围是 $0\sim1$
返回值及说明	返回值为 Animation 类型的动画对象
9	Animation Animation. right(number|string value)
功能	设置 right 值
参数及说明	参数 value 为 number 或 string 类型,表示长度值。如果传入 number 类型,则默认使用 px,也可以传入其他自定义单位的长度值
返回值及说明	返回值为 Animation 类型的动画对象
10	Animation Animation. rotate(number angle)
功能	从原点顺时针旋转一个角度
参数及说明	参数 angle 为 number 类型,表示旋转的角度,其取值范围是 $[-180,180]$
返回值及说明	返回值为 Animation 类型的动画对象
11	Animation Animation. rotate3d(number x, number y, number z, number angle)
功能	从 x 轴顺时针旋转一个角度
参数及说明	四个参数均为 number 类型,第一个参数 x 表示旋转轴的 x 坐标,第二个参数 y 表示旋转轴的 y 坐标,第三个参数 z 表示旋转轴的 z 坐标,第四个参数 angle 表示旋转的角度(范围是 $[-180,180]$)
返回值及说明	返回值为 Animation 类型的动画对象
12	Animation Animation. rotatex(number angle)
功能	从 x 轴顺时针旋转一个角度
参数及说明	参数 angle 为 number 类型,表示旋转的角度,其取值范围是 $[-180,180]$
返回值及说明	返回值为 Animation 类型的动画对象

13	Animation Animation. rotatey(number angle)
功能	从 y 轴顺时针旋转一个角度
参数及说明	参数 angle 为 number 类型,表示旋转的角度,其取值范围是[−180,180]
返回值及说明	返回值为 Animation 类型的动画对象
14	Animation Animation. rotatez(number angle)
功能	从 z 轴顺时针旋转一个角度
参数及说明	参数 angle 为 number 类型,表示旋转的角度,其取值范围是[−180,180]
返回值及说明	返回值为 Animation 类型的动画对象
15	Animation Animation. scale(number sx, number sy)
功能	对动画进行缩放
参数及说明	参数 sx 为 number 类型,若仅有 sx 参数时,表示在 x 轴、y 轴同时缩放 sx 倍;参数 sy 为 number 类型,表示在 y 轴缩放 sy 倍
返回值及说明	返回值为 Animation 类型的动画对象
16	Animation Animation. scale3d(number sx, number sy, number sz)
功能	对动画进行缩放
参数及说明	参数 sx 为 number 类型,表示 x 轴的缩放倍数;参数 sy 为 number 类型,表示 y 轴的缩放倍数;参数 sz 为 number 类型,表示 z 轴的缩放倍数
返回值及说明	返回值为 Animation 类型的动画对象
17	Animation Animation. scalex(number scale)
功能	缩放 x 轴
参数及说明	参数 scale 为 number 类型,表示 x 轴的缩放倍数
返回值及说明	返回值为 Animation 类型的动画对象
18	Animation Animation. scaley(number scale)
功能	缩放 y 轴
参数及说明	参数 scale 为 number 类型,表示 y 轴的缩放倍数
返回值及说明	返回值为 Animation 类型的动画对象
19	Animation Animation. scalez(number scale)
功能	缩放 z 轴
参数及说明	参数 scale 为 number 类型,z 轴的缩放倍数
返回值及说明	返回值为 Animation 类型的动画对象
20	Animation Animation. skew(number ax, number ay)
功能	对 x、y 轴坐标进行倾斜
参数及说明	参数 ax 为 number 类型,表示对 x 轴坐标倾斜的角度,其取值范围是[−180,180];参数 ay 为 number 类型,表示对 y 轴坐标倾斜的角度,其取值范围是[−180,180]
返回值及说明	返回值为 Animation 类型的动画对象
21	Animation Animation. skewx(number angle)
功能	对 x 轴坐标进行倾斜
参数及说明	参数 angle 为 number 类型,表示倾斜的角度,其取值范围是[−180,180]
返回值及说明	返回值为 Animation 类型的动画对象
22	Animation Animation. skewy(number angle)
功能	对 y 轴坐标进行倾斜
参数及说明	参数 angle 为 number 类型,表示倾斜的角度,其取值范围是[−180,180]
返回值及说明	返回值为 Animation 类型的动画对象
23	Animation Animation. step(Object object)
功能	表示一组动画完成。可以在一组动画中调用任意多个动画方法,一组动画中的所有动画会同时开始,一组动画完成后才会进行下一组动画

续表

参数及说明	参数 object 为 Object 类型，它包含 duration(动画持续时间，单位为 ms，该属性为 number 类型，默认值为 400)、timingFunction(动画的效果，该属性为 string 类型，默认值为 'linear'，即动画从头到尾的速度是相同的)、delay(动画延迟时间，单位为 ms，该属性为 number 类型，默认值为 0)和 transformOrigin(该属性为 string 类型，默认值为 '50% 50% 0')四个属性。其中 timingFunction 的值还可以为 'ease'(动画以低速开始，然后加快，在结束前变慢)、'ease-in'(动画以低速开始)、'ease-in-out'(动画以低速开始和结束)、'ease-out'(动画以低速结束)、'step-start'(动画第一帧就跳至结束状态直到结束)和 'step-end'(动画一直保持开始状态，最后一帧跳到结束状态)
返回值及说明	返回值为 Animation 类型的动画对象
24	Animation Animation. top(number|string value)
功能	设置 top 值
参数及说明	参数 value 为 number 或 string 类型，表示长度值。如果传入 number 类型，则默认使用 px，也可以传入其他自定义单位的长度值
返回值及说明	返回值为 Animation 类型的动画对象
25	Animation Animation. translate(number tx, number ty)
功能	平移变换
参数及说明	参数 tx 为 number 类型，若仅有该参数时表示在 x 轴偏移 tx，单位为 px；参数 ty 为 number 类型，表示在 y 轴平移的距离，单位为 px
返回值及说明	返回值为 Animation 类型的动画对象
26	Animation Animation. translate3d(number tx, number ty, number tz)
功能	对 xyz 坐标进行平移变换
参数及说明	参数 tx 为 number 类型，表示在 x 轴平移的距离，单位为 px；参数 ty 为 number 类型，表示在 y 轴平移的距离，单位为 px；参数 tz 为 number 类型，表示在 z 轴平移的距离，单位为 px
返回值及说明	返回值为 Animation 类型的动画对象
27	Animation Animation. translatex(number translation)
功能	对 x 轴平移
参数及说明	参数 translation 为 number 类型，表示在 x 轴平移的距离，单位为 px
返回值及说明	返回值为 Animation 类型的动画对象
28	Animation Animation. translatey(number translation)
功能	对 y 轴平移
参数及说明	参数 translation 为 number 类型，表示在 y 轴平移的距离，单位为 px
返回值及说明	返回值为 Animation 类型的动画对象
29	Animation Animation. translatez(number translation)
功能	对 z 轴平移
参数及说明	参数 translation 为 number 类型，表示在 z 轴平移的距离，单位为 px
返回值及说明	返回值为 Animation 类型的动画对象
30	Animation Animation. width(number|string value)
功能	设置宽度
参数及说明	参数 value 为 number 或 string 类型，表示长度值。如果传入 number 类型，则默认使用 px，也可以传入其他自定义单位的长度值
返回值及说明	返回值为 Animation 类型的动画对象

4.3　网络类 API

网络类 API 包括发起请求、下载、上传、WebSocket、mDNS 和 UDP 通信，如表 4-32 所示。

表 4-32　网络类 API

序　号	类 别 名 称	相应的 API 或相关对象
1	发起请求	wx. request RequestTask
2	下载	wx. downloadFile DownloadTask
3	上传	wx. uploadFile UploadTask
4	WebSocket	wx. sendSocketMessage wx. onSocketOpen wx. onSocketMessage wx. onSocketError wx. onSocketClose wx. connectSocket wx. closeSocket SocketTask
5	mDNS	wx. stopLocalServiceDiscovery wx. startLocalServiceDiscovery wx. onLocalServiceResolveFail wx. onLocalServiceLost wx. onLocalServiceFound wx. onLocalServiceDiscoveryStop wx. offLocalServiceResolveFail wx. offLocalServiceLost wx. offLocalServiceFound wx. offLocalServiceDiscoveryStop
6	UDP 通信	wx. createUDPSocket UDPSocket

本节重点介绍 wx. request、wx. downloadFile、wx. uploadFile 和 webSocket 相关的 API。

4.3.1　wx. request

wx. request(Object object)用于发起 HTTPS 网络请求，它的参数 object 属性及说明如表 4-33 所示。

表 4-33　wx. request 的参数 object 的属性及说明

序号	属　　性	说　　明
1	url	开发者服务器接口地址。该属性的类型为 string，为必填字段
2	data	请求的参数。该属性的类型可以为 string、object 或 ArrayBuffer

续表

序号	属　性	说　明
3	header	设置请求的 header，header 中不能设置 Referer。content-type 默认为 application/json。该属性的类型为 Object
4	method	HTTP 请求方法。该属性的类型为 string，默认值为 GET
5	dataType	返回的数据格式。该属性的类型为 string，默认值为 json（返回的数据为 JSON 格式，返回后会对返回的数据进行一次 JSON. parse）。该属性的值还可以为其他格式（不对返回的内容进行 JSON. parse）
6	responseType	响应的数据类型。该属性的类型为 string，默认值为 text（响应的数据为文本）。该属性的值还可以为 arraybuffer（响应的数据为 ArrayBuffer）
7	success	接口调用成功的回调函数
8	fail	接口调用失败的回调函数
9	complete	接口调用结束的回调函数（调用成功、失败都会执行）

object. method 的合法值及说明如表 4-34 所示。

表 4-34　object. method 的合法值及说明

序号	属　性	说　明
1	OPTIONS	HTTP 请求 OPTIONS
2	GET	HTTP 请求 GET，默认值
3	HEAD	HTTP 请求 HEAD
4	POST	HTTP 请求 POST
5	PUT	HTTP 请求 PUT
6	DELETE	HTTP 请求 DELETE
7	TRACE	HTTP 请求 TRACE
8	CONNECT	HTTP 请求 CONNECT

object. success 回调函数的参数 res 类型为 Object，它的属性及说明如表 4-35 所示。

表 4-35　回调函数的参数 res 的属性及说明

序号	属　性	说　明
1	data	开发者服务器返回的数据。该属性的类型为 string、Object 或 Arraybuffer。最终发送给服务器的数据是 String 类型，如果传入的 data 不是 String 类型，会被转换成 String。转换规则如下：对于 GET 方法的数据，会将数据转换成 query string（encodeURIComponent(k) = encodeURIComponent(v)&encodeURIComponent(k) = encodeURIComponent(v)...）；对于 POST 方法且 header['content-type'] 为 application/json 的数据，会对数据进行 JSON 序列化；对于 POST 方法且 header['content-type'] 为 application/x-www-form-urlencoded 的数据，会将数据转换成 query string（encodeURIComponent(k) = encodeURIComponent(v)&encodeURIComponent(k) = encodeURIComponent(v)...）
2	statusCode	开发者服务器返回的 HTTP 状态码。该属性的类型为 number
3	header	开发者服务器返回的 HTTP Response Header。该属性的类型为 Object

wx.request 的返回值为 RequestTask（网络请求任务对象）类型的对象，如图 4-16 所示为示例代码。

```
wx.request({
  url: 'test.php', //仅为示例,并非真实的接口地址
  data: {
    x: '',
    y: ''
  },
  header: {
    'content - type': 'application/json'// 默认值
  },
  success (res) {
    console.log(res.data)
  }
})
```

图 4-16　wx.request 的示例代码

RequestTask 的三个方法及说明，如表 4-36 所示。

表 4-36　RequestTask 的三个方法及说明

1	RequestTask.abort()
功能	该方法用于中断请求任务
参数及说明	无
返回值及说明	无
2	RequestTask.offHeadersReceived(function callback)
功能	取消监听 HTTP Response Header 事件
参数及说明	参数为 function callback，即 HTTP Response Header 事件的回调函数。Object 类型的参数 res 的属性为 header，类型为 Object，它为开发者服务器返回的 HTTP Response Header
返回值及说明	无
3	RequestTask.onHeadersReceived(function callback)
功能	监听 HTTP Response Header 事件，会比请求完成事件更早
参数及说明	参数为 function callback，即 HTTP Response Header 事件的回调函数
返回值及说明	无

如图 4-17 所示为 RequestTask 示例代码。

```
const requestTask = wx.request({
  url: 'test.php', //仅为示例,并非真实的接口地址
  data: {
    x: '',
    y: ''
  },
  header: {
    'content - type': 'application/json'
  },
```

图 4-17　RequestTask 的示例代码

```
    success (res) {
      console.log(res.data)
    }
  })
```

图 4-17 RequestTask 的示例代码(续)

4.3.2 wx.downloadFile

wx.downloadFile(Object object)用于下载文件资源(单次下载允许的最大文件为 50MB)到本地,它的参数 object 属性及说明如表 4-37 所示。

表 4-37 wx.downloadFile 的参数 object 的属性及说明

序号	属性	说明
1	url	下载资源的 url。该属性的类型为 string,为必填字段
2	header	HTTP 请求的 Header,Header 中不能设置 Referer。该属性的类型为 Object
3	filePath	指定文件下载后存储的路径。该属性的类型为 string
4	success	接口调用成功的回调函数
5	fail	接口调用失败的回调函数
6	complete	接口调用结束的回调函数(调用成功、失败都会执行)

注意:

(1) 客户端直接发起一个 HTTPS GET 请求,返回文件的本地临时路径。

(2) 请在服务端响应的 header 中指定合理的 Content-Type 字段,以保证客户端正确处理文件类型。

object.success 回调函数的参数 res 的类型为 Object,它的属性如表 4-38 所示。

表 4-38 object.success 回调函数的参数 res 的属性及说明

序号	属性	说明
1	tempFilePath	临时文件路径。没传入 filePath 指定文件存储路径时会返回,下载后的文件会存储到一个临时文件。该属性的类型为 string
2	filePath	用户文件路径。传入 filePath 时会返回,跟传入的 filePath 一致。该属性的类型为 string
3	statusCode	开发者服务器返回的 HTTP 状态码。该属性的类型为 number

wx.downloadFile(Object object)的返回值为 DownloadTask 对象,它是一个可以监听下载进度变化事件和取消下载的对象。

图 4-18 为 wx.downloadFile 的示例代码。

```
wx.downloadFile({
  url: 'https://example.com/audio/123', //仅为示例,并非真实的资源
  success (res) {
```

图 4-18 wx.downloadFile 的示例代码

```
    // 只要服务器有响应数据,就会把响应内容写入文件并进入 success 回调,业务需要自行判断是
否下载了想要的内容
    if (res.statusCode === 200) {
      wx.playVoice({
        filePath: res.tempFilePath
      })
    }
  }
})
```

图 4-18 wx.downloadFile 的示例代码(续)

DownloadTask 的方法及说明,如表 4-39 所示。

表 4-39 DownloadTask 的方法及说明

1	DownloadTask.abort()
功能	该方法用于中断下载任务
参数及说明	无
返回值及说明	无
2	DownloadTask.offHeadersReceived(function callback)
功能	该方法用于取消监听 HTTP Response Header 事件
参数及说明	参数为 function callback,即 HTTP Response Header 事件的回调函数
返回值及说明	无
3	DownloadTask.offProgressUpdate(function callback)
功能	该方法用于取消监听下载进度变化事件
参数及说明	参数为 function callback,即下载进度变化事件的回调函数
返回值及说明	无
4	DownloadTask.onHeadersReceived(function callback)
功能	该方法用于监听 HTTP Response Header 事件,会比请求完成事件更早
参数及说明	参数为 function callback,即 HTTP Response Header 事件的回调函数。参数 res 的属性为 header,为 Object 类型,是开发者服务器返回的 HTTP Response Header
返回值及说明	无
5	DownloadTask.onProgressUpdate(function callback)
功能	该方法用于监听下载进度变化事件
参数及说明	参数为 function callback,为下载进度变化事件的回调函数。Object 类型的参数 res 的属性包括 progress(下载进度百分比)、totalBytesWritten(已经下载的数据长度,单位为 B)和 totalBytesExpectedToWrite(预期需要下载的数据总长度,单位为 B)。这三个属性均为 number 类型
返回值及说明	无

图 4-19 为 DownloadTask 的示例代码。

```
const downloadTask = wx.downloadFile({
  url: 'http://example.com/audio/123', //仅为示例,并非真实的资源
  success (res) {
    wx.playVoice({
```

图 4-19 DownloadTask 的示例代码

```
      filePath: res.tempFilePath
    })
  }
})

downloadTask.onProgressUpdate((res) => {
  console.log('下载进度', res.progress)
  console.log('已经下载的数据长度', res.totalBytesWritten)
  console.log('预期需要下载的数据总长度', res.totalBytesExpectedToWrite)
})

downloadTask.abort() // 取消下载任务
```

图 4-19 DownloadTask 的示例代码(续)

4.3.3 wx. uploadFile

wx. uploadFile(Object object)用于将本地资源上传到服务器到本地,它的参数 object 属性及说明如表 4-40 所示。

表 4-40 wx. uploadFile 的参数 object 的属性及说明

序号	属 性	说 明
1	url	开发者服务器地址。该属性的类型为 string,为必填字段
2	filePath	要上传文件资源的路径。该属性的类型为 string,为必填字段
3	name	文件对应的 key,开发者在服务端可以通过这个 key 获取文件的二进制内容。该属性的类型为 string,为必填字段
4	header	HTTP 请求 Header,Header 中不能设置 Referer。该属性的类型为 Object
5	formData	HTTP 请求中其他额外的 form data。该属性的类型为 Object
6	success	接口调用成功的回调函数
7	fail	接口调用失败的回调函数
8	complete	接口调用结束的回调函数(调用成功、失败都会执行)

注意:客户端发起一个 HTTPS POST 请求,其中 content-type 为 multipart/form-data。

object. success 回调函数的参数 res 为 Object 类型,它的属性如表 4-41 所示。

表 4-41 object. success 回调函数的参数 res 的属性及说明

序号	属 性	说 明
1	data	开发者服务器返回的数据。该属性的类型为 string
2	statusCode	开发者服务器返回的 HTTP 状态码。该属性的类型为 number

wx. uploadFile(Object object)的返回值为 UploadTask 对象,它是一个可以监听上传进度变化事件和取消上传的对象。

图 4-20 为 wx. uploadFile 的示例代码。

```
wx.chooseImage({
  success (res) {
    const tempFilePaths = res.tempFilePaths
    wx.uploadFile({
      url: 'https://example.weixin.qq.com/upload', //仅为示例,非真实的接口地址
      filePath: tempFilePaths[0],
      name: 'file',
      formData: {
        'user': 'test'
      },
      success (res){
        const data = res.data
        //do something
      }
    })
  }
})
```

图 4-20　wx.uploadFile 的示例代码

UploadTask 的方法及说明,如表 4-42 所示。

表 4-42　UploadTask 的方法及说明

1	UploadTask. abort()
功能	该方法用于中断上传任务
参数及说明	无
返回值及说明	无
2	UploadTask. offHeadersReceived(function callback)
功能	该方法用于取消监听 HTTP Response Header 事件
参数及说明	参数为 function callback,即 HTTP Response Header 事件的回调函数
返回值及说明	无
3	UploadTask. offProgressUpdate(function callback)
功能	该方法用于取消监听上传进度变化事件
参数及说明	参数为 function callback,即上传进度变化事件的回调函数
返回值及说明	无
4	UploadTask. onHeadersReceived(function callback)
功能	该方法用于监听 HTTP Response Header 事件,会比请求完成事件更早
参数及说明	function callback,即 HTTP Response Header 事件的回调函数。参数 res 的属性为 header,为 Object 类型,是开发者服务器返回的 HTTP Response Header
返回值及说明	无
5	UploadTask. onProgressUpdate(function callback)
功能	该方法用于监听上传进度变化事件
参数及说明	参数为 function callback,为上传进度变化事件的回调函数。Object 类型的参数 res 的属性包括 progress(上传进度百分比)、totalBytesWritten(已经上传的数据长度,单位为 B)和 totalBytesExpectedToWrite(预期需要上传的数据总长度,单位为 B)。这三个属性均为 number 类型
返回值及说明	无

图 4-21 为 uploadTask 的示例代码。

```
const uploadTask = wx.uploadFile({
  url: 'http://example.weixin.qq.com/upload', //仅为示例,非真实的接口地址
  filePath: tempFilePaths[0],
  name: 'file',
  formData:{
    'user': 'test'
  },
  success (res){
    const data = res.data
    //do something
  }
})

uploadTask.onProgressUpdate((res) => {
  console.log('上传进度', res.progress)
  console.log('已经上传的数据长度', res.totalBytesSent)
  console.log('预期需要上传的数据总长度', res.totalBytesExpectedToSend)
})
uploadTask.abort() // 取消上传任务
```

图 4-21　uploadTask 的示例代码

4.3.4　webSocket 相关的 API

与 webSocket 相 关 的 API 有 wx.sendSocketMessage、wx.onSocketOpen、wx.onSocketMessage、wx.onSocketError、wx.onSocketClose、wx.connectSocket 和 wx.closeSocket。其中 wx.connectSocket()接口创建返回 SocketTask 对象,它是一个 WebSocket 连接,也有相应的方法。

1 wx.sendSocketMessage

wx.sendSocketMessage(Object object)可通过 WebSocket 连接发送数据。因此,使用该 API 时需要先调用 wx.connectSocket,并在 wx.onSocketOpen 回调之后才能发送数据。表 4-43 为 wx.sendSocketMessage 的参数 object 的属性及说明。

表 4-43　wx.sendSocketMessage 的参数 object 的属性及说明

序号	属　　性	说　　明
1	data	需要发送的内容。该属性的类型为 string 或 ArrayBuffer,为必填字段
2	success	接口调用成功的回调函数
3	fail	接口调用失败的回调函数
4	complete	接口调用结束的回调函数(调用成功、失败都会执行)

图 4-22 为 wx.sendSocketMessage 的示例代码。

```
let socketOpen = false
const socketMsgQueue = []
```

图 4-22　wx.sendSocketMessage 的示例代码

```
wx.connectSocket({
  url: 'test.php'
})

wx.onSocketOpen(function(res) {
  socketOpen = true
  for (let i = 0; i < socketMsgQueue.length; i++){
    sendSocketMessage(socketMsgQueue[i])
  }
  socketMsgQueue = []
})

function sendSocketMessage(msg) {
  if (socketOpen) {
    wx.sendSocketMessage({
      data:msg
    })
  } else {
    socketMsgQueue.push(msg)
  }
}
```

图 4-22　wx.sendSocketMessage 的示例代码(续)

2 wx.onSocketOpen

wx.onSocketOpen(function callback)用于监听 WebSocket 连接打开事件,参数 function callback 为 WebSocket 连接打开事件的回调函数。参数 res 为 Object 类型,它的属性为 header,是连接成功的 HTTP 响应 Header(Object 类型)。

3 wx.onSocketMessage

wx.onSocketMessage(function callback)用于监听 WebSocket 接收到服务器的消息事件,参数 function callback 为 WebSocket 接收到服务器的消息事件的回调函数。参数 res 为 Object 类型,它的属性为 data,是服务器返回的消息(string 或 ArrayBuffer 类型)。

4 wx.onSocketError

wx.onSocketError(function callback)用于监听 WebSocket 错误事件,参数 function callback 为 WebSocket 错误事件的回调函数。

5 wx.onSocketClose

wx.onSocketClose(function callback)用于监听 WebSocket 连接关闭事件,参数 function callback 为 WebSocket 连接关闭事件的回调函数。参数 res 为 Object 类型,它的属性为 code (number 类型)和 reason(string 类型)。

6 wx.contectSocket

wx.connectSocket(Object object)用于创建一个 WebSocket 连接,它的参数 object 的属性及说明如表 4-44 所示。

表 4-44 wx.connectSocket 的参数 object 的属性及说明

序号	属 性	说 明
1	url	开发者服务器 wss 接口地址。该属性的类型为 string，为必填字段
2	header	HTTP Header，Header 中不能设置 Referer。该属性的类型为 Object
3	protocols	子协议数组。该属性的类型为 Array.<string>
4	tcpNoDelay	建立 TCP 连接的时候的 TCP_NODELAY 设置。该属性的类型为 boolean，默认值为 false
5	success	接口调用成功的回调函数
6	fail	接口调用失败的回调函数
7	complete	接口调用结束的回调函数（调用成功、失败都会执行）

wx.connectSocket 的返回值为 SocketTask 对象（即为 WebSocket 任务）。

注意：
(1) 1.7.0 及以上版本，最多可以同时存在 5 个 WebSocket 连接。
(2) 1.7.0 以下版本，一个小程序同时只能有一个 WebSocket 连接，如果当前已存在一个 WebSocket 连接，会自动关闭该连接，并重新创建一个 WebSocket 连接。

图 4-23 为 wx.connectSocket 的示例代码。

```
wx.connectSocket({
  url: 'wss://example.qq.com',
  header:{
    'content-type': 'application/json'
  },
  protocols: ['protocol1']
})
```

图 4-23 wx.connectSocket 的示例代码

7 wx.closeSocket

wx.closeSocket(Object object)用于关闭 WebSocket 连接，它的参数 object 的属性及说明如表 4-45 所示。

表 4-45 wx.closeSocket 的参数 object 的属性及说明

序号	属 性	说 明
1	code	一个数字值表示关闭连接的状态号，表示连接被关闭的原因。该属性的类型为 number，默认值为 1000（表示正常关闭连接）
2	reason	一个可读的字符串，表示连接被关闭的原因。这个字符串必须是不长于 123 字节的 UTF-8 文本（不是字符）。该属性的类型为 string
3	success	接口调用成功的回调函数
4	fail	接口调用失败的回调函数
5	complete	接口调用结束的回调函数（调用成功、失败都会执行）

图 4-24 为 wx. closeSocket 的示例代码。

```
wx.connectSocket({
  url: 'test.php'
})

//注意这里有时序问题,
//如果 wx.connectSocket 还没回调 wx.onSocketOpen,而先调用 wx.closeSocket,那么就做不到关闭
WebSocket 的目的.
//必须在 WebSocket 打开期间调用 wx.closeSocket 才能关闭.
wx.onSocketOpen(function() {
  wx.closeSocket()
})

wx.onSocketClose(function(res) {
  console.log('WebSocket 已关闭!')
})
```

图 4-24　wx. closeSocket 的示例代码

接下来简要介绍一下 SocketTask 对象的方法,具体如表 4-46 所示。

表 4-46　SocketTask 对象的方法及说明

序号	方　法	说　明
1	SocketTask. close	SocketTask. close(Object object)用于关闭 WebSocket 连接,它的参数与 wx. closeSocket 的参数相同
2	SocketTask. onClose	SocketTask. onClose(function callback)用于监听 WebSocket 连接关闭事件,参数与 wx. onSocketClose 的参数相同
3	SocketTask. onError	SocketTask. onError(function callback)用于监听 WebSocket 错误事件。参数 function callback 为 WebSocket 错误事件的回调函数。参数 res 的属性 errMsg 为 string 类型,表示错误信息
4	SocketTask. onMessage	SocketTask. onMessage(function callback)用于监听 WebSocket 接收到服务器的消息事件,参数与 wx. onSocketMessage 的参数相同
5	SocketTask. onOpen	SocketTask. onOpen(function callback)用于监听 WebSocket 连接打开事件,参数与 wx. onSocketOpen 的参数相同
6	SocketTask. send	SocketTask. send(Object object)用于通过 WebSocket 连接发送数据,参数与 wx. sendSocketMessage 的参数相同

4.4　数据缓存类 API

数据缓存类 API 包括 wx. setStorageSync、wx. setStorage、wx. removeStorageSync、wx. removeStorage、wx. getStorageSync、wx. getStorageInfoSync、wx. getStorageInfo、wx. getStorage、wx. clearStorageSync、wx. clearStorage、wx. setBackgroundFetchToken、wx. onBackgroundFetchData、wx. getBackgroundFetchToken 和 wx. getBackgroundFetchData。

4.4.1 wx.setStorage 和 wx.setStorageSync

wx.setStorage(Object object)将数据存储在本地缓存中指定的 key 中,这会覆盖原来该 key 对应的内容。除非用户主动删除或因存储空间原因被系统清理,否则数据都一直可用。单个 key 允许存储的最大数据长度为 1MB,所有数据存储上限为 10MB。它的参数 object 的属性及说明如表 4-47 所示。

表 4-47 wx.setStorage 的参数 object 的属性及说明

序号	属 性	说 明
1	key	本地缓存中指定的 key。该属性的类型为 string,为必填字段
2	data	需要存储的内容。只支持原生类型、Date、及能够通过 JSON.stringify 序列化的对象。该属性的类型为 any
3	success	接口调用成功的回调函数
4	fail	接口调用失败的回调函数
5	complete	接口调用结束的回调函数(调用成功、失败都会执行)

wx.setStorageSync(string key,any data)是 wx.setStorage 的同步版本,参数 key 为 string 类型,表示本地缓存中指定的 key;参数 data 只支持原生类型、Date,以及能够通过 JSON.stringify 序列化的对象,表示需要存储的内容。

图 4-25 为 wx.setStorage 和 wx.setStorageSync 的示例代码。

```
wx.setStorage({
    key:"key",
    data:"value"
})

try {
    wx.setStorageSync('key', 'value')
} catch (e) { }
```

图 4-25 wx.setStorage 和 wx.setStorageSync 的示例代码

4.4.2 wx.removeStorage 和 wx.removeStorageSync

wx.removeStorage(Object object)用于从本地缓存中移除指定 key,它的参数 object 的属性及说明如表 4-48 所示。

表 4-48 wx.removeStorage 的参数 object 的属性及说明

序号	属 性	说 明
1	key	本地缓存中指定的 key。该属性的类型为 string,为必填字段
2	success	接口调用成功的回调函数
3	fail	接口调用失败的回调函数
4	complete	接口调用结束的回调函数(调用成功、失败都会执行)

wx.removeStorageSync(string key)是 wx.removeStorage 的同步版本,参数 key 为 string 类型,表示本地缓存中指定的 key。

图 4-26 为 wx.removeStorage 和 wx.removeStorageSync 的示例代码。

```
wx.removeStorage({
  key: 'key',
  success (res) {
    console.log(res)
  }
})

try {
  wx.removeStorageSync('key')
} catch (e) {
  // Do something when catch error

}
```

图 4-26　wx.removeStorage 和 wx.removeStorageSync 的示例代码

4.4.3　wx.getStorage 和 wx.getStorageSync

wx.getStorage(Object object)是指从本地缓存中异步获取指定 key 的内容,它的参数 object 的属性及说明如表 4-49 所示。

表 4-49　wx.getStorage 的参数 object 的属性及说明

序号	属　　性	说　　明
1	key	本地缓存中指定的 key。该属性的类型为 string,为必填字段
2	success	接口调用成功的回调函数
3	fail	接口调用失败的回调函数
4	complete	接口调用结束的回调函数(调用成功、失败都会执行)

object.success 回调函数的参数 res 的属性如表 4-50 所示。

表 4-50　object.success 回调函数的参数 res 的属性及说明

属性	说　　明
data	key 对应的内容。该属性的类型为 any

wx.getStorageSync(string key)是 wx.getStorage 的同步版本,参数 key 为 string 类型,表示本地缓存中指定的 key,返回值 data 为 key 对应的内容,类型为 any。

图 4-27 为 wx.getStorage 和 wx.getStorageSync 的示例代码。

```
wx.getStorage({
  key: 'key',
  success (res) {
    console.log(res.data)
```

图 4-27　wx.getStorage 和 wx.getStorageSync 的示例代码

```
  }
})

try {
  var value = wx.getStorageSync('key')
  if (value) {
    // Do something with return value
  }
} catch (e) {
  // Do something when catch error
}
```

图 4-27 wx.getStorage 和 wx.getStorageSync 的示例代码(续)

4.4.4 wx.getStorageInfo 和 wx.getStorageInfoSync

wx.getStorageInfo(Object object)用于异步获取当前 storage 的相关信息,它的参数 object 如表 4-51 所示。

表 4-51 wx.getStorageInfo 的参数 object 的属性及说明

序号	属 性	说 明
1	success	接口调用成功的回调函数
2	fail	接口调用失败的回调函数
3	complete	接口调用结束的回调函数(调用成功、失败都会执行)

object.success 回调函数的参数 object 的属性和说明如表 4-52 所示。

表 4-52 object.success 回调函数的参数 object 的属性及说明

序号	属 性	说 明
1	keys	当前 storage 中所有的 key。该属性的类型为 Array.＜string＞
2	currentSize	当前占用的空间大小,单位为 KB
3	limitSize	限制的空间大小,单位为 KB

wx.getStorageInfoSync()是 wx.getStorageInfo 的同步版本,它的返回值 object 的属性与上表中 wx.getStorageInfo 的 object.success 回调函数的参数 object 的属性相同。

图 4-28 为 wx.getStorageInfo 和 wx.getStorageInfoSync 的示例代码。

```
wx.getStorageInfo({
  success (res) {
    console.log(res.keys)
    console.log(res.currentSize)
    console.log(res.limitSize)
  }
})

try {
```

图 4-28 wx.getStorageInfo 和 wx.getStorageInfoSync 的示例代码

```
    const res = wx.getStorageInfoSync()
    console.log(res.keys)
    console.log(res.currentSize)
    console.log(res.limitSize)
} catch (e) {
    // Do something when catch error
    }
```

图 4-28　wx.getStorageInfo 和 wx.getStorageInfoSync 的示例代码（续）

4.4.5　wx.clearStorage 和 wx.clearStorageSync

wx.clearStorage(Object object)用于清理本地数据缓存，它的参数 object 的属性如表 4-53 所示。

表 4-53　wx.clearStorage 的参数 object 的属性及说明

序号	属　　性	说　　明
1	success	接口调用成功的回调函数
2	fail	接口调用失败的回调函数
3	complete	接口调用结束的回调函数（调用成功、失败都会执行）

wx.clearStorageSync()是 wx.clearStorage 的同步版本。

图 4-29 为 wx.clearStorage 和 wx.clearStorageSync 的示例代码。

```
wx.clearStorage()
try {
    wx.clearStorageSync()
} catch(e) {
    // Do something when catch error
    }
```

图 4-29　wx.clearStorage 和 wx.clearStorageSync 的示例代码

4.4.6　wx.setBackgroundFetchToken 和
　　　　wx.getBackgroundFetchToken

wx.setBackgroundFetchToken(object object)用于设置自定义登录态，在周期性拉取数据时带上，便于第三方服务器验证请求合法性，它的参数 object 的属性如表 4-54 所示。

表 4-54　wx.setBackgroundFetchToken 的参数 object 的属性及说明

序号	属　　性	说　　明
1	token	自定义的登录态。该属性的类型为 String，为必填字段
2	success	接口调用成功的回调函数
3	fail	接口调用失败的回调函数
4	complete	接口调用结束的回调函数（调用成功、失败都会执行）

wx.getBackgroundFetchToken(Object object)用于获取设置过的自定义登录态。若无，则返回 fail，它的参数 object 的属性如表 4-55 所示。

表 4-55　wx.getBackgroundFetchToken 的参数 object 的属性及说明

序号	属 性	说 明
1	success	接口调用成功的回调函数
2	fail	接口调用失败的回调函数
3	complete	接口调用结束的回调函数(调用成功、失败都会执行)

4.4.7　wx.onBackgroundFetchData 和 wx.getBackgroundFetchData

wx.onBackgroundFetchData(Object object)用于收到 backgroundFetch 数据时的回调，它的参数 object 的属性如表 4-56 所示。

表 4-56　wx.onBackgroundFetchData 的参数 object 的属性及说明

序号	属 性	说 明
1	success	接口调用成功的回调函数
2	fail	接口调用失败的回调函数
3	complete	接口调用结束的回调函数(调用成功、失败都会执行)

wx.getBackgroundFetchData(object object)用于拉取 backgroundFetch 客户端缓存数据，它的参数 object 的属性如表 4-57 所示。

表 4-57　wx.getBackgroundFetchData 的参数 object 的属性及说明

序号	属 性	说 明
1	fetchType	取值为 periodic。该属性的类型为 String，为必填字段
2	success	接口调用成功的回调函数
3	fail	接口调用失败的回调函数
4	complete	接口调用结束的回调函数(调用成功、失败都会执行)

4.5　媒体类 API

媒体类 API 包括地图、图片、视频、音频、背景音频、实时音视频、录音、相机和富文本，如表 4-58 所示。

表 4-58　媒体类 API

序号	类 别 名 称	相应的 API 或相关对象
1	地图	wx.createMapContext MapContext
2	图片	wx.saveImageToPhotosAlbum wx.previewImage wx.getImageInfo wx.compressImage wx.chooseMessageFile wx.chooseImage

续表

序号	类别名称	相应的 API 或相关对象
3	视频	wx. saveVideoToPhotosAlbum wx. createVideoContext wx. chooseVideo VideoContext
4	音频	wx. stopVoice wx. setInnerAudioOption wx. playVoice wx. pauseVoice wx. getAvailableAudioSources（在 4.5.6 录音 API 中介绍） wx. createInnerAudioContext wx. createAudioContext InnerAudioContext AudioContext
5	背景音频	wx. stopBackgroundAudio wx. seekBackgroundAudio wx. playBackgroundAudio wx. pauseBackgroundAudio wx. onBackgroundAudioStop wx. onBackgroundAudioPlay wx. onBackgroundAudioPause wx. getBackgroundAudioPlayerState wx. getBackgroundAudioManager BackgroundAudioManager
6	实时音视频	wx. createLivePusherContext wx. createLivePlayerContext LivePlayerContext LivePusherContext
7	录音	wx. stopRecord wx. startRecord wx. getRecorderManager RecorderManager
8	相机	wx. createCameraContext CameraContext CameraFrameListener
9	富文本	wx. createSelectorQuery EditorContext

4.5.1　地图 API

1 wx. createMapContext

　　wx. createMapContext(string mapId，Object this)用于创建 map 上下文 MapContext 对象，它的第一个参数 mapId 为 string 类型，表示 map 组件的 id；它的第二个参数 this 为

Object 类型，表示在自定义组件下，当前组件实例的 this，用以操作组件内 map 组件；它的返回值为 MapContext 对象。

　　MapContext 通过 id 跟一个 map 组件绑定，操作对应的 map 组件，它的方法如表 4-59 所示。

表 4-59　MapContext 的方法

序号	方　　法	说　　明
1	getCenterLocation()	获取当前地图中心的经纬度。返回的是 gcj02 坐标系，可以用于 wx. openLocation()
2	moveToLocation(Object object)	将地图中心移置当前定位点，此时需设置地图组件 show-location 为 true。2.8.0 起支持将地图中心移动到指定位置
3	translateMarker(Object object)	平移 marker，带动画
4	includePoints(Object object)	缩放视野展示所有经纬度
5	getRegion()	获取当前地图的视野范围
6	getRotate()	获取当前地图的旋转角
7	getSkew()	获取当前地图的倾斜角
8	getScale()	获取当前地图的缩放级别

　　图 4-30 为 wx. createMapContext 和 MapContext 对象四个方法的示例代码。

```
<!-- 视图层 map.wxml -->
<map id = "myMap" show - location />

<button type = "primary" bindtap = "getCenterLocation">获取位置</button>
<button type = "primary" bindtap = "moveToLocation">移动位置</button>
<button type = "primary" bindtap = "translateMarker">移动标注</button>
<button type = "primary" bindtap = "includePoints">缩放视野展示所有经纬度</button>
// 逻辑层 map.js
Page({
  onReady: function (e) {
    // 使用 wx.createMapContext 获取 map 上下文
    this.mapCtx = wx.createMapContext('myMap')
  },
  getCenterLocation: function () {
    this.mapCtx.getCenterLocation({
      success: function(res){
        console.log(res.longitude)
        console.log(res.latitude)
      }
    })
  },
  moveToLocation: function () {
    this.mapCtx.moveToLocation()
  },
  translateMarker: function() {
    this.mapCtx.translateMarker({
```

图 4-30　wx. createMapContext 和 MapContext 对象四个方法的示例代码

```
        markerId: 0,
        autoRotate: true,
        duration: 1000,
        destination: {
          latitude:23.10229,
          longitude:113.3345211,
        },
        animationEnd() {
          console.log('animation end')
        }
      })
  },
  includePoints: function() {
    this.mapCtx.includePoints({
      padding: [10],
      points: [{
        latitude:23.10229,
        longitude:113.3345211,
      }, {
        latitude:23.00229,
        longitude:113.3345211,
      }]
    })
  }
})
```

图 4-30　wx. createMapContext 和 MapContext 对象四个方法的示例代码（续）

2　MapContext. getCenterLocation

MapContext. getCenterLocation（Object object）用于获取当前地图中心的经纬度。返回的是 gcj02 坐标系，可以用于 wx. openLocation（）。它的参数 object 的属性如表 4-60 所示。

表 4-60　getCenterLocation 的参数 object 的属性及说明

序号	属　　性	说　　明
1	success	接口调用成功的回调函数
2	fail	接口调用失败的回调函数
3	complete	接口调用结束的回调函数（调用成功、失败都会执行）

object. success 回调函数的参数 res 的属性如表 4-61 所示。

表 4-61　回调函数的参数 res 的属性及说明

序号	属　　性	说　　明
1	longitude	经度。该属性的类型为 number
2	latitude	纬度。该属性的类型为 number

3　MapContext. getRegion

MapContext. getRegion（Object object）用于获取当前地图的视野范围（从基础库 1.4.0 开始支持，低版本需做兼容处理），参数 object 的属性如表 4-62 所示。

表 4-62 getRegion 的参数 object 的属性及说明

序号	属 性	说 明
1	success	接口调用成功的回调函数
2	fail	接口调用失败的回调函数
3	complete	接口调用结束的回调函数(调用成功、失败都会执行)

object. success 回调函数的参数 res 的属性如表 4-63 所示。

表 4-63 回调函数的参数 res 的属性及说明

序号	属 性	说 明
1	southwest	西南角经纬度。该属性的类型为 number
2	northeast	东北角经纬度。该属性的类型为 number

4 MapContext. getRotate

MapContext. getRotate(Object object)用于获取当前地图的旋转角(基础库 2.8.0 开始支持,低版本需做兼容处理),参数 object 的属性如表 4-64 所示。

表 4-64 getRotate 的参数 object 的属性及说明

序号	属 性	说 明
1	success	接口调用成功的回调函数
2	fail	接口调用失败的回调函数
3	complete	接口调用结束的回调函数(调用成功、失败都会执行)

object. success 回调函数的参数 res 的属性如表 4-65 所示。

表 4-65 回调函数的参数 res 的属性及说明

属性	说 明
rotate	旋转角。该属性的类型为 number

5 MapContext. getScale

MapContext. getScale(Object object)用于获取当前地图的缩放级别(基础库 1.4.0 开始支持,低版本需做兼容处理),参数 object 的属性如表 4-66 所示。

表 4-66 getScale 的参数 object 的属性及说明

序号	属 性	说 明
1	success	接口调用成功的回调函数
2	fail	接口调用失败的回调函数
3	complete	接口调用结束的回调函数(调用成功、失败都会执行)

object. success 回调函数的参数 res 的属性如表 4-67 所示。

表 4-67 回调函数的参数 res 的属性及说明

属性	说 明
scale	缩放值。该属性的类型为 number

6 MapContext. getSkew

MapContext. getSkew（Object object）用于获取当前地图的倾斜角，参数 object 的属性如表 4-68 所示。

表 4-68　getSkew 的参数 object 的属性及说明

序号	属性	说明
1	success	接口调用成功的回调函数
2	fail	接口调用失败的回调函数
3	complete	接口调用结束的回调函数（调用成功、失败都会执行）

object. success 回调函数的参数 res 的属性如表 4-69 所示。

表 4-69　回调函数的参数 res 的属性及说明

属性	说明
skew	倾斜角。该属性的类型为 number

7 MapContext. includePoints

MapContext. includePoints（Object object）用于缩放视野展示所有经纬度，参数 object 的属性如表 4-70 所示。

表 4-70　includePoints 的参数 object 的属性及说明

序号	属性	说明
1	points	要显示在可视区域内的坐标点列表。该属性的类型为 Array. < Object >，为必填字段
2	padding	坐标点形成的矩形边缘到地图边缘的距离，单位为 px。格式为"上，右，下，左"，安卓上只能识别数组第一项，上下左右的 padding 一致。开发者工具暂不支持 padding 参数。该属性的类型为 Array. < number >
3	success	接口调用成功的回调函数
4	fail	接口调用失败的回调函数
5	complete	接口调用结束的回调函数（调用成功、失败都会执行）

object. points 的属性如表 4-71 所示。

表 4-71　object. points 的属性及说明

序号	属性	说明
1	longitude	经度。该属性的类型为 number，为必填字段
2	latitude	纬度。该属性的类型为 number，为必填字段

8 MapContext. moveToLocation

MapContext. moveToLocation（Object object）用于将地图中心移至当前定位点（从 2.8.0 起支持将地图中心移动到指定位置），此时需设置地图组件 show-location 为 true，参数 object 的属性如表 4-72 所示。

表 4-72　moveToLocation 的参数 object 的属性及说明

序号	属　　性	说　　明
1	longitude	经度。该属性的类型为 number
2	latitude	纬度。该属性的类型为 number
3	success	接口调用成功的回调函数
4	fail	接口调用失败的回调函数
5	complete	接口调用结束的回调函数（调用成功、失败都会执行）

9 MapContext.translateMarker

MapContext.translateMarker(Object object)用于平移 marker（带动画），参数 object 的属性如表 4-73 所示。

表 4-73　translateMarker 的参数 object 的属性及说明

序号	属　　性	说　　明
1	markerId	指定 marker。该属性的类型为 number，为必填字段
2	destination	指定 marker 移动到的目标点。该属性的类型为 Object，为必填字段
3	autoRotate	移动过程中是否自动旋转 marker。该属性的类型为 boolean，为必填字段
4	rotate	marker 的旋转角度。该属性的类型为 number，为必填字段
5	duration	动画持续时长，平移与旋转分别计算。该属性的类型为 number，默认值为 1000
6	animationEnd	动画结束回调函数
7	success	接口调用成功的回调函数
8	fail	接口调用失败的回调函数
9	complete	接口调用结束的回调函数（调用成功、失败都会执行）

object.destination 的结构如表 4-74 所示。

表 4-74　回调函数的参数 res 的属性及说明

序号	属　　性	说　　明
1	longitude	经度。该属性的类型为 number，为必填字段
2	latitude	纬度。该属性的类型为 number，为必填字段

4.5.2　图片 API

1 wx.saveImageToPhotosAlbum

wx.saveImageToPhotosAlbum(Object object)用于保存图片到系统相册。该方法从基础库 1.2.0 开始被支持，低版本需做兼容处理，调用前需要用户授权 scope.writePhotosAlbum。它的参数 object 的属性如表 4-75 所示。

表 4-75　saveImageToPhotosAlbum 的参数 object 的属性及说明

序号	属　　性	说　　明
1	filePath	图片文件路径，可以是临时文件路径或永久文件路径，不支持网络图片路径。该属性的类型为 string，为必填字段
2	success	接口调用成功的回调函数
3	fail	接口调用失败的回调函数
4	complete	接口调用结束的回调函数（调用成功、失败都会执行）

图 4-31 为 wx. saveImageToPhotosAlbum 的示例代码。

```
wx.saveImageToPhotosAlbum({
  success(res) { }
})
```

图 4-31　wx.saveImageToPhotosAlbum 的示例代码

2　wx. previewImage

wx. previewImage(Object object)用于在新页面中全屏预览图片,预览的过程中用户可以进行保存图片、发送给朋友等操作。它的参数 object 的属性如表 4-76 所示。

表 4-76　wx. previewImage 的参数 object 的属性及说明

序号	属　　性	说　　明
1	urls	需要预览的图片链接列表(从 2.2.3 起支持云文件 ID)。该属性的类型为 Array.<string>,为必填字段
2	current	当前显示图片的链接。该属性的类型为 string,默认值为 urls 的第一张
3	success	接口调用成功的回调函数
4	fail	接口调用失败的回调函数
5	complete	接口调用结束的回调函数(调用成功、失败都会执行)

图 4-32 为 wx. previewImage 的示例代码。

```
wx.previewImage({
  current: '', // 当前显示图片的 http 链接
  urls: []     // 需要预览的图片 http 链接列表
})
```

图 4-32　wx.previewImage 的示例代码

3　wx. getImageInfo

wx. getImageInfo(Object object)用于获取图片信息,网络图片需先配置 download 域名才能生效。它的参数 object 的属性如表 4-77 所示。

表 4-77　wx. getImageInfo 的参数 object 的属性及说明

序号	属　　性	说　　明
1	src	图片的路径,可以是相对路径、临时文件路径、存储文件路径、网络图片路径。该属性的类型为 string,为必填字段
2	success	接口调用成功的回调函数
3	fail	接口调用失败的回调函数
4	complete	接口调用结束的回调函数(调用成功、失败都会执行)

object. success 回调函数的参数 res 如表 4-78 所示。

表 4-78　object. success 回调函数的参数 res 的属性及说明

序号	属　　性	说　　明
1	width	图片原始宽度,单位为 px。不考虑旋转。该属性的类型为 number
2	height	图片原始高度,单位为 px。不考虑旋转。该属性的类型为 number
3	path	图片的本地路径。该属性的类型为 string
4	orientation	拍照时设备方向。该属性的类型为 string,它的值可以为 up(即手机横持拍照,为默认方向,对应 Exif 中的 1,或无 orientation 信息)、up-mirrored(同 up,但镜像翻转,对应 Exif 中的 2)、down(旋转 180°,对应 Exif 中的 3)、down-mirrored(同 down,但镜像翻转,对应 Exif 中的 4)、left-mirrored(同 left,但镜像翻转,对应 Exif 中的 5)、right(顺时针旋转 90°,对应 Exif 中的 6)、right-mirrored(同 right,但镜像翻转,对应 Exif 中的 7)和 left(逆时针旋转 90°,对应 Exif 中的 8)
5	type	图片格式。该属性的类型为 string

关于拍照方向中 Exif 的更多信息,请参考以下链接。

http://sylvana. net/jpegcrop/exif_orientation. html

图 4-33 为 wx. getImageInfo 的示例代码。

```
//视图层
< view class = "weui - panel">
  < view class = "weui - panel__hd"></view>
  < view class = "weui - panel__bd">
    < image mode = 'widthFix' src = "{{src}}" style = 'width: 300px;'></image>
    < button bindtap = "getImageInfo">getImageInfo </button>
  </view>
  < view class = "weui - panel__ft"></view>
</view>
//逻辑层
const app = getApp()

Page({
  data: {
src:'http://mmbiz. qpic. cn/mmbiz_png/icTdbqWNOwNTTiaKet81gQJDXYnPiaJFSzRlp9frTTX2hSN01xhiack
VLHHrG7ZQI3XQsbM7Gr9USZdN4f26SO5xjg/0?wx_fmt = png'
  },
  getImageInfo() {
    wx. getImageInfo({
      src:
'http://mmbiz. qpic. cn/mmbiz_png/icTdbqWNOwNTTiaKet81gQJDXYnPiaJFSzRlp9frTTX2hSN01xhiackVLHH
rG7ZQI3XQsbM7Gr9USZdN4f26SO5xjg/0?wx_fmt = png',
      success(res) {
        console. log(res. width)
        console. log(res. height)
      }
    })
  }
})
```

图 4-33　wx. getImageInfo 的示例代码

图 4-33 中对应教材配套的代码存放在本章代码的对应文件下,关于 wx. getImageInfo 的更多信息,请参考以下链接:

https://developers. weixin. qq. com/miniprogram/dev/api/media/image/wx. getImageInfo. html,若读者在链接对应页面单击"在开发者工具中预览效果",在开发工具中看到的代码为教材配套的代码中名为"ex040502_getImageInfo_在开发者工具中预览效果"的文件。

4 wx. compressImage

wx. compressImage(Object object)是压缩图片的接口(可选压缩质量,从基础库 2.4.0 开始支持,低版本需做兼容处理)。它的参数 object 的属性如表 4-79 所示。

表 4-79　wx. compressImage 的参数 object 的属性及说明

序号	属　　性	说　　明
1	src	图片的路径,可以是相对路径、临时文件路径、存储文件路径。该属性的类型为 string,为必填字段
2	quality	压缩质量,范围为 0~100,数值越小,质量越低,压缩率越高(仅对 jpg 有效)。该属性的类型为 number,默认值为 80
3	success	接口调用成功的回调函数
4	fail	接口调用失败的回调函数
5	complete	接口调用结束的回调函数(调用成功、失败都会执行)

object. success 回调函数的参数 res 如表 4-80 所示。

表 4-80　object. success 回调函数的参数 res 的属性及说明

属　　性	说　　明
tempFilePath	压缩后图片的临时文件路径。该属性的类型为 string

图 4-34 为 wx. compressImage 的示例代码。

```
wx.compressImage({
    src: '',        // 图片路径
    quality: 80     // 压缩质量
})
```

图 4-34　wx. compressImage 的示例代码

5 wx. chooseMessageFile

wx. chooseMessageFile(Object object)用于从客户端会话选择文件(基础库 2.5.0 开始支持,低版本需做兼容处理)。它的参数 object 的属性如表 4-81 所示。

表 4-81　wx. chooseMessageFile 的参数 object 的属性及说明

序号	属　　性	说　　明
1	count	最多可以选择的文件个数,可以 0~100。该属性的类型为 number,为必填字段
2	type	所选的文件的类型。该属性的类型为 string,默认值为 'all'(从所有文件选择)。该属性的值还可以为 video(只能选择视频文件)、image(只能选择图片文件)和 file(可以选择除了图片和视频之外的其他文件)

续表

序号	属性	说明
3	extension	根据文件拓展名过滤,仅 type＝＝file 时有效。每一项都不能是空字符串。默认不过滤。该属性的类型为 Array.＜string＞
4	success	接口调用成功的回调函数
5	fail	接口调用失败的回调函数
6	complete	接口调用结束的回调函数(调用成功、失败都会执行)

object.success 回调函数的参数 res 的属性 tempFiles 的类型为 Array.＜Object＞,该属性返回选择的文件的本地临时文件对象数组,res.tempFiles 的结构如表 4-82 所示。

表 4-82 res.tempFiles 的结构

序号	属性	说明
1	path	本地临时文件路径。该属性的类型为 string
2	size	本地临时文件大小,单位为 B。该属性的类型为 number
3	name	选择的文件名称。该属性的类型为 string
4	type	选择的文件类型。该属性的类型为 string,合法值为 video(选择了视频文件)、image(选择了图片文件)和 file(选择了除图片和视频的文件)
5	time	选择的文件的会话发送时间,UNIX 时间戳,工具暂不支持此属性。该属性的类型为 number

图 4-35 为 wx.chooseMessageFile 的示例代码。

```
wx.chooseMessageFile({
    count: 10,
    type: 'image',
    success (res) {
        // tempFilePath 可以作为 img 标签的 src 属性显示图片
        const tempFilePaths = res.tempFilePaths
    }
})
```

图 4-35 wx.chooseMessageFile 的示例代码

6 wx.chooseImage

wx.chooseImage(Object object)用于从本地相册选择图片或使用相机拍照。它的参数 object 的属性如表 4-83 所示。

表 4-83 wx.chooseImage 的参数 object 的属性及说明

序号	属性	说明
1	count	最多可以选择的图片张数。该属性的类型为 number,默认值为 9
2	sizeType	所选的图片的尺寸。该属性的类型为 Array.＜string＞,其值为['original'(原图), 'compressed'(压缩图)]
3	sourceType	选择图片的来源。该属性的类型为 Array.＜string＞,其值为['album'(从相册选图), 'camera'(使用相机)]

续表

序号	属 性	说 明
4	success	接口调用成功的回调函数
5	fail	接口调用失败的回调函数
6	complete	接口调用结束的回调函数(调用成功、失败都会执行)

object. success 回调函数的参数 res 的属性如表 4-84 所示。

表 4-84　res 的属性

序号	属 性	说 明
1	tempFilePaths	图片的本地临时文件路径列表。该属性的类型为 Array.＜string＞
2	tempFiles	图片的本地临时文件列表。该属性的类型为 Array.＜Object＞

res. tempFiles 的结构如表 4-85 所示。

表 4-85　res. tempFiles 的结构的属性

序号	属 性	说 明
1	path	本地临时文件路径。该属性的类型为 string
2	size	本地临时文件大小,单位为 B。该属性的类型为 number

图 4-36 为 wx. chooseImage 的示例代码。

```
wx.chooseImage({
    count: 1,
    sizeType: ['original', 'compressed'],
    sourceType: ['album', 'camera'],
    success (res) {
        // tempFilePath 可以作为 img 标签的 src 属性显示图片
        const tempFilePaths = res.tempFilePaths
    }
})
```

图 4-36　wx. chooseImage 的示例代码

4.5.3　音频 API

1 wx. playVoice、wx. stopVoice 和 wx. pauseVoice

wx. playVoice(Object object)用于开始播放语音。同一时刻只允许一个语音文件正在播放,如果前一个语音文件还没播放完,将中断前一个语音播放。它的参数 object 的属性如表 4-86 所示。

表 4-86　wx. playVoice 的参数 object 的属性及说明

序号	属 性	说 明
1	filePath	需要播放的语音文件的文件路径。该属性的类型为 string,为必填字段
2	duration	指定录音时长(单位为秒),到达指定的录音时长后会自动停止录音。该属性的类型为 number,默认值为 60

续表

序号	属　　性	说　　明
3	success	接口调用成功的回调函数
4	fail	接口调用失败的回调函数
5	complete	接口调用结束的回调函数(调用成功、失败都会执行)

wx.stopVoice(Object object)用于结束播放语音；wx.pauseVoice(Object object)用于暂停正在播放的语音。再次调用 wx.playVoice 播放同一个文件时，会从暂停处开始播放。如果想从头开始播放，需要先调用 wx.stopVoice。它们的参数 object 的属性如表 4-87 所示。

表 4-87　wx.stopVoice 和 wx.pauseVoice 的参数 object 的属性及说明

序号	属　　性	说　　明
1	success	接口调用成功的回调函数
2	fail	接口调用失败的回调函数
3	complete	接口调用结束的回调函数(调用成功、失败都会执行)

> **注意**：wx.playVoice、wx.pauseVoice 和 wx.stopVoice 从基础库 1.6.0 开始停止维护，请使用 wx.createInnerAudioContext 代替。

2 wx.createInnerAudioContext 和 wx.setInnerAudioOption

wx.createInnerAudioContext()用于创建内部 audio 上下文 InnerAudioContext 对象。它的返回值 InnerAudioContext 对象的属性如表 4-88 所示。

表 4-88　InnerAudioContext 对象的属性及说明

序号	属　　性	说　　明
1	src	音频资源的地址，用于直接播放。2.2.3 开始支持云文件 ID。该属性的类型为 string
2	startTime	开始播放的位置(单位为 s)，默认值为 0。该属性的类型为 number
3	autoplay	是否自动开始播放。该属性的类型为 boolean，默认值为 false
4	loop	是否循环播放。该属性的类型为 boolean，默认值为 false
5	obeyMuteSwitch	是否遵循系统静音开关。该属性的类型为 boolean，默认值为 true。当此参数为 false 时，即使用户打开了静音开关，也能继续发出声音 注意：从 2.3.0 版本开始此参数不生效，使用 wx.setInnerAudioOption 接口统一设置
6	volume	音量，取值范围为 0~1。该属性的类型为 number，默认值为 1。从基础库 1.9.90 开始支持，低版本需做兼容处理
7	duration	当前音频的长度(单位为 s)。只有在当前有合法的 src 时返回(只读)。该属性的类型为 number
8	currentTime	当前音频的播放位置(单位为 s)。只有在当前有合法的 src 时返回，时间保留小数点后 6 位(只读)。该属性的类型为 number
9	paused	当前是否暂停或停止状态(只读)。该属性的类型为 boolean
10	buffered	音频缓冲的时间点，仅保证当前播放时间点到此时间点内容已缓冲(只读)。该属性的类型为 number

InnerAudioContext 对象的方法如表 4-89 所示。

表 4-89　InnerAudioContext 对象的方法及说明

序号	方　法	说　明
1	play()	播放
2	pause()	暂停。暂停后的音频再播放会从暂停处开始播放
3	stop()	停止。停止后的音频再播放会从头开始播放
4	seek(number position)	跳转到指定位置。参数 position 为 number 类型，表示跳转的时间，单位为 s。精确到小数点后 3 位，即支持 ms 级别精确度
5	destroy()	销毁当前实例
6	onCanplay(function callback)	监听音频进入可以播放状态的事件。但不保证后面可以流畅播放。参数 callback 的类型为 function，即为音频进入可以播放状态的事件的回调函数
7	offCanplay(function callback)	取消监听音频进入可以播放状态的事件。参数 callback 为 function 类型，即为音频进入可以播放状态的事件的回调函数
8	onPlay(function callback)	监听音频播放事件。参数 callback 为 function 类型，即为音频播放事件的回调函数
9	offPlay(function callback)	取消监听音频播放事件。参数 callback 为 function 类型，即为音频播放事件的回调函数
10	onPause(function callback)	监听音频暂停事件。参数 callback 为 function 类型，即为音频暂停事件的回调函数
11	offPause(function callback)	取消监听音频暂停事件。参数 callback 为 function，即为音频暂停事件的回调函数
12	onStop(function callback)	监听音频停止事件。参数 callback 为 function 类型，即为音频停止事件的回调函数
13	offStop(function callback)	取消监听音频停止事件。参数 callback 为 function 类型，即为音频停止事件的回调函数
14	onEnded(function callback)	监听音频自然播放至结束的事件
15	offEnded(function callback)	取消监听音频自然播放至结束的事件。参数 callback 为 function 类型，即为音频自然播放至结束的事件的回调函数
16	onTimeUpdate(function callback)	监听音频播放进度更新事件。参数 callback 为 function 类型，即为音频播放进度更新事件的回调函数
17	offTimeUpdate(function callback)	取消监听音频播放进度更新事件。参数 callback 为 function 类型，即为音频播放进度更新事件的回调函数
18	onError(function callback)	监听音频播放错误事件。参数 callback 为 function 类型，即为音频播放错误事件的回调函数。参数 res 的属性为 errMsg(string 类型)和 errCode(number 类型)，errCode 的合法值为 10001(系统错误)，10002(网络错误)，10003(文件错误)，10004(格式错误)和-1(未知错误)
19	offError(function callback)	取消监听音频播放错误事件
20	onWaiting(function callback)	监听音频加载中事件。当音频因为数据不足，需要停下来加载时会触发。参数 callback 为 function 类型，即为音频加载中事件的回调函数
21	offWaiting(function callback)	取消监听音频加载中事件。参数 callback 为 function 类型，即为音频加载中事件的回调函数

续表

序号	方　法	说　明
22	onSeeking(function callback)	监听音频进行跳转操作的事件。参数 callback 为 function 类型，即为音频进行跳转操作的事件的回调函数
23	offSeeking(function callback)	取消监听音频进行跳转操作的事件。参数 callback 为 function 类型，即为音频进行跳转操作的事件的回调函数
24	onSeeked(function callback)	监听音频完成跳转操作的事件。参数 callback 为 function 类型，即音频完成跳转操作的事件的回调函数
25	offSeeked(function callback)	取消监听音频完成跳转操作的事件。参数 callback 为 function 类型，即为音频完成跳转操作的事件的回调函数

注意：iOS 和 Android 平台都支持的语音格式有 m4a、wav、mp3 和 aac；仅 iOS 平台支持的语音格式有 aiff 和 caf；仅 Android 平台支持的语音格式有 mp4、wma、amr、ape、ogg 和 flac。

图 4-37 为 wx.createInnerAudioContext 的示例代码。

```
const innerAudioContext = wx.createInnerAudioContext()
innerAudioContext.autoplay = true
innerAudioContext.src = 'http://ws.stream.qqmusic.qq.com/M500001VfvsJ21xFqb.mp3?guid=
ffffffff82def4af4b12b3cd9337d5e7&uin=346897220&vkey=6292F51E1E384E061FF02C31F716658E5C8
1F5594D561F2E88B854E81CAAB7806D5E4F103E55D33C16F3FAC506D1AB172DE8600B37E43FAD&fromtag=46'
innerAudioContext.onPlay(() => {
  console.log('开始播放')
})
innerAudioContext.onError((res) => {
  console.log(res.errMsg)
  console.log(res.errCode)
})
```

图 4-37　wx.createInnerAudioContext 的示例代码

wx.setInnerAudioOption(Object object)用于设置 InnerAudioContext 的播放选项。设置之后对当前小程序全局生效，它的参数 object 如表 4-90 所示。

表 4-90　wx.setInnerAudioOption 的参数 object 的属性及说明

序号	属　性	说　明
1	mixWithOther	是否与其他音频混播，设置为 true 之后，不会终止其他应用或微信内的音乐。该属性的类型为 boolean，默认值为 true
2	obeyMuteSwitch	(仅在 iOS 生效)是否遵循静音开关，设置为 false 之后，即使是在静音模式下，也能播放声音。该属性的类型为 boolean，默认值为 true
3	success	接口调用成功的回调函数
4	fail	接口调用失败的回调函数
5	complete	接口调用结束的回调函数(调用成功、失败都会执行)

3　wx.createAudioContext

wx.createAudioContext(string id，Object this)用于创建 audio 上下文 AudioContext 对

象。其中第一个参数 id 为 string 类型,表示 audio 组件的 id;第二个参数 this 为 Object 类型,表示在自定义组件下,当前组件实例的 this(用以操作组件内 audio 组件)。它的返回值 AudioContext 对象的属性如表 4-91 所示。

表 4-91　AudioContext 对象的属性及说明

序号	方　法	说　明
1	pause()	暂停音频
2	play()	播放音频
3	seek(number position)	跳转到指定位置。参数 position 的类型为 number,表示跳转位置,单位为 s
4	setSrc(string src)	设置音频地址。参数 src 的类型为 string,表示音频地址

注意:

(1) AudioContext 通过 id 与一个 audio 组件绑定,操作对应的 audio 组件。

(2) 从基础库 1.6.0 开始,wx. createAudioContext 接口停止维护,请使用 wx. createInnerAudioContext 代替。

4.5.4　视频 API

1　wx. saveVideoToPhotosAlbum

wx. saveVideoToPhotosAlbum(Object object)用于保存视频到系统相册。从基础库 1.2.0 开始支持,低版本需做兼容处理。该 API 支持 mp4 视频格式,调用前需要用户授权 scope. writePhotosAlbum。它的参数 object 的属性如表 4-92 所示。

表 4-92　wx. saveVideoToPhotosAlbum 的参数 object 的属性及说明

序号	属　性	说　明
1	filePath	视频文件路径,可以是临时文件路径也可以是永久文件路径。该属性的类型为 string,为必填字段
2	success	接口调用成功的回调函数
3	fail	接口调用失败的回调函数
4	complete	接口调用结束的回调函数(调用成功、失败都会执行)

图 4-38 为 wx. saveVideoToPhotosAlbum 的示例代码。

```
wx.saveVideoToPhotosAlbum({
  filePath: 'wxfile://xxx',//此处为示例文件路径,并非真实路径.
  success (res) {
    console.log(res.errMsg)
  }
})
```

图 4-38　wx. saveVideoToPhotosAlbum 的示例代码

2　wx. createVideoContext

wx. createVideoContext(string id,Object this)用于创建 video 上下文 VideoContext 对

象。它的第一个参数 id 为 string 类型，表示 video 组件的 id；第二个参数 this 为 Object 类型，表示在自定义组件下，当前组件实例的 this（用以操作组件内 video），返回值为 VideoContex 对象。

VideoContext 通过 id 与一个 video 组件绑定，操作对应的 video 组件，其方法如表 4-93 所示。

表 4-93 VideoContext 对象的方法及说明

序号	方　　法	说　　明
1	exitFullScreen ()	退出全屏
2	hideStatusBar ()	隐藏状态栏，仅在 iOS 全屏下有效
3	pause()	暂停视频
4	play()	播放视频
5	playbackRate(number rate)	设置倍速播放。参数 rate 的类型为 number，表示倍率，支持 0.5/0.8/1.0/1.25/1.5，从 2.6.3 起支持 2.0 倍速
6	requestFullScreen（Object object）	进入全屏。参数 object 的属性 direction 为 number 类型，表示设置全屏时视频的方向，不指定则根据宽高比自动判断。object. direction 的合法值为 0（正常竖向），90（屏幕逆时针 90°）和－90（屏幕顺时针 90°）
7	seek（number position）	跳转到指定位置。参数 position 的类型为 number，表示跳转到的位置，单位为 s
8	sendDanmu	发送弹幕。参数 data 为 Object 类型，表示弹幕内容，其属性为 text（string 类型，为必填字段，表示弹幕文字）和 color（string 类型，表示弹幕颜色）
9	showStatusBar	显示状态栏，仅在 iOS 全屏下有效
10	stop	停止视频

图 4-39 为 wx. createVideoContext 的示例代码。

```
//视图层
< view class = "section tc">
  < video id = "myVideo" src = "http://wxsnsdy. tc. qq. com/105/20210/snsdyvideodownload? filekey =
30280201010421301f0201690402534804102ca905ce620b1241b726bc41dcff44e00204012882540400&biz
id = 1023&hy = SH&fileparam = 302c02010104253023020204136ffd93020457e3c4ff02024ef202031e8d7f0
2030f42400204045a320a0201000400" enable – danmu danmu – btn controls ></video >
  < view class = "btn – area">
    < input bindblur = "bindInputBlur"/>
    < button bindtap = "bindSendDanmu">发送弹幕</button>
  </view >
</view >
//逻辑层
function getRandomColor () {
  let rgb = [ ]
  for (let i = 0 ; i < 3; ++i) {
    let color = Math.floor(Math.random() * 256).toString(16)
    color = color.length == 1 ? '0' + color : color
```

图 4-39　wx. createVideoContext 的示例代码

```
      rgb.push(color)
    }
    return '#' + rgb.join('')
  }

  Page({
    onReady (res) {
      this.videoContext = wx.createVideoContext('myVideo')
    },
    inputValue: '',
    bindInputBlur (e) {
      this.inputValue = e.detail.value
    },
    bindSendDanmu () {
      this.videoContext.sendDanmu({
        text: this.inputValue,
        color: getRandomColor()
      })
    }
  })
```

图 4-39　wx.createVideoContext 的示例代码（续）

关于 wx.createVideoContext 的示例代码，可参考以下链接：

https://developers.weixin.qq.com/miniprogram/dev/api/media/video/VideoContext.html

> **注意**：若读者在上述链接中"示例代码"下方点击"在开发者工具中预览效果"超链接，在微信开发者工具中看到的代码与图 4-39 不完全一样，请参见本章配套的名为"ex040504_createVideoContext_在开发者工具中预览效果"文件夹下的代码。图 4-39 中的代码存放在本章代码的文件夹下。

3 wx.chooseVideo

wx.chooseVideo(Object object)用于拍摄视频或从手机相册中选视频。它的参数 object 的属性如表 4-94 所示。

表 4-94　wx.chooseVideo 的参数 object 的属性及说明

序号	属　　性	说　　明
1	sourceType	视频选择的来源。该属性的类型为 Array.<string>，取值为 'album'（从相册选择视频）或 'camera'（使用相机拍摄视频）
2	compressed	是否压缩所选择的视频文件。该属性的类型为 boolean，默认值为 true
3	maxDuration	拍摄视频最长拍摄时间，单位为 s。该属性的类型为 number，默认值为 60
4	camera	默认拉起的是前置或者后置摄像头。部分 Android 手机下由于系统 ROM 不支持无法生效。该属性的类型为 string，默认值为 'back'（默认拉起后置摄像头）。该属性的值还可以为 front（默认拉起前置摄像头）
5	success	接口调用成功的回调函数
6	fail	接口调用失败的回调函数
7	complete	接口调用结束的回调函数（调用成功、失败都会执行）

object.success 回调函数的参数 res 的属性如表 4-95 所示。

表 4-95　object.success 回调函数的参数 res 的属性及说明

序号	属　　性	说　　明
1	tempFilePath	选定视频的临时文件路径。该属性的类型为 string
2	duration	选定视频的时间长度。该属性的类型为 number
3	size	选定视频的数据量大小。该属性的类型为 number
4	height	返回选定视频的高度。该属性的类型为 number
5	width	返回选定视频的宽度。该属性的类型为 number

图 4-40 为 wx.chooseVideo 的示例代码。

```
wx.chooseVideo({
  sourceType: ['album','camera'],
  maxDuration: 60,
  camera: 'back',
  success(res) {
    console.log(res.tempFilePath)
  }
})
```

图 4-40　wx.chooseVideo 的示例代码

4.5.5　相机 API

wx.createCameraContext()用于创建 camera 上下文 CameraContext 对象，它的返回值为 CameraContext 对象。CameraContext 与页面内唯一的 camera 组件绑定，操作对应的 camera 组件，它的方法及说明如表 4-96 所示。

表 4-96　CameraContext 的方法及说明

1	onCameraFrame(function callback)
说明	获取 Camera 实时帧数据
参数及说明	参数 callback 的数据类型为 function，即回调函数
返回值及说明	返回值的类型为 CameraFrameListener，即返回一个 CameraFrameListener 对象
2	takePhoto(Object object)
说明	拍摄照片
参数及说明	参数 object 的数据类型为 Object
3	startRecord(Object object)
说明	开始录像
参数及说明	参数 object 的数据类型为 Object
4	stopRecord(Object object)
说明	结束录像
参数及说明	参数 object 的数据类型为 Object

1 onCameraFrame

CameraContext.onCameraFrame(function callback)的参数 res 为 Object 类型，它的属性

如表 4-97 所示。

表 4-97　onCameraFrame 的参数 res 的属性及说明

序号	属性	说明
1	width	图像数据矩形的宽度。该属性的类型为 number
2	height	图像数据矩形的高度。该属性的类型为 number
3	data	图像像素点数据,一维数组,每四项表示一个像素点的 rgba。该属性的类型为 number

注意:使用该接口需同时在 camera 组件属性中指定 frame-size。

图 4-41 是 wx. createCameraContext 和 onCameraFrame 的示例代码。

```
const context = wx.createCameraContext()
const listener = context.onCameraFrame((frame) => {
  console.log(frame.data instanceof ArrayBuffer, frame.width, frame.height)
})
listener.start()
```

图 4-41　wx. createCameraContext 和 onCameraFrame 的示例代码

2 takePhoto

CameraContext. takePhoto(Object object) 的参数 object 为 Object 类型,它的属性如表 4-98 所示。

表 4-98　takePhoto 的参数 object 的属性及说明

序号	属性	说明
1	quality	成像质量。该属性的类型为 string,默认值为 normal(普通质量)。该属性的值还可以为 high(高质量)和 low(低质量)
2	success	接口调用成功的回调函数
3	fail	接口调用失败的回调函数
4	complete	接口调用结束的回调函数(调用成功、失败都会执行)

object. success 回调函数的参数 res 的类型为 Object,它的属性 tempImagePath 为 string 类型,表示照片文件的临时路径(其中安卓是 jpg 格式,iOS 是 png 格式)。

3 startRecord

CameraContext. startRecord(Object object) 的参数 object 为 Object 类型,它的属性如表 4-99 所示。

表 4-99　startRecord 的参数 object 的属性及说明

序号	属性	说明
1	timeoutCallback	超过 30s 或页面 onHide 时会结束录像
2	success	接口调用成功的回调函数
3	fail	接口调用失败的回调函数
4	complete	接口调用结束的回调函数(调用成功、失败都会执行)

object. timeoutCallback 回调函数的参数 res 的属性为 tempThumbPath(封面图片文件的临时路径)和 tempVideoPath(视频的文件的临时路径),它们的类型都是 string。

4 stopRecord

CameraContext. stopRecord(Object object) 的参数 object 为 Object 类型,它的属性如表 4-100 所示。

表 4-100 stopRecord 的参数 object 的属性及说明

序号	属 性	说 明
1	success	接口调用成功的回调函数
2	fail	接口调用失败的回调函数
3	complete	接口调用结束的回调函数(调用成功、失败都会执行)

object. timeoutCallback 回调函数的参数 res 的属性为 tempThumbPath(封面图片文件的临时路径)和 tempVideoPath(视频的文件的临时路径),它们的类型都是 string。

图 4-42 为 wx. createCameraContext、takePhoto、startRecord 和 stopRecord 的示例代码。

```
//视图层
< view class = "page - body">
  < view class = "page - body - wrapper">
    < camera device - position = "back" flash = "off" binderror = "error" style = "width: 100 % ;
height: 300px;"></camera >
    < view class = "btn - area">
      < button type = "primary" bindtap = "takePhoto">拍照</button >
    </view >
    < view class = "btn - area">
      < button type = "primary" bindtap = "startRecord">开始录像</button >
    </view >
    < view class = "btn - area">
      < button type = "primary" bindtap = "stopRecord">结束录像</button >
    </view >
    < view class = "preview - tips">预览</view >
    < image wx:if = "{{src}}" mode = "widthFix" src = "{{src}}"></image >
    < video wx:if = "{{videoSrc}}" class = "video" src = "{{videoSrc}}"></video >
  </view >
</view >
//逻辑层
Page({
  onLoad() {
    this.ctx = wx.createCameraContext()
  },
  takePhoto() {
    this.ctx.takePhoto({
      quality: 'high',
      success: (res) = > {
        this.setData({
          src: res.tempImagePath
        })
      })
```

图 4-42 相机 API 的示例代码

```
      }
    })
  },
  startRecord() {
    this.ctx.startRecord({
      success: (res) => {
        console.log('startRecord')
      }
    })
  },
  stopRecord() {
    this.ctx.stopRecord({
      success: (res) => {
        this.setData({
          src: res.tempThumbPath,
          videoSrc: res.tempVideoPath
        })
      }
    })
  },
  error(e) {
    console.log(e.detail)
  }
})
```

图 4-42　相机 API 的示例代码（续）

4.5.6　录音 API

1 wx.startRecord 和 wx.stopRecord

wx.startRecord(Object object) 表示开始录音，主动调用 wx.stopRecord，或者录音超过 1min 时自动结束录音。当用户离开小程序时，此接口无法调用。

wx.stopRecord(Object object) 表示停止录音。

wx.startRecord 和 wx.stopRecord 的参数 object 为 Object 类型，其属性如表 4-101 所示。

表 4-101　wx.startRecord 和 wx.stopRecord 的参数 object 的属性及说明

序号	属　　性	说　　明
1	success	接口调用成功的回调函数
2	fail	接口调用失败的回调函数
3	complete	接口调用结束的回调函数（调用成功、失败都会执行）

注意：

（1）wx.startRecord 的回调函数 object.success 的参数 res 的属性 tempFilePath 为 string 类型。

（2）从基础库 1.6.0 开始，wx.startRecord 和 wx.stopRecord 均停止维护，请使用 wx.getRecorderManager 代替。

图 4-43 为 wx.startRecord 和 wx.stopRecord 的示例代码。

```
wx.startRecord({
  success (res) {
    const tempFilePath = res.tempFilePath
  }
})
setTimeout(function () {
  wx.stopRecord() // 结束录音
}, 10000)
```

图 4-43　wx.startRecord 和 wx.stopRecord 的示例代码

2 wx.getRecorderManager

wx.getRecorderManager()可获取全局唯一的录音管理器 RecorderManager,它的返回值为 RecorderManager 对象,它的方法如表 4-102 所示。

表 4-102　RecorderManager 对象的方法及说明

序号	方　　法	说　　明
1	start(Object object)	开始录音
2	pause()	暂停录音
3	resume()	继续录音
4	stop()	停止录音
5	onStart(function callback)	监听录音开始事件
6	onResume(function callback)	监听录音继续事件
7	onPause(function callback)	监听录音暂停事件
8	onStop(function callback)	监听录音结束事件
9	onFrameRecorded(function callback)	监听已录制完指定帧大小的文件事件。如果设置了 frameSize,则会回调此事件
10	onError(function callback)	监听录音错误事件
11	onInterruptionBegin(function callback)	监听录音因为受到系统占用而被中断开始事件。以下场景会触发此事件:微信语音聊天、微信视频聊天。此事件触发后,录音会被暂停。pause 事件在此事件后触发
12	onInterruptionEnd(function callback)	监听录音中断结束事件。在收到 interruptionBegin 事件之后,小程序内所有录音会暂停,收到此事件之后才可再次录音成功

RecorderManager.start(Object object)的参数 object 为 Object 类型,它的属性如表 4-103 所示。

表 4-103　start 的参数 object 的属性及说明

序号	属　　性	说　　明
1	duration	录音的时长,单位为 ms,最大值 600000(10min)。该属性的类型为 number 类型,默认值为 60000
2	sampleRate	采样率。该属性的类型为 number,默认值为 8000。该属性的值还可以为 11025,12000,16000,22050,24000,32000,44100 和 48000

续表

序号	属　　性	说　　明
3	numberOfChannels	录音通道数。该属性的类型为 number，默认值为 2。该属性的值还可以为 1
4	encodeBitRate	编码码率。该属性的类型为 number，默认值为 48000
5	format	音频格式。该属性的类型为 string，默认值为 aac。该属性的值还可以为 mp3
6	frameSize	指定帧大小，单位为 KB。该属性的类型为 number，传入 frameSize 后，每录制指定帧大小的内容后，会回调录制的文件内容，不指定则不会回调。暂仅支持 mp3 格式
7	audioSource	指定录音的音频输入源，可通过 wx. getAvailableAudioSources()获取当前可用的音频源。该属性的类型为 string，默认值为 auto

object. audioSource 的合法值如表 4-104 所示。

表 4-104　object. audioSource 的合法值及说明

序号	合　法　值	说　　明
1	auto	自动设置，默认使用手机麦克风，插上耳麦后自动切换使用耳机麦克风，所有平台适用
2	buildInMic	手机麦克风，仅限 iOS
3	headsetMic	耳机麦克风，仅限 iOS
4	mic	麦克风（没插耳麦时是手机麦克风，插耳麦时是耳机麦克风），仅限 Android
5	camcorder	同 mic，适用于录制音视频内容，仅限 Android
6	voice_communication	同 mic，适用于实时沟通，仅限 Android
7	voice_recognition	同 mic，适用于语音识别，仅限 Android

每种采样率有对应的编码码率范围有效值，设置不合法的采样率或编码码率会导致录音失败，具体对应关系如表 4-105 所示。

表 4-105　采样率与对应的编码码率的关系

序号	采　样　率	编　码　码　率
1	8000	16000～48000
2	11025	16000～48000
3	12000	24000～64000
4	16000	24000～96000
5	22050	32000～128000
6	24000	32000～128000
7	32000	48000～192000
8	44100	64000～320000
9	48000	64000～320000

RecorderManager. onStop(function callback)的参数 res 为 Object，它的属性如表 4-106 所示。

表 4-106 onStop 参数 res 的属性

序号	属 性	说 明
1	tempFilePath	录音文件的临时路径。该属性的类型为 string
2	duration	录音总时长,单位为 ms。该属性的类型为 number
3	fileSize	录音文件大小,单位为 B。该属性的类型为 number

RecorderManager. onFrameRecorded(function callback) 的参数 res 为 Object,它的属性如表 4-107 所示。

表 4-107 onFrameRecorded 参数 res 的属性

序号	属 性	说 明
1	frameBuffer	录音分片数据。该属性的类型为 ArrayBuffer
2	isLastFrame	当前帧是否正常录音结束前的最后一帧。该属性的类型为 boolean

RecorderManager. onError(function callback) 参数 res 为 Object,它的属性 errMsg 的数据类型为 string,表示错误信息。

图 4-44 为 wx. getRecorderManager 的示例代码。

```
const recorderManager = wx.getRecorderManager()

recorderManager.onStart(() => {
  console.log('recorder start')
})
recorderManager.onPause(() => {
  console.log('recorder pause')
})
recorderManager.onStop((res) => {
  console.log('recorder stop', res)
  const { tempFilePath } = res
})
recorderManager.onFrameRecorded((res) => {
  const { frameBuffer } = res
  console.log('frameBuffer.byteLength', frameBuffer.byteLength)
})

const options = {
  duration: 10000,
  sampleRate: 44100,
  numberOfChannels: 1,
  encodeBitRate: 192000,
  format: 'aac',
  frameSize: 50
}

recorderManager.start(options)
```

图 4-44 wx. getRecorderManager 的示例代码

3 wx. getAvailableAudioSources

wx. getAvailableAudioSources(Object object)用于获取当前支持的音频输入源。它的参数 object 的属性如表 4-108 所示。

表 4-108　wx.getAvailableAudioSources 的参数 object 的属性及说明

序号	属　性	说　明
1	success	接口调用成功的回调函数
2	fail	接口调用失败的回调函数
3	complete	接口调用结束的回调函数(调用成功、失败都会执行)

object. success 回调函数的参数 res 的属性 audioSources 的类型为 Array. < string >,支持的音频输入源列表,可在 RecorderManager. start() 接口中使用。返回值定义可参考 https://developer. android. com/reference/kotlin/android/media/MediaRecorder. AudioSource。

res. audioSources 的合法值如表 4-109 所示。

表 4-109　res. audioSources 的合法值

序号	值	说　明
1	auto	自动设置,默认使用手机麦克风,插上耳麦后自动切换使用耳机麦克风,所有平台适用
2	buildInMic	手机麦克风,仅限 iOS
3	headsetMic	耳机麦克风,仅限 iOS
4	mic	麦克风(没插耳麦时是手机麦克风,插耳麦时是耳机麦克风),仅限 Android
5	camcorder	同 mic,适用于录制音视频内容,仅限 Android
6	voice_communication	同 mic,适用于实时沟通,仅限 Android
7	voice_recognition	同 mic,适用于语音识别,仅限 Android

4.6　位置类 API

位置类 API 包括 wx. stopLocationUpdate,wx. startLocationUpdateBackground,wx. startLocationUpdate,wx. openLocation,wx. onLocationChange,wx. offLocationChange,wx. getLocation 和 wx. chooseLocation。

4.6.1　wx. startLocationUpdate 和 wx. stopLocationUpdate

wx. startLocationUpdate(Object object)用于开启小程序进入前台时接收位置消息,调用前需要用户授权 scope. userLocation; wx. stopLocationUpdate(Object object)用于关闭监听实时位置变化,前后台都停止消息接收。两者均从基础库 2.8.0 开始支持,低版本需做兼容处理,它们的参数 object 的属性如表 4-110 所示。

表 4-110　wx. startLocationUpdate 和 wx. stopLocationUpdate 的参数 object 的属性及说明

序号	属　性	说　明
1	success	接口调用成功的回调函数
2	fail	接口调用失败的回调函数
3	complete	接口调用结束的回调函数(调用成功、失败都会执行)

图 4-45 为用户授权 scope.userLocation 的示例代码。

```
{
    "pages": ["pages/index/index"],
    "permission": {
        "scope.userLocation": {
            "desc": "你的位置信息将用于小程序位置接口的效果展示" //小程序获取权限时展示的接口
用途说明.最长 30 个字符
        }
    }
}
```

图 4-45 用户授权 scope.userLocation 的示例代码

注意：desc 为 string 类型，为必填字段。它用于小程序获取权限时展示的接口用途说明，最长 30 个字符。

4.6.2 wx.startLocationUpdateBackground

wx.startLocationUpdateBackground(Object object)用于开启小程序进入前后台时均接收位置消息，需引导用户开启授权（调用前需要用户授权 scope.userLocationBackground）。授权以后，小程序在运行中或进入后台均可接受位置消息变化。从基础库 2.8.0 开始支持，低版本需做兼容处理，参数 object 的属性如表 4-111 所示。

表 4-111 wx.startLocationUpdateBackground 的参数 object 的属性及说明

序号	属　　性	说　　明
1	success	接口调用成功的回调函数
2	fail	接口调用失败的回调函数
3	complete	接口调用结束的回调函数（调用成功、失败都会执行）

注意：
(1) 安卓微信 7.0.6 版本，iOS 7.0.5 版本起支持该接口。
(2) 需在 app.json 中配置 requiredBackgroundModes：['location']后使用。
(3) 获取位置信息需配置地理位置用途说明。

4.6.3 wx.onLocationChange 和 wx.offLocationChange

wx.onLocationChange(function callback)用于监听实时地理位置变化事件，需结合 wx.startLocationUpdateBackground、wx.startLocationUpdate 使用。参数 callback 为 function，即为实时地理位置变化事件的回调函数，参数 res 的属性如表 4-112 所示。

表 4-112　wx.onLocationChange 的参数 object 的属性及说明

序号	属性	说明
1	latitude	纬度,范围为-90~90,负数表示南纬。该属性的类型为 number
2	longitude	经度,范围为-180~180,负数表示西经。该属性的类型为 number
3	speed	速度,单位为 m/s。该属性的类型为 number
4	accuracy	位置的精确度。该属性的类型为 number
5	altitude	高度,单位为 m。该属性的类型为 number
6	verticalAccuracy	垂直精度,单位为 m(Android 无法获取,返回 0)。该属性的类型为 number
7	horizontalAccuracy	水平精度,单位为 m。该属性的类型为 number

wx.offLocationChange(function callback)用于取消监听实时地理位置变化事件,参数 callback 为 function,即为实时地理位置变化事件的回调函数。

图 4-46 是 wx.onLocationChange 和 wx.offLocationChange 的示例代码。

```
const _locationChangeFn = function(res) {
  console.log('location change', res)
}
wx.onLocationChange(_locationChangeFn)
wx.offLocationChange(_locationChangeFn)
```

图 4-46　wx.onLocationChange 和 wx.offLocationChange 的示例代码

注意:wx.onLocationChange 和 wx.offLocationChange 均从基础库 2.8.1 开始支持,低版本需做兼容处理。

4.6.4　wx.getLocation

wx.getLocation(Object object,boolean isHighAccuracy,number highAccuracyExpireTime)用于获取当前的地理位置和速度。

该接口的第一个参数 object 的属性如表 4-113 所示。

表 4-113　wx.getLocation 的参数 object 的属性及说明

序号	属性	说明
1	type	wgs84 返回 gps 坐标,gcj02 返回可用于 wx.openLocation 的坐标。该属性的类型为 string,默认值为 wgs84
2	altitude	传入 true 会返回高度信息,由于获取高度需要较高精确度,会减慢接口返回速度。该属性的类型为 string,默认值为 false
3	success	接口调用成功的回调函数
4	fail	接口调用失败的回调函数
5	complete	接口调用结束的回调函数(调用成功、失败都会执行)

object.success 回调函数的参数 res 的属性如表 4-114 所示。

表 4-114 object.success 回调函数的参数 res 的属性及说明

序号	属 性	说 明
1	latitude	纬度,范围为 −90～90,负数表示南纬。该属性的类型为 number
2	longitude	经度,范围为 −180～180,负数表示西经。该属性的类型为 number
3	speed	速度,单位为 m/s。该属性的类型为 number
4	accuracy	位置的精确度。该属性的类型为 number
5	altitude	高度,单位为 m。该属性的类型为 number
6	verticalAccuracy	垂直精度,单位为 m(Android 无法获取,返回 0)。该属性的类型为 number
7	horizontalAccuracy	水平精度,单位为 m。该属性的类型为 number

第二个参数 isHighAccuracy 为 boolean 类型,表示开启高精度定位。

第三个参数 highAccuracyExpireTime 为 number 类型,表示高精度定位超时时间(ms),指定时间内返回最高精度,该值 3000ms 以上高精度定位才有效果。

第二个参数和第三个参数均从基础库 2.9.0 开始支持,低版本需做兼容处理。

图 4-47 为 wx.getLocation 的示例代码。

```
wx.getLocation({
type: 'wgs84',
success (res) {
    const latitude = res.latitude
    const longitude = res.longitude
    const speed = res.speed
    const accuracy = res.accuracy
}
})
```

图 4-47 wx.getLocation 的示例代码

使用 wx.getLocation 时请注意以下几点:

(1)当用户离开小程序后,此接口无法调用。

(2)若开启高精度定位,接口耗时会增加,可指定 highAccuracyExpireTime 作为超时时间。

(3)调用该接口前需要用户授权 scope.userLocation。

(4)工具中定位模拟使用 IP 定位,可能会有一定误差。且工具目前仅支持 gcj02 坐标。

(5)使用第三方服务进行逆地址解析时,请确认第三方服务默认的坐标系,正确进行坐标转换。

4.6.5 wx.openLocation

wx.openLocation(Object object)使用微信内置地图查看位置,它的参数 object 的属性如表 4-115 所示。

表 4-115 wx.openLocation 的参数 object 的属性及说明

序号	属 性	说 明
1	latitude	纬度,范围为 $-90\sim90$,负数表示南纬,使用 gcj02 国测局坐标系。该属性的类型为 number,为必填字段
2	longitude	经度,范围为 $-180\sim180$,负数表示西经,使用 gcj02 国测局坐标系。该属性的类型为 number,为必填字段
3	scale	缩放比例,范围为 $5\sim18$。该属性的类型为 number,默认值为 18
4	name	位置名。该属性的类型为 string
5	address	地址的详细说明。该属性的类型为 string
6	success	接口调用成功的回调函数
7	fail	接口调用失败的回调函数
8	complete	接口调用结束的回调函数(调用成功、失败都会执行)

图 4-48 为 wx.openLocation 的示例代码。

```
wx.getLocation({
type: 'gcj02', //返回可以用于 wx.openLocation 的经纬度
success (res) {
    const latitude = res.latitude
    const longitude = res.longitude
    wx.openLocation({
      latitude,
      longitude,
      scale: 18
    })
}
})
```

图 4-48 wx.openLocation 的示例代码

4.6.6 wx.chooseLocation

wx.chooseLocation(Object object)用于打开地图选择位置,调用前需要用户授权 scope.userLocation。该接口的参数 object 如表 4-116 所示。

表 4-116 wx.chooseLocation 的参数 object 的属性及说明

序号	属 性	说 明
1	latitude	目标地纬度。该属性的类型为 number
2	longitude	目标地经度。该属性的类型为 number
3	success	接口调用成功的回调函数
4	fail	接口调用失败的回调函数
5	complete	接口调用结束的回调函数(调用成功、失败都会执行)

object. success 回调函数的参数 res 的属性如表 4-117 所示。

表 4-117　object. success 回调函数的参数 res 的属性及说明

序号	属　性	说　明
1	name	位置名称。该属性的类型为 string
2	address	详细地址。该属性的类型为 string
3	latitude	纬度,浮点数,范围为 −90～90,负数表示南纬。使用 gcj02 国测局坐标系。该属性的类型为 string
4	longitude	经度,浮点数,范围为 −180～180,负数表示西经。使用 gcj02 国测局坐标系。该属性的类型为 string

4.7　转发类 API

转发类 API 包括 wx. updateShareMenu, wx. showShareMenu, wx. hideShareMenu 和 wx. getShareInfo。

4. 7. 1　wx. updateShareMenu

wx. updateShareMenu(Object object)用于更新转发属性,它的参数 object 如表 4-118 所示。

表 4-118　wx. updateShareMenu 的参数 object 的属性及说明

序号	属　性	说　明
1	withShareTicket	是否使用带 shareTicket 的转发详情。该属性的类型为 boolean,默认值为 false
2	isUpdatableMessage	是否是动态消息。该属性的类型为 boolean,默认值为 false
3	activityId	动态消息的 activityId。通过 updatableMessage. createActivityId 接口获取。该属性的类型为 string
4	templateInfo	动态消息的模板信息。该属性的类型为 Object
5	success	接口调用成功的回调函数
6	fail	接口调用失败的回调函数
7	complete	接口调用结束的回调函数(调用成功、失败都会执行)

object. templateInfo 的属性如表 4-119 所示。

表 4-119　object. templateInfo 的属性及说明

属　性	说　明
parameterList	参数列表。该属性为 Array. < Object >类型,是必填字段

parameterList 的结构包括 name(参数名)和 value(参数值)属性,两者均为必填字段,都是 string 类型。

图 4-49 为 wx. updateShareMenu 的示例代码。

```
wx.updateShareMenu({
  withShareTicket: true,
  success () { }
})
```

图 4-49　wx.updateShareMenu 的示例代码

4.7.2　wx.showShareMenu 和 wx.hideShareMenu

wx.showShareMenu(Object object)用于显示当前页面的转发按钮,它的参数 object 如表 4-120 所示。

表 4-120　wx.showShareMenu 的参数 object 的属性及说明

序号	属　性	说　明
1	withShareTicket	是否使用带 shareTicket 的转发详情。该属性的类型为 boolean,默认值为 false
2	success	接口调用成功的回调函数
3	fail	接口调用失败的回调函数
4	complete	接口调用结束的回调函数(调用成功、失败都会执行)

图 4-50 为 wx.showShareMenu 的示例代码。

```
wx.showShareMenu({
  withShareTicket: true
})
```

图 4-50　wx.showShareMenu 的示例代码

wx.hideShareMenu(Object object)用于隐藏转发按钮,它的参数 object 如表 4-121 所示。

表 4-121　wx.hideShareMenu 的参数 object 的属性及说明

序号	属　性	说　明
1	success	接口调用成功的回调函数
2	fail	接口调用失败的回调函数
3	complete	接口调用结束的回调函数(调用成功、失败都会执行)

图 4-51 为 wx.hideShareMenu 的示例代码。

```
wx.hideShareMenu()
```

图 4-51　wx.hideShareMenu 的示例代码

4.7.3　wx.getShareInfo

wx.getShareInfo(Object object)用于获取转发详细信息,它的参数 object 如表 4-122 所示。

表 4-122 wx.getShareInfo 的参数 object 的属性及说明

序号	属　　性	说　　明
1	shareTicket	shareTicket。该属性的类型为 string,是必填字段
2	timeout	超时时间,单位为 ms。该属性的类型为 number
3	success	接口调用成功的回调函数
4	fail	接口调用失败的回调函数
5	complete	接口调用结束的回调函数(调用成功、失败都会执行)

object.success 回调函数的参数 res 为 Object,它的属性如表 4-123 所示。

表 4-123 object.success 回调函数的参数 res 的属性及说明

序号	属　　性	说　　明
1	errMsg	错误信息。该属性的类型为 string
2	encryptedData	包括敏感数据在内的完整转发信息的加密数据。该属性的类型为 string
3	iv	加密算法的初始向量。该属性的类型为 string
4	cloudID	敏感数据对应的云 ID,开通云开发的小程序才会返回,可通过云调用直接获取开放数据。该属性的类型为 string

敏感数据有两种获取方式,一是使用加密数据解密算法。获取得到的开放数据为以下 json 结构(其中 openGId 为当前群的唯一标识),如图 4-52 所示。

```
{
"openGId": "OPENGID"
}
```

图 4-52 获取开放数据的示例代码

4.8 画布类 API

画布类 API 包括 wx.createOffscreenCanvas,wx.createCanvasContext,wx.canvasToTempFilePath,wx.canvasPutImageData,wx.canvasGetImageData 和相关对象 Canvas,CanvasContext,CanvasGradient,Color,Image,OffscreenCanvas 及 RenderingContext,如表 4-124 所示。

表 4-124 画布类 API

序号	类 别 名 称	相应的 API 或相关对象
1	无	wx.createOffscreenCanvas
		wx.createCanvasContext
		wx.canvasToTempFilePath
		wx.canvasPutImageData
		wx.canvasGetImageData
2	Canvas	Canvas.cancelAnimationFrame
		Canvas.createImage
		Canvas.getContext
		Canvas.requestAnimationFrame

序 号	类 别 名 称	相应的 API 或相关对象
3	CanvasContext	CanvasContext. arc
		CanvasContext. arcTo
		CanvasContext. beginPath
		CanvasContext. bezierCurveTo
		CanvasContext. clearRect
		CanvasContext. clip
		CanvasContext. closePath
		CanvasContext. createCircularGradient
		CanvasContext. createLinearGradient
		CanvasContext. createPattern
		CanvasContext. draw
		CanvasContext. drawImage
		CanvasContext. fill
		CanvasContext. fillRect
		CanvasContext. fillText
		CanvasContext. lineTo
		CanvasContext. measureText
		CanvasContext. moveTo
		CanvasContext. quadraticCurveTo
		CanvasContext. rect
		CanvasContext. restore
		CanvasContext. rotate
		CanvasContext. save
		CanvasContext. scale
		CanvasContext. setFillStyle
		CanvasContext. setFontSize
		CanvasContext. setGlobalAlpha
		CanvasContext. setLineCap
		CanvasContext. setLineDash
		CanvasContext. setLineJoin
		CanvasContext. setLineWidth
		CanvasContext. setMiterLimit
		CanvasContext. setShadow
		CanvasContext. setStrokeStyle
		CanvasContext. setTextAlign
		CanvasContext. setTextBaseline
		CanvasContext. setTransform
		CanvasContext. stroke
		CanvasContext. strokeRect
		CanvasContext. strokeText
		CanvasContext. transform
		CanvasContext. translate
4	CanvasGradient	CanvasGradient. addColorStop

续表

序号	类别名称	相应的 API 或相关对象
5	Color	见附录 B
6	Image	无
7	OffscreenCanvas	OffscreenCanvas. getContext
8	RenderingContext	Canvas 绘图上下文。通过 Canvas. getContext（'webgl'）或 OffscreenCanvas. getContext（'webgl'）接口可以获取 WebGLRenderingContext 对象，实现了 WebGL 1.0 定义的所有属性、方法、常量

4.8.1　wx. createCanvasContext

wx. createCanvasContext(string canvasId，Object this)用于创建 canvas 的绘图上下文 CanvasContext 对象。它的第一个参数 canvasId 为 string 类型，用于获取上下文的 canvas 组件 canvas-id 属性；第二个参数 this 为 Object 类型，在自定义组件下，当前组件实例的 this，表示在这个自定义组件下查找拥有 canvas-id 的 canvas，如果省略则不在任何自定义组件内查找；返回值为 CanvasContext 对象。

1 Canvas

Canvas 实例，可通过 SelectorQuery 获取，它的方法如表 4-125 所示。

表 4-125　Canvas 的方法及说明

1	getContext(string contextType)
说明	该方法返回 Canvas 的绘图上下文
参数及说明	参数 contextType 的数据类型为 string
返回值及说明	返回值的类型为 RenderingContext，即返回一个 RenderingContext 对象，当前仅支持获取 WebGL 绘图上下文
2	createImage()
说明	创建一个图片对象。目前仅支持在 WebGL 中使用，暂不支持在 OffscreenCanvas 中使用
参数及说明	无
返回值及说明	返回值的类型为 Image
3	requestAnimationFrame(function callback)
说明	在下次进行重绘时执行。目前仅支持在 WebGL 中使用
参数及说明	参数 callback 的类型为 function，即回调函数
返回值及说明	返回值的类型为 number，表示请求的 ID
4	cancelAnimationFrame(number requestID)
说明	取消由 requestAnimationFrame 添加到计划中的动画帧请求。目前仅支持在 WebGL 中使用
参数及说明	参数 requestID 的类型为 number
返回值及说明	无

注意：Image 为图片对象，它的属性有 src（该属性为 string 类型，表示图片的 URL）、width（该属性为 number 类型，表示图片的真实宽度）和 height（该属性为 number 类型，表示图片的真实高度）；它的方法有 onload（图片加载完成后触发的回调函数）和 onerror（图片加载完成后触发的回调函数）。

2 CanvasContext

CanvasContext 为 canvas 组件的绘图上下文，它的属性如表 4-126 所示。

表 4-126　CanvasContext 的属性

序号	属　　性	说　　明
1	string|CanvasGradient fillStyle	填充颜色。string 类型或 CanvasGradient 类型的 fillStyle。用法同 CanvasContext. setFillStyle()
2	string|CanvasGradient strokeStyle	边框颜色。string 类型或 CanvasGradient 类型的 strokeStyle。用法同 CanvasContext. setStrokeStyle()
3	shadowOffsetX	阴影相对于形状在水平方向的偏移。该属性的类型为 number
4	shadowOffsetY	阴影相对于形状在竖直方向的偏移。该属性的类型为 number
5	shadowColor	阴影的颜色。该属性的类型为 number
6	shadowBlur	阴影的模糊级别。该属性的类型为 number
7	lineWidth	线条的宽度。该属性的类型为 number，用法同 CanvasContext. setLineWidth()
8	lineCap	线条的端点样式。该属性的类型为 string，用法同 CanvasContext. setLineCap()
9	lineJoin	线条的交点样式。该属性的类型为 string，用法同 CanvasContext. setLineJoin()。该属性的合法值为 bevel（斜角）、round（圆角）和 miter（尖角）
10	miterLimit	最大斜接长度。该属性的类型为 number，用法同 CanvasContext. setMiterLimit()
11	lineDashOffset	虚线偏移量，初始值为 0。该属性的类型为 number
12	font	当前字体样式的属性。符合 CSS font 语法的 DOMString 字符串，至少需要提供字体大小和字体族名。默认值为 10px sans-serif。该属性的类型为 string
13	globalAlpha	全局画笔透明度。范围为 0~1，0 表示完全透明，1 表示完全不透明。该属性的类型为 number
14	globalCompositeOperation	在绘制新形状时应用的合成操作的类型。目前 Android 版本只适用于 fill 填充块的合成，用于 stroke 线段的合成效果都是 source-over。 目前支持的操作有： • Android：xor，source-over，source-atop，destination-out，lighter，overlay，darken，lighten，hard-light • iOS：xor，source-over，source-atop，destination-over，destination-out，lighter，multiply，overlay，darken，lighten，color-dodge，color-burn，hard-light，soft-light，difference，exclusion，saturation，luminosity

CanvasContext 的方法如表 4-127 所示。

表 4-127　CanvasContext 的方法

序号	方　　法	说　　明
1	draw（boolean reserve，function callback）	将之前在绘图上下文中的描述（路径、变形、样式）画到 canvas 中

续表

序号	方 法	说 明
2	createLinearGradient（number x0，number y0，number x1，number y1）	创建一个线性的渐变颜色。返回的 CanvasGradient 对象需要使用 CanvasGradient.addColorStop()来指定渐变点，至少要两个
3	createCircularGradient（number x，number y，number r）	创建一个圆形的渐变颜色。起点在圆心，终点在圆环。返回的 CanvasGradient 对象需要使用 CanvasGradient.addColorStop()来指定渐变点，至少要两个
4	createPattern（string image，string repetition）	对指定的图像创建模式的方法，可在指定的方向上重复元图像
5	measureText(string text)	测量文本尺寸信息。目前仅返回文本宽度。同步接口
6	save()	保存绘图上下文
7	restore()	恢复之前保存的绘图上下文
8	beginPath()	开始创建一个路径。需要调用 fill 或者 stroke 才会使用路径进行填充或描边 • 在最开始的时候相当于调用了一次 beginPath。 • 同一个路径内的多次 setFillStyle、setStrokeStyle、setLineWidth 等设置，以最后一次设置为准。
9	moveTo(number x，number y)	把路径移动到画布中的指定点，不创建线条。用 stroke 方法来画线条
10	lineTo(number x，number y)	增加一个新点，然后创建一条从上次指定点到目标点的线。用 stroke 方法来画线条
11	quadraticCurveTo（number cpx，number cpy，number x，number y）	创建二次方贝塞尔曲线路径。曲线的起始点为路径中前一个点
12	bezierCurveTo（number cp1x，number cp1y，number cp2x，number cp2y，number x，number y）	创建三次方贝塞尔曲线路径。曲线的起始点为路径中前一个点
13	arc（number x，number y，number r，number sAngle，number eAngle，boolean counterclockwise）	创建一条弧线。 • 创建一个圆可以指定起始弧度为 0，终止弧度为 2 * Math.PI。 • 用 stroke 或者 fill 方法来在 canvas 中画弧线
14	rect（number x，number y，number width，number height）	创建一个矩形路径。需要用 fill 或者 stroke 方法将矩形真正画到 canvas 中
15	arcTo(number x1，number y1，number x2，number y2，number radius)	根据控制点和半径绘制圆弧路径
16	clip()	从原始画布中剪切任意形状和尺寸。一旦剪切了某个区域，则所有之后的绘图都会被限制在被剪切的区域内（不能访问画布上的其他区域）。可以在使用 clip 方法前通过使用 save 方法对当前画布区域进行保存，并在以后的任意时间通过 restore 方法对其进行恢复
17	fillRect(number x，number y，number width，number height)	填充一个矩形。用 setFillStyle 设置矩形的填充色，如果没设置默认是黑色
18	strokeRect(number x，number y，number width，number height)	画一个矩形(非填充)。用 setStrokeStyle 设置矩形线条的颜色，如果没设置默认是黑色

序号	方 法	说 明
19	clearRect(number x, number y, number width, number height)	清除画布上在该矩形区域内的内容
20	fill()	对当前路径中的内容进行填充。默认的填充色为黑色
21	stroke()	画出当前路径的边框。默认颜色为黑色
22	closePath()	关闭一个路径。会连接起点和终点。如果关闭路径后没有调用 fill 或者 stroke 开启了新的路径,那之前的路径将不会被渲染
23	scale（number scaleWidth, number scaleHeight)	在调用后,之后创建的路径其横纵坐标会被缩放。多次调用倍数会相乘
24	rotate(number rotate)	以原点为中心顺时针旋转当前坐标轴。多次调用旋转的角度会叠加。原点可以用 translate 方法修改
25	translate(number x, number y)	对当前坐标系的原点(0,0)进行变换。默认的坐标系原点为页面左上角
26	drawImage（string imageResource, number sx, number sy, number sWidth, number sHeight, number dx, number dy, number dWidth, number dHeight)	绘制图像到画布
27	strokeText(string text, number x, number y, number maxWidth)	给定的（x，y）位置绘制文本描边的方法
28	transform（number scaleX, number scaleY, number skewX, number skewY, number translateX, number translateY)	使用矩阵多次叠加当前变换的方法
29	setTransform（number scaleX, number scaleY, number skewX, number skewY, number translateX, number translateY)	使用矩阵重新设置(覆盖)当前变换的方法
30	setFillStyle(string｜CanvasGradient color)	设置填充色
31	setStrokeStyle（string｜Canvas-Gradient color)	设置描边颜色
32	setShadow（number offsetX, number offsetY, number blur, string color)	设定阴影样式
33	setGlobalAlpha(number alpha)	设置全局画笔透明度
34	setLineWidth(number lineWidth)	设置线条的宽度
35	setLineJoin(string lineJoin)	设置线条的交点样式
36	setLineCap(string lineCap)	设置线条的端点样式
37	setLineDash(Array.＜number＞ pattern, number offset)	设置虚线样式

续表

序号	方　　法	说　　明
38	setMiterLimit（number miterLimit）	设置最大斜接长度。斜接长度指的是在两条线交汇处内角和外角之间的距离。当 CanvasContext.setLineJoin() 为 miter 时才有效。超过最大倾斜长度的，连接处将以 lineJoin 为 bevel 显示
39	fillText(string text，number x，number y，number maxWidth)	在画布上绘制被填充的文本
40	setFontSize(number fontSize)	设置字体的字号
41	setTextAlign(string align)	设置文字的对齐
42	setTextBaseline(string textBaseline)	设置文字的竖直对齐

CanvasGradient 为渐变对象，它的方法 addColorStop(number stop，string color)用于添加颜色的渐变点。该方法的第一个参数 stop 为 number 类型，表示渐变中开始与结束之间的位置，范围 0～1；第二个参数 color 为 string 类型，表示渐变点的颜色。小于最小 stop 的部分会按最小 stop 的 color 来渲染，大于最大 stop 的部分会按最大 stop 的 color 来渲染。图 4-53 为 addColorStop 方法的示例代码。

```
const ctx = wx.createCanvasContext('myCanvas')

// Create circular gradient
const grd = ctx.createLinearGradient(30, 10, 120, 10)
grd.addColorStop(0, 'red')
grd.addColorStop(0.16, 'orange')
grd.addColorStop(0.33, 'yellow')
grd.addColorStop(0.5, 'green')
grd.addColorStop(0.66, 'cyan')
grd.addColorStop(0.83, 'blue')
grd.addColorStop(1, 'purple')

// Fill with gradient
ctx.setFillStyle(grd)
ctx.fillRect(10, 10, 150, 80)
ctx.draw()
```

图 4-53　addColorStop 方法的示例代码

图 4-54 为 CanvasContext 常用方法的示例代码。

```
//视图层
< view class = "container">
  < canvas canvas - id = 'myCanvas' style = 'width:100%；height:500px；margin: 0；display: block；
background - color: # eeeeee'></canvas >
</view >
//逻辑层
const ctx = wx.createCanvasContext('myCanvas')
```

图 4-54　CanvasContext 常用方法的示例代码

```
// 绘制坐标系
ctx.beginPath()
ctx.moveTo(40, 125)
ctx.lineTo(260, 125)
ctx.moveTo(150, 20)
ctx.lineTo(150, 235)
ctx.setStrokeStyle('#AAAAAA')
ctx.stroke()
// 绘制文字 0、0.5 * PI、1 * PI 和 1.5 * PI
ctx.setFontSize(12)
ctx.setFillStyle('black')
ctx.fillText('0', 265, 128)
ctx.fillText('0.5 * PI', 135, 250)
ctx.fillText('1 * PI', 15, 128)
ctx.fillText('1.5 * PI', 135, 15)
// 在 x 轴正向绘制浅绿色的圆
ctx.beginPath()
ctx.arc(230, 125, 5, 0, 2 * Math.PI)
ctx.setFillStyle('lightgreen')
ctx.fill()
// 画圆
ctx.beginPath()
ctx.arc(150, 125, 80, 0, 2 * Math.PI)
ctx.setStrokeStyle('#333333')
ctx.stroke()
// 画红色的矩形
ctx.setFillStyle('red')
ctx.fillRect(85, 85, 130, 75)

ctx.draw()
```

图 4-54　CanvasContext 常用方法的示例代码（续）

关于 CanvasContext 方法的更多细节，可访问以下链接中每一个方法的链接页面。
https://developers.weixin.qq.com/miniprogram/dev/api/canvas/CanvasContext.html

4.8.2　wx.canvasToTempFilePath

wx.canvasToTempFilePath(Object object，Object this)用于把当前画布指定区域的内容导出生成指定大小的图片。在 draw() 回调里调用该方法才能保证图片导出成功。第二个参数 this 为 Object 类型，在自定义组件下，当前组件实例的 this，以操作组件内 canvas 组件；第一个参数 object 为 Object 类型，它的属性如表 4-128 所示。

表 4-128　wx.canvasToTempFilePath 的参数 object 的属性及说明

序号	属　　性	说　　明
1	x	指定的画布区域的左上角横坐标。该属性的类型为 number，默认值为 0
2	y	指定的画布区域的左上角纵坐标。该属性的类型为 number，默认值为 0
3	width	指定的画布区域的宽度。该属性的类型为 number，默认值为 canvas 宽度－x
4	height	指定的画布区域的高度。该属性的类型为 number，默认值为 canvas 高度－y

续表

序号	属 性	说 明
5	destWidth	输出的图片的宽度。该属性的类型为 number,默认值为 width×屏幕像素密度
6	destHeight	输出的图片的高度。该属性的类型为 number,默认值为 height×屏幕像素密度
7	canvasId	画布标识,传入 canvas 组件的 canvas-id。该属性的类型为 string,为必填字段
8	fileType	目标文件的类型。该属性的类型为 string,默认值为 png(即 png 图片)。该属性的值还可以为 jpg(即为 jpg 图片)
9	quality	图片的质量,目前仅对 jpg 有效。取值范围为(0,1],不在范围内时当作 1.0 处理。该属性的类型为 number,为必填字段
10	success	接口调用成功的回调函数
11	fail	接口调用失败的回调函数
12	complete	接口调用结束的回调函数(调用成功、失败都会执行)

object.success 回调函数的参数 res 为 Object 类型,它的属性 tempFilePath 为 string 类型,表示生成文件的临时路径。

图 4-55 为 wx.canvasToTempFilePath 的示例代码。

```
wx.canvasToTempFilePath({
  x: 100,
  y: 200,
  width: 50,
  height: 50,
  destWidth: 100,
  destHeight: 100,
  canvasId: 'myCanvas',
  success(res) {
    console.log(res.tempFilePath)
  }
})
```

图 4-55 wx.canvasToTempFilePath 的示例代码

4.8.3 wx.canvasPutImageData

wx.canvasPutImageData(Object object,Object this)用于将像素数据绘制到画布。在自定义组件下,第二个参数传入自定义组件实例 this,以操作组件内<canvas>组件;第一个参数 object 的属性如表 4-129 所示。

表 4-129 wx.canvasPutImageData 的参数 object 的属性及说明

序号	属 性	说 明
1	canvasId	画布标识,传入 canvas 组件的 canvas-id。该属性的类型为 string,为必填字段
2	data	图像像素点数据,一维数组,每四项表示一个像素点的 rgba。该属性的类型为 Uint8ClampedArray,为必填字段

续表

序号	属 性	说 明
3	x	源图像数据在目标画布中的位置偏移量（x轴方向的偏移量）。该属性的类型为 number，为必填字段
4	y	源图像数据在目标画布中的位置偏移量（y轴方向的偏移量）。该属性的类型为 number，为必填字段
5	width	源图像数据矩形区域的宽度。该属性的类型为 number，为必填字段
6	height	源图像数据矩形区域的高度。该属性的类型为 number，为必填字段
7	success	接口调用成功的回调函数
8	fail	接口调用失败的回调函数
9	complete	接口调用结束的回调函数（调用成功、失败都会执行）

图 4-56 为 wx. canvasPutImageData 的示例代码。

```
const data = new Uint8ClampedArray([255, 0, 0, 1])
wx.canvasPutImageData({
  canvasId: 'myCanvas',
  x: 0,
  y: 0,
  width: 1,
  data: data,
  success (res) {}
})
```

图 4-56　wx. canvasPutImageData 的示例代码

4.8.4　wx. canvasGetImageData

wx. canvasGetImageData（Object object，Object this）用于获取 canvas 区域隐含的像素数据。在自定义组件下，第二个参数传入自定义组件实例 this，以操作组件内 < canvas > 组件；第一个参数 object 的属性如表 4-130 所示。

表 4-130　wx. canvasPutImageData 的参数 object 的属性及说明

序号	属 性	说 明
1	canvasId	画布标识，传入 canvas 组件的 canvas-id。该属性的类型为 string，为必填字段
2	x	将要被提取的图像数据矩形区域的左上角横坐标。该属性的类型为 number，为必填字段
3	y	将要被提取的图像数据矩形区域的左上角纵坐标。该属性的类型为 number，为必填字段
4	width	将要被提取的图像数据矩形区域的宽度。该属性的类型为 number，为必填字段
5	height	将要被提取的图像数据矩形区域的高度。该属性的类型为 number，为必填字段
6	success	接口调用成功的回调函数
7	fail	接口调用失败的回调函数
8	complete	接口调用结束的回调函数（调用成功、失败都会执行）

object. success 回调函数的参数 res 的属性表 4-131 所示。

表 4-131 object. success 回调函数的参数 res 的属性及说明

序号	属性	说明
1	width	图像数据矩形的宽度。该属性的类型为 number
2	height	图像数据矩形的高度。该属性的类型为 number
3	data	图像像素点数据，一维数组，每四项表示一个像素点的 rgba。该属性的类型为 Uint8ClampedArray

图 4-57 为 wx. canvasGetImageData 的示例代码。

```
wx.canvasGetImageData({
  canvasId: 'myCanvas',
  x: 0,
  y: 0,
  width: 100,
  height: 100,
  success(res) {
    console.log(res.width) // 100
    console.log(res.height) // 100
    console.log(res.data instanceof Uint8ClampedArray) // true
    console.log(res.data.length) // 100 * 100 * 4
  }
})
```

图 4-57 wx. canvasGetImageData 的示例代码

4.8.5 wx. createOffscreenCanvas

wx. createOffscreenCanvas()用于创建离屏 canvas 实例,它的返回值为 OffscreenCanvas 类型对象。

OffscreenCanvas 对象的方法为 OffscreenCanvas. getContext(string contextType),返回 RenderingContext 类型对象。

RenderingContext 用于 Canvas 绘图上下文,通过 Canvas. getContext('webgl') 或 OffscreenCanvas. getContext('webgl') 接口可以获取 WebGLRenderingContext 对象,实现了 WebGL 1.0 定义的所有属性、方法、常量。

4.9 文件类 API

文件类 API 包括 wx. saveFile、wx. removeSavedFile、wx. openDocument、wx. getSavedFileList、wx. getSavedFileInfo、wx. getFileSystemManager、wx. getFileInfo 和相关对象 FileSystemManager 及 Stats。

4.9.1 wx. saveFile 和 wx. removeSavedFile

 wx. saveFile

wx. saveFile(Object object)用于保存文件到本地,它的参数 object 的属性如表 4-132 所示。

表 4-132   wx.saveFile 的参数 object 的属性及说明

序号	属性	说明
1	tempFilePath	需要保存的文件的临时路径。该属性为 string 类型,为必填字段
2	success	接口调用成功的回调函数
3	fail	接口调用失败的回调函数
4	complete	接口调用结束的回调函数(调用成功、失败都会执行)

object.success 回调函数的参数 res 的属性 savedFilePath 为 number 类型,表示存储后的文件路径。

图 4-58 为 wx.saveFile 的示例代码。

```
wx.chooseImage({
  success: function(res) {
    const tempFilePaths = res.tempFilePaths
    wx.saveFile({
      tempFilePath: tempFilePaths[0],
      success (res) {
        const savedFilePath = res.savedFilePath
      }
    })
  }
})
```

图 4-58   wx.saveFile 的示例代码

使用 wx.saveFile 时,请注意以下两点。

(1)saveFile 会把临时文件移动,因此调用成功后传入的 tempFilePath 将不可用。

(2)本地文件存储的大小限制为 10MB。

2 wx.removeSavedFile

wx.removeSavedFile(Object object)用于删除本地缓存文件,它的参数 object 的属性如表 4-133 所示。

表 4-133   wx.removeSavedFile 的参数 object 的属性及说明

序号	属性	说明
1	filePath	需要删除的文件路径。该属性为 string 类型,为必填字段
2	success	接口调用成功的回调函数
3	fail	接口调用失败的回调函数
4	complete	接口调用结束的回调函数(调用成功、失败都会执行)

object.success 回调函数的参数 res 的属性 savedFilePath 为 number 类型,表示存储后的文件路径。

图 4-59 为 wx.removeSavedFile 的示例代码。

```
wx.getSavedFileList({
success (res) {
    if (res.fileList.length > 0){
```

图 4-59   wx.removeSavedFile 的示例代码

```
    wx.removeSavedFile({
      filePath: res.fileList[0].filePath,
      complete (res) {
        console.log(res)
      }
    })
   }
  }
 })
```

图 4-59　wx.removeSavedFile 的示例代码（续）

4.9.2　wx.openDocument

wx.openDocument(Object object)用于新开页面打开文档,它的参数 object 的属性如表 4-134 所示。

表 4-134　wx.openDocument 的参数 object 的属性及说明

序号	属　性	说　　明
1	filePath	文件路径,可通过 downloadFile 获得。该属性为 string 类型,为必填字段
2	fileType	文件类型,指定文件类型打开文件。该属性为 string 类型,其合法值有 doc、docx、xls、ppt、pptx 和 pdf
3	success	接口调用成功的回调函数
4	fail	接口调用失败的回调函数
5	complete	接口调用结束的回调函数（调用成功、失败都会执行）

图 4-60 为 wx.openDocument 的示例代码。

```
wx.downloadFile({
  // 示例 url,并非真实存在
  url: 'http://example.com/somefile.pdf',
  success: function (res) {
    const filePath = res.tempFilePath
    wx.openDocument({
      filePath: filePath,
      success: function (res) {
        console.log('打开文档成功')
      }
    })
  }
})
```

图 4-60　wx.openDocument 的示例代码

4.9.3　wx.getSavedFileList、wx.getSavedFileInfo 和 wx.getFileInfo

1 wx.getSavedFileList

wx.getSavedFileList(Object object)用于获取该小程序下已保存的本地缓存文件列表,它的参数 object 如表 4-135 所示。

表 4-135　wx.getSavedFileList 的参数 object 的属性及说明

序号	属性	说明
1	success	接口调用成功的回调函数
2	fail	接口调用失败的回调函数
3	complete	接口调用结束的回调函数（调用成功、失败都会执行）

object.success 回调函数的参数 res 的属性 fileList 的类型为 Array.<Object>，表示文件数组，每一项是一个 FileItem。

fileList 的结构如表 4-136 所示。

表 4-136　fileList 的结构

序号	属性	说明
1	filePath	本地路径。该属性的类型为 string
2	size	本地文件大小，以字节为单位。该属性的类型为 number
3	createTime	文件保存时的时间戳，从 1970/01/01 08：00：00 到当前时间的秒数。该属性的类型为 number

图 4-61 为 wx.getSavedFileList 的示例代码。

```
wx.getSavedFileList({
  success (res) {
    console.log(res.fileList)
  }
})
```

图 4-61　wx.getSavedFileList 的示例代码

2　wx.getSavedFileInfo

wx.getSavedFileInfo(Object object) 用于获取本地文件的文件信息。此接口只能用于获取已保存到本地的文件，若需要获取临时文件信息，请使用 wx.getFileInfo() 接口。它的参数 object 的属性如表 4-137 所示。

表 4-137　wx.getSavedFileInfo 的参数 object 的属性及说明

序号	属性	说明
1	filePath	文件路径。该属性为 string 类型，为必填字段
2	success	接口调用成功的回调函数
3	fail	接口调用失败的回调函数
4	complete	接口调用结束的回调函数（调用成功、失败都会执行）

object.success 回调函数的参数 res 的属性如表 4-138 所示。

表 4-138　参数 res 的属性及说明

序号	属性	说明
1	size	本地文件大小，以字节为单位。该属性的类型为 number
2	createTime	文件保存时的时间戳，从 1970/01/01 08：00：00 到当前时间的秒数。该属性的类型为 number

3 wx.getFileInfo

wx.getFileInfo(Object object)用于获取文件信息，参数 object 的属性如表 4-139 所示。

表 4-139 wx.getFileInfo 的参数 object 的属性及说明

序号	属 性	说 明
1	filePath	本地文件路径。该属性为 string 类型，为必填字段
2	digestAlgorithm	计算文件摘要的算法。该属性为 string 类型，默认值为'md5'。该属性的值还可以为 sha1
3	success	接口调用成功的回调函数
4	fail	接口调用失败的回调函数
5	complete	接口调用结束的回调函数（调用成功、失败都会执行）

object.success 回调函数的参数 res 的属性如表 4-140 所示。

表 4-140 参数 res 的属性及说明

序号	属 性	说 明
1	size	文件大小，以字节为单位。该属性为 number 类型
2	digest	按照传入的 digestAlgorithm 计算得出的文件摘要。该属性为 string 类型

图 4-62 为 wx.getFileInfo 的示例代码。

```
wx.getFileInfo({
  success (res) {
    console.log(res.size)
    console.log(res.digest)
  }
})
```

图 4-62 wx.getFileInfo 的示例代码

4.9.4 wx.getFileSystemManager

wx.getFileSystemManager()用于获取全局唯一的文件管理器，它的返回值为 FileSystemManager 对象。该对象的方法如表 4-141 所示。

表 4-141 FileSystemManager 的方法及说明

序号	方 法	说 明
1	access(Object object)	判断文件/目录是否存在
2	accessSync(string path)	FileSystemManager.access 的同步版本
3	appendFile(Object object)	在文件结尾追加内容
4	appendFileSync(string filePath, string| ArrayBuffer data, string encoding)	FileSystemManager.appendFile 的同步版本
5	copyFile(Object object)	复制文件
6	copyFileSync(string srcPath, string destPath)	copyFile 的同步版本
7	getFileInfo(Object object)	获取该小程序下的本地临时文件或本地缓存文件信息

序号	方　　法	说　　明
8	getSavedFileList(Object object)	获取该小程序下已保存的本地缓存文件列表
9	mkdir(Object object)	创建目录
10	mkdirSync(string dirPath, boolean recursive)	mkdir 的同步版本
11	readdir(Object object)	读取目录内文件列表
12	readdirSync(string dirPath)	readdir 的同步版本
13	readFile(Object object)	读取本地文件内容
14	readFileSync(string filePath, string encoding)	readFile 的同步版本
15	removeSavedFile(Object object)	删除该小程序下已保存的本地缓存文件
16	rename(Object object)	重命名文件。可以把文件从 oldPath 移动到 newPath
17	renameSync(string oldPath, string newPath)	rename 的同步版本
18	rmdir(Object object)	删除目录
19	rmdirSync(string dirPath, boolean recursive)	rmdir 的同步版本
20	saveFile(Object object)	保存临时文件到本地。此接口会移动临时文件,因此调用成功后,tempFilePath 将不可用
21	saveFileSync(string tempFilePath, string filePath)	saveFile 的同步版本
22	stat(Object object)	获取文件 Stats 对象
23	statSync(string path, boolean recursive)	stat 的同步版本
24	unlink(Object object)	删除文件
25	unlinkSync(string filePath)	unlink 的同步版本
26	unzip(Object object)	解压文件
27	writeFile(Object object)	写文件
28	writeFileSync(string filePath, string | ArrayBuffer data, string encoding)	writeFile 的同步版本

接下来详细介绍 FileSystemManager. stat(Object object),它的参数 object 的属性如表 4-142 所示。

表 4-142　stat 的属性及说明

序号	属　　性	说　　明
1	path	文件/目录路径。该属性的类型为 string,是必填字段
2	recursive	是否递归获取目录下的每个文件的 Stats 信息。该属性的类型为 boolean,默认值为 false
3	success	接口调用成功的回调函数
4	fail	接口调用失败的回调函数
5	complete	接口调用结束的回调函数(调用成功、失败都会执行)

object. success 回调函数的参数 res 的属性 stats 的类型为 Stats 或 Object,当 recursive 为 false 时,res. stats 是一个 Stats 对象。当 recursive 为 true 且 path 是一个目录的路径时,res. stats 是一个 Object,key 是以 path 为根路径的相对路径,value 是该路径对应的 Stats 对象。

object. fail 回调函数的参数 res 的属性 errMsg 为 string 类型,表示错误信息。该属性的合法值为 fail permission denied, open ${path}(即指定的 path 路径没有读权限)和 fail no such file or directory ＄{path}(即文件不存在)。

FileSystemManager.stat(Object object)方法获取文件 Stats(用于描述文件状态)对象,该对象的属性和方法如表 4-143 所示。

表 4-143 Stats 的属性及说明

序号	属性/方法	说 明
1	mode	文件的类型和存取的权限,对应 POSIX stat.st_mode。该属性的类型为 number
2	size	文件大小,单位为 B,对应 POSIX stat.st_size。该属性的类型为 number
3	lastAccessedTime	文件最近一次被存取或被执行的时间,UNIX 时间戳,对应 POSIX stat.st_atime。该属性的类型为 number
4	lastModifiedTime	文件最后一次被修改的时间,UNIX 时间戳,对应 POSIX stat.st_mtime。该属性的类型为 number
5	isDirectory()	判断当前文件是否为一个目录。该方法的返回值为 boolean 类型,表示当前文件是否为一个目录
6	isFile()	判断当前文件是否为一个普通文件。该方法的返回值为 boolean 类型,表示当前文件是否为一个普通文件

图 4-63 为 stat 的示例代码。

```
//当 recursive 为 false 时
let fs = wx.getFileSystemManager()
fs.stat({
  path: '${wx.env.USER_DATA_PATH}/testDir',
  success: res => {
    console.log(res.stats.isDirectory())
  }
})

//当 recursive 为 true 时
fs.stat({
  path: '${wx.env.USER_DATA_PATH}/testDir',
  recursive: true,
  success: res => {
    Object.keys(res.stats).forEach(path => {
      let stats = res.stats[path]
      console.log(path, stats.isDirectory())
    })
  }
})
```

图 4-63 stat 的示例代码

4.10 开放接口类 API

开放接口类 API 包括登录、小程序跳转、账号信息、用户信息、数据上报、数据分析、支付、授权、设置、收货地址、卡券、发票、生物认证和微信运动,如表 4-144 所示。

表 4-144　开放接口类 API

序号	类别名称	相应的 API 或对象
1	登录	wx. login
		wx. checkSession
2	小程序跳转	wx. navigateToMiniProgram
		wx. navigateBackMiniProgram
3	账号信息	wx. getAccountInfoSync
4	用户信息	wx. getUserInfo
		UserInfo
5	数据上报	wx. reportMonitor
6	数据分析	wx. reportAnalytics
7	支付	wx. requestPayment
8	授权	wx. authorize
9	设置	wx. openSetting
		wx. getSetting
		AuthSetting
10	收货地址	wx. chooseAddress
11	卡券	wx. openCard
		wx. addCard
12	发票	wx. chooseInvoiceTitle
		wx. chooseInvoice
13	生物认证	wx. startSoterAuthentication
		wx. checkIsSupportSoterAuthentication
		wx. checkIsSoterEnrolledInDevice
14	微信运动	wx. getWeRunData

4.10.1　登录

1 wx. login

wx. login(Object object) 用于调用接口获取登录凭证(code)。通过凭证进而换取用户登录态信息,包括用户的唯一标识(openid)及本次登录的会话密钥(session_key)等。用户数据的加解密通信需要依赖会话密钥完成。

wx. login 的参数 object 的属性如表 4-145 所示。

表 4-145　wx. login 的参数 object 的属性及说明

序号	属　性	说　明
1	timeout	超时时间,单位为 ms。该属性为 number 类型
2	success	接口调用成功的回调函数
3	fail	接口调用失败的回调函数
4	complete	接口调用结束的回调函数(调用成功、失败都会执行)

object. success 回调函数的参数 res 的属性 code 为 string 类型,表示用户登录凭证(有效期 5min)。开发者需要在开发者服务器后台调用 auth. code2Session,使用 code 换取 openid 和 session_key 等信息。

图 4-64 为 wx. login 的示例代码。

```
wx.login({
  success (res) {
    if (res.code) {
      //发起网络请求
      wx.request({
        url: 'https://test.com/onLogin',
        data: {
          code: res.code
        }
      })
    } else {
      console.log('登录失败!' + res.errMsg)
    }
  }
})
```

图 4-64 wx.login 的示例代码

2 wx.checkSession

wx.checkSession(Object object) 用于检查登录态是否过期。它的参数 object 的属性如表 4-146 所示。

表 4-146 wx.checkSession 的参数 object 的属性及说明

序号	属　　性	说　　明
1	success	接口调用成功的回调函数
2	fail	接口调用失败的回调函数
3	complete	接口调用结束的回调函数(调用成功、失败都会执行)

图 4-65 为 wx.checkSession 的示例代码。

```
wx.checkSession({
  success () {
    //session_key 未过期,并且在本生命周期一直有效
  },
  fail () {
    // session_key 已经失效,需要重新执行登录流程
    wx.login() //重新登录
  }
})
```

图 4-65 wx.checkSession 的示例代码

注意:

(1) 通过 wx.login 接口获得的用户登录态拥有一定的时效性。用户越久未使用小程序,用户登录态越有可能失效。反之如果用户一直在使用小程序,则用户登录态一直保持有效。具体时效逻辑由微信维护,对开发者透明。开发者只需调用wx.checkSession 接口检测当前用户登录态是否有效。

(2) 登录态过期后开发者可以再调用 wx.login 获取新的用户登录态。调用成功说明当前 session_key 未过期,调用失败说明 session_key 已过期。

4.10.2　小程序跳转

1 wx.navigateToMiniProgram

wx.navigateToMiniProgram(Object object)用于打开另一个小程序,它的参数 object 如表 4-147 所示。

表 4-147　wx.navigateToMiniProgram 的参数 object 的属性及说明

序号	属　性	说　明
1	appId	要打开的小程序 appId。该属性的类型为 string,为必填字段
2	path	打开的页面路径,如果为空则打开首页。path 后面的部分会成为 query,在小程序的 App.onLaunch、App.onShow 和 Page.onLoad 的回调函数或小游戏的 wx.onShow 回调函数、wx.getLaunchOptionsSync 中可以获取到 query 数据。对于小游戏,可以只传入 query 部分,来实现传参效果,如:传入"? foo=bar"。该属性的类型为 string
3	extraData	需要传递给目标小程序的数据,目标小程序可在 App.onLaunch,App.onShow 中获取到这份数据。如果跳转的是小游戏,可以在 wx.onShow、wx.getLaunchOptionsSync 中可以获取到这份数据。该属性的类型为 object
4	envVersion	要打开的小程序版本。仅在当前小程序为开发版或体验版时此参数有效。如果当前小程序是正式版,则打开的小程序必定是正式版。该属性的类型为 string,默认值为 release(正式版)。该属性的值还可以为 develop(开发版)和 trial(体验版)
5	success	接口调用成功的回调函数
6	fail	接口调用失败的回调函数
7	complete	接口调用结束的回调函数(调用成功、失败都会执行)

使用 wx.navigateToMiniProgram 时,请注意其以下限制。

(1) 需要用户触发跳转。从 2.3.0 版本开始,若用户未点击小程序页面任意位置,则开发者将无法调用此接口自动跳转至其他小程序。

(2) 需要用户确认跳转。从 2.3.0 版本开始,在跳转至其他小程序前,将统一增加弹窗,询问是否跳转,用户确认后才可以跳转其他小程序。如果用户点击"取消",则回调 fail cancel。

(3) 每个小程序可跳转的其他小程序数量限制为不超过 10 个。从 2.4.0 版本以及指定日期(具体待定)开始,开发者提交新版小程序代码时,如使用了跳转其他小程序功能,则需要在代码配置中声明将要跳转的小程序名单,限定不超过 10 个,否则将无法通过审核。该名单可在发布新版时更新,不支持动态修改。

(4) 调用此接口时,所跳转的 appId 必须在配置列表中,否则回调 fail appId "${appId}" is not in navigateToMiniProgramAppIdList。

(5) 在开发者工具上调用此 API 并不会真实的跳转到另外的小程序,但是开发者工具会校验本次调用跳转是否成功。

(6) 开发者工具上支持被跳转的小程序处理接收参数的调试。

图 4-66 为 wx.navigateToMiniProgram 的示例代码。

```
wx.navigateToMiniProgram({
  appId: '',
  path: 'page/index/index?id = 123',
  extraData: {
    foo: 'bar'
  },
  envVersion: 'develop',
  success(res) {
    // 打开成功
  }
})
```

图 4-66 wx.navigateToMiniProgram 的示例代码

2 wx.navigateBackMiniProgram

wx.navigateBackMiniProgram(Object object)用于返回到上一个小程序。只有在当前小程序是被其他小程序打开时可以调用成功。它的参数 object 的属性及说明如表 4-148 所示。

表 4-148 wx.navigateBackMiniProgram 的参数 object 的属性及说明

序号	属性	说明
1	extraData	需要返回给上一个小程序的数据,上一个小程序可在 App.onShow 中获取到这份数据。该属性为 Object 类型,默认值为{}
2	success	接口调用成功的回调函数
3	fail	接口调用失败的回调函数
4	complete	接口调用结束的回调函数(调用成功、失败都会执行)

图 4-67 为 wx.navigateBackMiniProgram 的示例代码。

```
wx.navigateBackMiniProgram({
  extraData: {
  foo: 'bar'
},
success(res) {
  // 返回成功
}
})
```

图 4-67 wx.navigateBackMiniProgram 的示例代码

注意:微信客户端 iOS 6.5.9,Android 6.5.10 及以上版本支持。

4.10.3 用户信息

wx.getUserInfo(Object object)用于获取用户信息。它的参数 object 的属性及说明如表 4-149 所示。

表 4-149　wx.getUserInfo 的参数 object 的属性及说明

序号	属　性	说　明
1	withCredentials	是否带上登录态信息。当 withCredentials 为 true 时,要求此前有调用过 wx.login 且登录态尚未过期,此时返回的数据会包含 encryptedData,iv 等敏感信息;当 withCredentials 为 false 时,不要求有登录态,返回的数据不包含 encryptedData,iv 等敏感信息。该属性的类型为 boolean
2	lang	显示用户信息的语言。该属性的类型为 string,默认值为 en(英文)。该属性的值还可以为 zh_CN(简体中文)或 zh_TW(繁体中文)
3	success	接口调用成功的回调函数
4	fail	接口调用失败的回调函数
5	complete	接口调用结束的回调函数(调用成功、失败都会执行)

object.success 回调函数的参数 res 的属性及说明如表 4-150 所示。

表 4-150　参数 res 的属性及说明

序号	属　性	说　明
1	userInfo	用户信息对象,不包含 openid 等敏感信息。该属性的类型为 UserInfo
2	rawData	不包括敏感信息的原始数据字符串,用于计算签名。该属性的类型为 string
3	signature	使用 sha1(rawData＋sessionkey)得到字符串,用于校验用户信息。该属性的类型为 string
4	encryptedData	包括敏感数据在内的完整用户信息的加密数据。该属性的类型为 string
5	iv	加密算法的初始向量。该属性的类型为 string
6	cloudID	敏感数据对应的云 ID,开通云开发的小程序才会返回,可通过云调用直接获取开放数据。该属性的类型为 string

> **注意**:调用前需要用户授权 scope.userInfo。在用户未授权过的情况下调用此接口,将不再出现授权弹窗,会直接进入 fail 回调。在用户已授权的情况下调用此接口,可成功获取用户信息。

小程序用户信息组件示例代码如图 4-68 所示。

```
//视图层
<!-- 如果只是展示用户头像昵称,可以使用 <open-data /> 组件 -->
<open-data type = "userAvatarUrl"></open-data>
<open-data type = "userNickName"></open-data>
<!-- 需要使用 button 来授权登录 -->
<button wx:if = "{{canIUse}}" open-type = "getUserInfo" bindgetuserinfo = "bindGetUserInfo">
授权登录</button>
<view wx:else>请升级微信版本</view>
//逻辑层
Page({
  data: {
    canIUse: wx.canIUse('button.open-type.getUserInfo')
```

图 4-68　小程序用户信息组件示例代码

```
      },
      onLoad: function() {
        // 查看是否授权
        wx.getSetting({
          success (res){
            if (res.authSetting['scope.userInfo']) {
              // 已经授权，可以直接调用 getUserInfo 获取头像昵称
              wx.getUserInfo({
                success: function(res) {
                  console.log(res.userInfo)
                }
              })
            }
          }
        })
      },
      bindGetUserInfo (e) {
        console.log(e.detail.userInfo)
      }
    })
```

图 4-68　小程序用户信息组件示例代码(续)

UserInfo 类的属性和说明如表 4-151 所示。

表 4-151　UserInfo 类的属性及说明

序号	属　　性	说　　明
1	nickName	用户昵称。该属性的类型为 string
2	avatarUrl	用户头像图片的 URL。URL 最后一个数值代表正方形头像大小(有 0、46、64、96、132 数值可选,0 代表 640×640 的正方形头像,46 表示 46×46 的正方形头像,剩余数值以此类推。默认 132),用户没有头像时该项为空。若用户更换头像,原有头像 URL 将失效。该属性的类型为 string
3	gender	用户性别。该属性的类型为 number,合法值为 0(未知)、1(男性)和 2(女性)
4	country	用户所在国家。该属性的类型为 string
5	province	用户所在省份。该属性的类型为 string
6	city	用户所在城市。该属性的类型为 string
7	language	显示 country,province,city 所用的语言。该属性的类型为 string,合法值可以为 en(英文)、zh_CN(简体中文)或 zh_TW(繁体中文)

4.10.4　支付

wx.requestPayment(Object object)用于发起微信支付。它的参数 object 如表 4-152 所示。

表 4-152　wx.requestPayment 的参数 object 的属性及说明

序号	属　　性	说　　明
1	timeStamp	时间戳,从 1970 年 1 月 1 日 00:00:00 至今的秒数,即当前的时间。该属性为 string 类型,为必填字段
2	nonceStr	随机字符串,长度为 32 个字符以下。该属性为 string 类型,为必填字段

续表

序号	属　　性	说　　明
3	package	统一下单接口返回的 prepay_id 参数值，提交格式如：prepay_id＝＊＊＊。该属性为 string 类型，为必填字段
4	signType	签名算法。该属性为 string 类型，默认值为 MD5。该属性的值还可以为 HMAC-SHA256
5	paySign	签名。该属性为 string 类型，为必填字段
6	success	接口调用成功的回调函数
7	fail	接口调用失败的回调函数
8	complete	接口调用结束的回调函数（调用成功、失败都会执行）

图 4-69 为 wx. requestPayment 的示例代码。

```
wx.requestPayment({
  timeStamp: '',
  nonceStr: '',
  package: '',
  signType: 'MD5',
  paySign: '',
  success (res) { },
  fail (res) { }
})
```

图 4-69　wx. requestPayment 的示例代码

4.10.5　收货地址

wx. chooseAddress(Object object)用于获取用户收货地址。调出用户编辑收货地址原生界面，并在编辑完成后返回用户选择的地址。它的属性如表 4-153 所示。

表 4-153　wx. chooseAddress 的参数 object 的属性及说明

序号	属　　性	说　　明
1	success	接口调用成功的回调函数
2	fail	接口调用失败的回调函数
3	complete	接口调用结束的回调函数（调用成功、失败都会执行）

object. success 回调函数的参数 res 的属性及说明如表 4-154 所示。

表 4-154　回调函数的参数 res 的属性及说明

序号	属　　性	说　　明
1	userName	收货人姓名。该属性的类型为 string
2	postalCode	邮编。该属性的类型为 string
3	provinceName	国标收货地址第一级地址。该属性的类型为 string
4	cityName	国标收货地址第二级地址。该属性的类型为 string

序号	属 性	说 明
5	countyName	国标收货地址第三级地址。该属性的类型为 string
6	detailInfo	详细收货地址信息。该属性的类型为 string
7	nationalCode	收货地址国家码。该属性的类型为 string
8	telNumber	收货人手机号码。该属性的类型为 string
9	errMsg	错误信息。该属性的类型为 string

图 4-70 为 wx.chooseAddress 的示例代码。

```
wx.chooseAddress({
  success (res) {
    console.log(res.userName)
    console.log(res.postalCode)
    console.log(res.provinceName)
    console.log(res.cityName)
    console.log(res.countyName)
    console.log(res.detailInfo)
    console.log(res.nationalCode)
    console.log(res.telNumber)
  },
  fail: function(err) {
    console.log(err)
  }
})
```

图 4-70 wx.chooseAddress 的示例代码

注意:

(1) 调用 wx.chooseAddress 前需要用户授权 scope.address。

(2) 图 4-70 中的代码对应教材配套的代码中名为 ex041005_chooseAddress 的文件,
关于 wx.chooseAddress 的更多信息,请参考以下链接:
https://developers.weixin.qq.com/miniprogram/dev/api/open-api/address/
wx.chooseAddress.html,若读者在链接对应页面单击"在开发者工具中预览效
果",在开发工具中看到的代码为教材配套的代码中名为"ex041005_chooseAddress_
在开发者工具中预览效果"的文件。

4.11 设备类 API

设备类 API 包括 iBeacon、WiFi、低功耗蓝牙、联系人、蓝牙、电量、剪贴板、NFC、网络、屏
幕、电话、加速计、罗盘、设备方向、陀螺仪、性能、扫码和振动,如表 4-155 所示。

表 4-155　设备类 API

序号	类别名称	相应的 API 或对象
1	iBeacon	wx. stopBeaconDiscovery
		wx. startBeaconDiscovery
		wx. onBeaconUpdate
		wx. onBeaconServiceChange
		wx. offBeaconUpdate
		wx. offBeaconServiceChange
		wx. getBeacons
		IBeaconInfo
2	WiFi	wx. stopWifi
		wx. startWifi
		wx. setWifiList
		wx. onWifiConnected
		wx. onGetWifiList
		wx. offWifiConnected
		wx. offGetWifiList
		wx. getWifiList
		wx. getConnectedWifi
		wx. connectWifi
		WifiInfo
3	低功耗蓝牙	wx. readBLECharacteristicValue
		wx. onBLEConnectionStateChange
		wx. onBLECharacteristicValueChange
		wx. notifyBLECharacteristicValueChange
		wx. getBLEDeviceServices
		wx. getBLEDeviceCharacteristics
		wx. createBLEConnection
		wx. closeBLEConnection
		wx. writeBLECharacteristicValue
4	联系人	wx. addPhoneContact
5	蓝牙	wx. stopBluetoothDevicesDiscovery
		wx. startBluetoothDevicesDiscovery
		wx. openBluetoothAdapter
		wx. onBluetoothDeviceFound
		wx. onBluetoothAdapterStateChange
		wx. getConnectedBluetoothDevices
		wx. getBluetoothDevices
		wx. getBluetoothAdapterState
		wx. closeBluetoothAdapter
6	电量	wx. getBatteryInfoSync
		wx. getBatteryInfo
7	剪贴板	wx. setClipboardData
		wx. getClipboardData

序号	类别名称	相应的 API 或对象
8	NFC	wx. stopHCE wx. startHCE wx. sendHCEMessage wx. onHCEMessage wx. offHCEMessage wx. getHCEState
9	网络	wx. onNetworkStatusChange wx. offNetworkStatusChange wx. getNetworkType
10	屏幕	wx. setScreenBrightness wx. setKeepScreenOn wx. onUserCaptureScreen wx. offUserCaptureScreen wx. getScreenBrightness
11	电话	wx. makePhoneCall
12	加速计	wx. stopAccelerometer wx. startAccelerometer wx. onAccelerometerChange wx. offAccelerometerChange
13	罗盘	wx. stopCompass wx. startCompass wx. onCompassChange wx. offCompassChange
14	设备方向	wx. stopDeviceMotionListening wx. startDeviceMotionListening wx. onDeviceMotionChange wx. offDeviceMotionChange
15	陀螺仪	wx. stopGyroscope wx. startGyroscope wx. onGyroscopeChange wx. offGyroscopeChange
16	性能	wx. onMemoryWarning
17	扫码	wx. scanCode
18	振动	wx. vibrateShort wx. vibrateLong

4.11.1 WiFi

WiFi 的错误码、错误信息和说明如表 4-156 所示。

表 4-156 WiFi 的错误码、错误信息和说明

序号	错误码	错误信息	说　明
1	0	ok	正常
2	12000	not init	未先调用 startWifi 接口
3	12001	system not support	当前系统不支持相关能力

续表

序号	错误码	错 误 信 息	说 明
4	12002	password error WiFi	密码错误
5	12003	connection timeout	连接超时
6	12004	duplicate request	重复连接 WiFi
7	12005	wifi not turned on	Android 特有,未打开 WiFi 开关
8	12006	gps not turned on	Android 特有,未打开 GPS 定位开关
9	12007	user denied	用户拒绝授权链接 WiFi
10	12008	invalid SSID	无效 SSID
11	12009	system config err	系统运营商配置拒绝连接 WiFi
12	12010	system internal error	系统其他错误,需要在 errmsg 打印具体的错误原因
13	12011	weapp in background	应用在后台无法配置 WiFi
14	12013	wifi config may be expired	系统保存的 WiFi 配置过期,建议忘记 WiFi 后重试

1 wx.startWifi 和 wx.stopWifi

wx.startWifi(Object object)用于初始化 WiFi 模块；wx.stopWifi(Object object)用于关闭 WiFi 模块。它们的参数 object 如表 4-157 所示。

表 4-157　wx.startWifi 和 wx.stopWifi 的参数 object 的属性及说明

序号	属 性	说 明
1	success	接口调用成功的回调函数
2	fail	接口调用失败的回调函数
3	complete	接口调用结束的回调函数(调用成功、失败都会执行)

wx.startWifi 和 wx.stopWifi 的示例代码如图 4-71 所示。

```
wx.startWifi({
  success (res) {
    console.log(res.errMsg)
  }
})
wx.stopWifi({
  success (res) {
    console.log(res.errMsg)
  }
})
```

图 4-71　wx.startWifi 和 wx.stopWifi 的示例代码

2 wx.setWifiList 和 wx.getWifiList

wx.setWifiList(Object object)用于设置 wifiList 中 AP 的相关信息(在 onGetWifiList 回调后调用；iOS 特有接口),它的参数 object 的属性如表 4-158 所示。

表 4-158　wx.setWifiList 的参数 object 的属性及说明

序号	属　　性	说　　明
1	wifiList	提供预设的 WiFi 信息列表。该属性的类型为 Array.＜Object＞,是必填字段
2	success	接口调用成功的回调函数
3	fail	接口调用失败的回调函数
4	complete	接口调用结束的回调函数(调用成功、失败都会执行)

object.wifiList 的结构如表 4-159 所示。

表 4-159　object.wifiList 的结构

序号	属　　性	说　　明
1	SSID	WiFi 的 SSID。该属性的类型为 string
2	BSSID	WiFi 的 BSSID。该属性的类型为 string
3	password	WiFi 设备密码。该属性的类型为 string

注意:
(1) 该接口只能在 onGetWifiList 回调之后才能调用。
(2) 此时客户端会挂起,等待小程序设置 WiFi 信息,请务必尽快调用该接口,若无数据请传入一个空数组。
(3) 有可能随着周边 WiFi 列表的刷新,单个流程内收到多次带有存在重复的 WiFi 列表的回调。

wx.getWifiList(Object object)用于请求获取 WiFi 列表,它的参数 object 如表 4-160 所示。

表 4-160　wx.getWifiList 的参数 object 的属性及说明

序号	属　　性	说　　明
1	success	接口调用成功的回调函数
2	fail	接口调用失败的回调函数
3	complete	接口调用结束的回调函数(调用成功、失败都会执行)

注意:
(1) 在 onGetWifiList 注册的回调中返回 wifiList 数据。Android 调用前需要用户授权 scope.userLocation。
(2) iOS 将跳转到系统的 WiFi 界面,Android 不会跳转。iOS 11.0 及 iOS 11.1 两个版本因系统问题,该方法失效。但在 iOS 11.2 中已修复。

图 4-72 为 wx.setWifiList 和 wx.getWifiList 的示例代码。

```
wx.onGetWifiList(function(res) {
  if (res.wifiList.length) {
    wx.setWifiList({
      wifiList: [{
```

图 4-72　wx.setWifiList 和 wx.getWifiList 的示例代码

```
        SSID: res.wifiList[0].SSID,
        BSSID: res.wifiList[0].BSSID,
        password: '123456'
      }]
    })
  } else {
    wx.setWifiList({
      wifiList: []
    })
  }
})
wx.getWifiList()
```

图 4-72　wx.setWifiList 和 wx.getWifiList 的示例代码(续)

3 wx.getConnectedWifi 和 wx.connectWifi

wx.getConnectedWifi(Object object)用于获取已连接中的 WiFi 信息,它的参数 object 如表 4-161 所示。

表 4-161　wx.getConnectedWifi 的参数 object 的属性及说明

序号	属　　性	说　　明
1	success	接口调用成功的回调函数
2	fail	接口调用失败的回调函数
3	complete	接口调用结束的回调函数(调用成功、失败都会执行)

object.success 回调函数的参数 res 的属性 WiFi 为 WifiInfo 类型,表示 WiFi 信息。

wx.connectWifi(Object object)用于连接 WiFi。若已知 WiFi 信息,可以直接利用该接口连接。该方法的参数 object 如表 4-162 所示。

表 4-162　wx.connectWifi 的参数 object 的属性及说明

序号	属　　性	说　　明
1	SSID	WiFi 的 SSID。该属性的类型为 string,为必填字段
2	BSSID	WiFi 的 BSSID。该属性的类型为 string
3	password	WiFi 设备密码。该属性的类型为 string,为必填字段
4	success	接口调用成功的回调函数
5	fail	接口调用失败的回调函数
6	complete	接口调用结束的回调函数(调用成功、失败都会执行)

注意:wx.connectWifi 仅 Android 与 iOS 11 以上版本支持。

图 4-73 为 wx.connectWifi 的示例代码。

```
wx.connectWifi({
  SSID: '',
  password: '',
  success (res) {
    console.log(res.errMsg)
  }
})
```

图 4-73　wx.connectWifi 的示例代码

4　wx.onGetWifiList 和 wx.offGetWifiList

　　wx. onGetWifiList(function callback)用于监听获取到 WiFi 列表数据事件。它的参数 function callback 为获取到 WiFi 列表数据事件的回调函数。参数 res 的属性 wifiList 为 Array.< WifiInfo >类型,表示 WiFi 列表数据。

　　WifiInfo 表示 Wifi 信息,它的属性有 SSID(该属性为 string 类型,表示 WiFi 的 SSID)、BSSID(该属性为 string 类型,WiFi 的 BSSID)、secure(该属性为 string 类型,WiFi 是否安全)和 signalStrength(该属性为 number 类型,表示 WiFi 信号强度)。

　　wx. offGetWifiList(function callback)用于取消监听获取到 WiFi 列表数据事件。它的参数 function callback,即获取到 WiFi 列表数据事件的回调函数。

5　wx.onWifiConnected 和 wx.offWifiConnected

　　wx. onWifiConnected (function callback) 用于监听连接上 WiFi 的事件,它的参数 function callback,即连接上 WiFi 的事件的回调函数。参数 res 的属性 wifi 为 WifiInfo 类型,表示 WiFi 信息。

　　wx. offWifiConnected(function callback)用于取消监听连接上 WiFi 的事件,它的参数 function callback,即连接上 WiFi 的事件的回调函数。

4.11.2　联系人

　　wx. addPhoneContact(Object object)用于添加手机通讯录联系人,它的属性如表 4-163 所示。

表 4-163　wx. addPhoneContact 的参数 object 的属性及说明

序　号	属　　　性	说　　　明
1	firstName	名字。该属性为 string 类型,必填字段
2	photoFilePath	头像本地文件路径。该属性为 string 类型
3	nickName	昵称。该属性为 string 类型
4	lastName	姓氏。该属性为 string 类型
5	middleName	中间名。该属性为 string 类型
6	remark	备注。该属性为 string 类型
7	mobilePhoneNumber	手机号。该属性为 string 类型
8	weChatNumber	微信号。该属性为 string 类型
9	addressCountry	联系地址国家。该属性为 string 类型
10	addressState	联系地址省份。该属性为 string 类型
11	addressCity	联系地址城市。该属性为 string 类型
12	addressStreet	联系地址街道。该属性为 string 类型
13	addressPostalCode	联系地址邮政编码。该属性为 string 类型
14	organization	公司。该属性为 string 类型
15	title	职位。该属性为 string 类型
16	workFaxNumber	工作传真。该属性为 string 类型
17	workPhoneNumber	工作电话。该属性为 string 类型
18	hostNumber	公司电话。该属性为 string 类型
19	email	电子邮件。该属性为 string 类型
20	url	网站。该属性为 string 类型

序号	属　性	说　明
21	workAddressCountry	工作地址国家。该属性为 string 类型
22	workAddressState	工作地址省份。该属性为 string 类型
23	workAddressCity	工作地址城市。该属性为 string 类型
24	workAddressStreet	工作地址街道。该属性为 string 类型
25	workAddressPostalCode	工作地址邮政编码。该属性为 string 类型
26	homeFaxNumber	住宅传真。该属性为 string 类型
27	homePhoneNumber	住宅电话。该属性为 string 类型
28	homeAddressCountry	住宅地址国家。该属性为 string 类型
29	homeAddressState	住宅地址省份。该属性为 string 类型
30	homeAddressCity	住宅地址城市。该属性为 string 类型
31	homeAddressStreet	住宅地址街道。该属性为 string 类型
32	homeAddressPostalCode	住宅地址邮政编码。该属性为 string 类型
33	success	接口调用成功的回调函数
34	fail	接口调用失败的回调函数
35	complete	接口调用结束的回调函数(调用成功、失败都会执行)

注意：用户可以选择将该表单以"新增联系人"或"添加到已有联系人"的方式写入手机系统通信录。

4.11.3　蓝牙和低功耗蓝牙

蓝牙和低功耗蓝牙的错误码、错误信息和说明如表 4-164 所示。

表 4-164　蓝牙和低功耗蓝牙的错误码、错误信息和说明

序号	错误码	错误信息	说　明
1	0	ok	正常
2	10000	not init	未初始化蓝牙适配器
3	10001	not available	当前蓝牙适配器不可用
4	10002	no device	没有找到指定设备
5	10003	connection fail	连接失败
6	10004	no service	没有找到指定服务
7	10005	no characteristic	没有找到指定特征值
8	10006	no connection	当前连接已断开
9	10007	property not support	当前特征值不支持此操作
10	10008	system error	其余所有系统上报的异常
11	10009	system not support	Android 系统特有,系统版本低于 4.3 不支持 BLE
12	10012	operate time out	连接超时
13	10013	invalid_data	连接 deviceId 为空或者是格式不正确

1 wx. startBluetoothDevicesDiscovery 和 wx. stopBluetoothDevicesDiscovery

wx. startBluetoothDevicesDiscovery(Object object)用于开始搜寻附近的蓝牙外围设备,它的参数 object 的属性如表 4-165 所示。

表 4-165　wx.startBluetoothDevicesDiscovery 的参数 object 的属性及说明

序号	属性	说明
1	services	要搜索的蓝牙设备主 service 的 uuid 列表。某些蓝牙设备会广播自己的主 service 的 uuid。如果设置此参数,则只搜索广播包有对应 uuid 的主服务的蓝牙设备。建议主要通过该参数过滤掉周边不需要处理的其他蓝牙设备。该属性为 Array.<string>类型
2	allowDuplicatesKey	是否允许重复上报同一设备。如果允许重复上报,则 wx.onBlueTooth-DeviceFound 方法会多次上报同一设备,但是 RSSI 值会有不同。该属性的类型为 boolean,默认值为 false
3	interval	上报设备的间隔。0 表示找到新设备立即上报,其他数值根据传入的间隔上报。该属性的类型为 number,默认值为 0
4	success	接口调用成功的回调函数
5	fail	接口调用失败的回调函数
6	complete	接口调用结束的回调函数(调用成功、失败都会执行)

wx.stopBluetoothDevicesDiscovery(Object object)用于停止搜寻附近的蓝牙外围设备(若已经找到需要的蓝牙设备并不需要继续搜索时,建议调用该接口停止蓝牙搜索)。它的参数 object 的属性如表 4-166 所示。

表 4-166　wx.stopBluetoothDevicesDiscovery 的参数 object 的属性及说明

序号	属性	说明
1	success	接口调用成功的回调函数
2	fail	接口调用失败的回调函数
3	complete	接口调用结束的回调函数(调用成功、失败都会执行)

wx.startBluetoothDevicesDiscovery 和 wx.stopBluetoothDevicesDiscovery 如图 4-74 所示。

```
// 以微信硬件平台的蓝牙智能灯为例,主服务的 UUID 是 FEE7.传入这个参数,只搜索主服务 UUID 为
FEE7 的设备
wx.startBluetoothDevicesDiscovery({
  services: ['FEE7'],
  success (res) {
    console.log(res)
  }
})
wx.stopBluetoothDevicesDiscovery({
  success (res) {
    console.log(res)
  }
})
```

图 4-74　wx.startBluetoothDevicesDiscovery 和 wx.stopBluetoothDevicesDiscovery 的示例代码

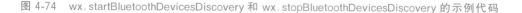

注意:wx.startBluetoothDevicesDiscovery 比较耗费系统资源,请在搜索并连接到设备后调用 wx.stopBluetoothDevicesDiscovery 方法停止搜索。

2 wx.openBluetoothAdapter 和 wx.closeBluetoothAdapter

wx.openBluetoothAdapter（Object object）用于初始化蓝牙模块；wx.closeBluetooth-Adapter（Object object）用于关闭蓝牙模块（调用该方法将断开所有已建立的连接并释放系统资源。建议在使用蓝牙流程后，与 wx.openBluetoothAdapter 成对调用）。它们的参数 object 的属性如表 4-167 所示。

表 4-167　参数 object 的属性及说明

序号	属　　性	说　　明
1	success	接口调用成功的回调函数
2	fail	接口调用失败的回调函数
3	complete	接口调用结束的回调函数（调用成功、失败都会执行）

注意：

（1）其他蓝牙相关 API 必须在 wx.openBluetoothAdapter 调用之后使用。否则 API 会返回错误（errCode＝10000）。

（2）在用户蓝牙开关未开启或者手机不支持蓝牙功能的情况下，调用 wx.openBluetoothAdapter 会返回错误（errCode＝10001），表示手机蓝牙功能不可用。此时小程序蓝牙模块已经初始化完成，可通过 wx.onBluetoothAdapterStateChange 监听手机蓝牙状态的改变，也可以调用蓝牙模块的所有 API。

wx.openBluetoothAdapter 和 wx.closeBluetoothAdapter 的示例代码如图 4-75 所示。

```
wx.openBluetoothAdapter({
  success (res) {
    console.log(res)
  }
})
wx.closeBluetoothAdapter({
  success (res) {
    console.log(res)
  }
})
```

图 4-75　wx.openBluetoothAdapter 和 wx.closeBluetoothAdapter 的示例代码

3 wx.onBluetoothDeviceFound 和 wx.offBluetoothDeviceFound

wx.onBluetoothDeviceFound（function callback）用于监听寻找到新设备的事件，参数 res 的属性 devices 的类型为 Array.＜Object＞，表示新搜索到的设备列表。res.devices 的结构如表 4-168 所示。

表 4-168　res.devices 的结构

序号	属　　性	说　　明
1	name	蓝牙设备名称，某些设备可能没有。该属性的类型为 string
2	deviceId	用于区分设备的 id。该属性的类型为 string
3	RSSI	当前蓝牙设备的信号强度。该属性的类型为 number

续表

序号	属 性	说 明
4	advertisData	当前蓝牙设备的广播数据段中的 ManufacturerData 数据段。该属性的类型为 ArrayBuffer
5	advertisServiceUUIDs	当前蓝牙设备的广播数据段中的 ServiceUUIDs 数据段。该属性的类型为 Array.＜string＞
6	localName	当前蓝牙设备的广播数据段中的 LocalName 数据段。该属性的类型为 string
7	serviceData	当前蓝牙设备的广播数据段中的 ServiceData 数据段。该属性的类型为 Object

wx.onBluetoothDeviceFound 的示例代码如图 4-76 所示。

```
// ArrayBuffer 转 16 进制字符串示例
function ab2hex(buffer) {
  var hexArr = Array.prototype.map.call(
    new Uint8Array(buffer),
    function(bit) {
      return ('00' + bit.toString(16)).slice( - 2)
    }
  )
  return hexArr.join('');
}
wx.onBluetoothDeviceFound(function(res) {
  var devices = res.devices;
  console.log('new device list has founded')
  console.dir(devices)
  console.log(ab2hex(devices[0].advertisData))
})
```

图 4-76　wx.onBluetoothDeviceFound 的示例代码

注意：
（1）若在 wx.onBluetoothDeviceFound 回调了某个设备，则此设备会添加到 wx.getBluetoothDevices 接口获取到的数组中。
（2）Android 下部分机型需要有位置权限才能搜索到设备，需留意是否开启了位置权限。

wx.offBluetoothDeviceFound(function callback)用于取消监听寻找到新设备的事件，参数 function callback 为寻找到新设备的事件的回调函数。

4 wx.onBluetoothAdapterStateChange、wx.offBluetoothAdapterStateChange 和 wx.getBluetoothAdapterState

wx.onBluetoothAdapterStateChange(function callback)用于监听蓝牙适配器状态变化事件。参数 function callback 为蓝牙适配器状态变化事件的回调函数。参数 res 的属性包括 available(该属性的类型为 boolean，表示蓝牙适配器是否可用)和 discovering(该属性的类型为 boolean，表示蓝牙适配器是否处于搜索状态)。

图 4-77 为 wx.onBluetoothAdapterStateChange 的示例代码。

```
wx.onBluetoothAdapterStateChange(function (res) {
  console.log('adapterState changed, now is', res)
})
```

图 4-77　wx.onBluetoothAdapterStateChange 的示例代码

wx.offBluetoothAdapterStateChange(function callback)用于取消监听蓝牙适配器状态变化事件。

wx.getBluetoothAdapterState(Object object)用于获取本机蓝牙适配器状态,它的参数 object 的属性如表 4-169 所示。

表 4-169　wx.getBluetoothAdapterState 的参数 object 的属性及说明

序号	属性	说明
1	success	接口调用成功的回调函数
2	fail	接口调用失败的回调函数
3	complete	接口调用结束的回调函数(调用成功、失败都会执行)

object.success 回调函数的参数 res 的属性如表 4-170 所示。

表 4-170　object.success 回调函数的参数 res 的属性及说明

序号	属性	说明
1	discovering	是否正在搜索设备。该属性的类型为 boolean
2	available	蓝牙适配器是否可用。该属性的类型为 boolean

wx.getBluetoothAdapterState 的示例代码如图 4-78 所示。

```
wx.getBluetoothAdapterState({
  success (res) {
    console.log(res)
  }
})
```

图 4-78　wx.getBluetoothAdapterState 的示例代码

5 wx.getBluetoothDevices 和 wx.getConnectedBluetoothDevices

wx.getBluetoothDevices(Object object)用于获取在蓝牙模块生效期间所有已发现的蓝牙设备(包括已经和本机处于连接状态的设备)。它的参数 object 的属性如表 4-171 所示。

表 4-171　wx.getBluetoothDevices 的参数 object 的属性及说明

序号	属性	说明
1	success	接口调用成功的回调函数
2	fail	接口调用失败的回调函数
3	complete	接口调用结束的回调函数(调用成功、失败都会执行)

object.success 回调函数参数 res 与 wx.onBluetoothDeviceFound 的回调函数参数 res 一致。

wx.getConnectedBluetoothDevices(Object object)用于根据 uuid 获取处于已连接状态的设备,它的参数 object 的属性如表 4-172 所示。

表 4-172 wx. getConnectedBluetoothDevices 的参数 object 的属性及说明

序号	属 性	说 明
1	services	蓝牙设备主 service 的 uuid 列表。该属性的类型为 Array.＜string＞,是必填字段
2	success	接口调用成功的回调函数
3	fail	接口调用失败的回调函数
4	complete	接口调用结束的回调函数(调用成功、失败都会执行)

object. success 回调函数的参数 res 的属性 devices 为 Array.＜Object＞类型,表示搜索到的设备列表。res. devices 的属性为 name(该属性的类型为 string,表示蓝牙设备名称,某些设备可能没有)和 deviceId(该属性的类型为 string,用于区分设备的 id)。

6 wx. createBLEConnection 和 wx. closeBLEConnection

wx. createBLEConnection(Object object)用于连接低功耗蓝牙设备。若小程序在之前已有搜索过某个蓝牙设备,并成功建立连接,可直接传入之前搜索获取的 deviceId 直接尝试连接该设备,无须进行搜索操作。该方法的参数 object 的属性如表 4-173 所示。

表 4-173 wx. createBLEConnection 的参数 object 的属性及说明

序号	属 性	说 明
1	deviceId	用于区分设备的 id。该属性的类型为 string,是必填字段
2	timeout	超时时间,单位 ms,不填表示不会超时。该属性的类型为 number
3	success	接口调用成功的回调函数
4	fail	接口调用失败的回调函数
5	complete	接口调用结束的回调函数(调用成功、失败都会执行)

wx. closeBLEConnection(Object object)用于断开与低功耗蓝牙设备的连接。它参数 object 的属性如表 4-174 所示。

表 4-174 wx. closeBLEConnection 的参数 object 的属性及说明

序号	属 性	说 明
1	deviceId	用于区分设备的 id。该属性的类型为 string,是必填字段
2	success	接口调用成功的回调函数
3	fail	接口调用失败的回调函数
4	complete	接口调用结束的回调函数(调用成功、失败都会执行)

7 wx. readBLECharacteristicValue 和 wx. writeBLECharacteristicValue

wx. readBLECharacteristicValue(Object object)用于读取低功耗蓝牙设备的特征值的二进制数据值。它的参数 object 的属性如表 4-175 所示。

表 4-175 wx. readBLECharacteristicValue 的参数 object 的属性及说明

序号	属 性	说 明
1	deviceId	蓝牙设备 id。该属性的类型为 string,是必填字段
2	serviceId	蓝牙特征值对应服务的 uuid。该属性的类型为 string,是必填字段
3	characteristicId	蓝牙特征值的 uuid。该属性的类型为 string,是必填字段

序号	属　　性	说　　明
4	success	接口调用成功的回调函数
5	fail	接口调用失败的回调函数
6	complete	接口调用结束的回调函数(调用成功、失败都会执行)

注意：必须设备的特征值支持 read 才可以成功调用。

图 4-79 为 wx.readBLECharacteristicValue 的示例代码。

```
wx.onBLECharacteristicValueChange(function(characteristic) {
  console.log('characteristic value comed:', characteristic)
})

wx.readBLECharacteristicValue({
  // 这里的 deviceId 需要已经通过 createBLEConnection 与对应设备建立链接 deviceId,
  // 这里的 serviceId 需要在 getBLEDeviceServices 接口中获取 serviceId,
  // 这里的 characteristicId 需要在 getBLEDeviceCharacteristics 接口中获取 characteristicId,
  success (res) {
    console.log('readBLECharacteristicValue:', res.errCode)
  }
})
```

图 4-79　wx.readBLECharacteristicValue 的示例代码

wx.writeBLECharacteristicValue(Object object)用于向低功耗蓝牙设备特征值中写入二进制数据。它的参数 object 的属性如表 4-176 所示。

表 4-176　wx.writeBLECharacteristicValue 的参数 object 的属性及说明

序号	属　　性	说　　明
1	deviceId	蓝牙设备 id。该属性的类型为 string,是必填字段
2	serviceId	蓝牙特征值对应服务的 uuid。该属性的类型为 string,是必填字段
3	characteristicId	蓝牙特征值的 uuid。该属性的类型为 string,是必填字段
4	value	蓝牙设备特征值对应的二进制值。该属性的类型为 ArrayBuffer,是必填字段
5	success	接口调用成功的回调函数
6	fail	接口调用失败的回调函数
7	complete	接口调用结束的回调函数(调用成功、失败都会执行)

图 4-80 为 wx.writeBLECharacteristicValue 的示例代码。

```
// 向蓝牙设备发送一个 0x00 的 16 进制数据
let buffer = new ArrayBuffer(1)
let dataView = new DataView(buffer)
dataView.setUint8(0, 0)

wx.writeBLECharacteristicValue({
```

图 4-80　wx.writeBLECharacteristicValue 的示例代码

```
    // 这里的 deviceId 需要在 getBluetoothDevices 或 onBluetoothDeviceFound 接口中获取 deviceId,
    // 这里的 serviceId 需要在 getBLEDeviceServices 接口中获取 serviceId,
    // 这里的 characteristicId 需要在 getBLEDeviceCharacteristics 接口中获取 characteristicId,
    // 这里的 value 是 ArrayBuffer 类型
    value: buffer,
    success (res) {
      console.log('writeBLECharacteristicValue success', res.errMsg)
    }
  })
```

图 4-80　wx. writeBLECharacteristicValue 的示例代码(续)

注意:
(1) 必须设备的特征值支持 write 才可以成功调用。
(2) 并行调用多次会存在写失败的可能性。
(3) 小程序不会对写入数据包大小做限制,但系统与蓝牙设备会限制蓝牙4.0单次传输的数据大小,超过最大字节数后会发生写入错误,建议每次写入不超过20字节。
(4) 若单次写入数据过长,iOS 上存在系统不会有任何回调的情况(包括错误回调)。
(5) Android 平台上,在调用 notifyBLECharacteristicValueChange 成功后立即调用 writeBLECharacteristicValue 接口,在部分机型上会发生10008系统错误。

8 wx. onBLEConnectionStateChange 和 wx. offBLEConnectionStateChange

wx. onBLEConnectionStateChange(function callback)用于监听低功耗蓝牙连接状态的改变事件,包括开发者主动连接或断开连接,设备丢失,连接异常断开等。参数 function callback 为低功耗蓝牙连接状态的改变事件的回调函数。参数 res 的属性为 deviceId(该属性的类型为 string,表示蓝牙设备 ID)和 connected(该属性的类型为 boolean,表示是否处于已连接状态)。

图 4-81 为 wx. onBLEConnectionStateChange 的示例代码。

```
wx. onBLEConnectionStateChange(function(res) {
    // 该方法回调中可以用于处理连接意外断开等异常情况
    console. log('device ${res.deviceId} state has changed, connected: ${res.connected}')
})
```

图 4-81　wx. onBLEConnectionStateChange 的示例代码

wx. offBLEConnectionStateChange(function callback)用于取消监听低功耗蓝牙连接状态的改变事件,参数 function callback 为低功耗蓝牙连接状态的改变事件的回调函数。

9 wx. onBLECharacteristicValueChange、wx. offBLECharacteristicValueChange 和 wx. notifyBLECharacteristicValueChange

wx. onBLECharacteristicValueChange(function callback)用于监听低功耗蓝牙设备的特征值变化事件。它的参数 function callback 为低功耗蓝牙设备的特征值变化事件的回调函数。它的参数 res 的属性如表 4-177 所示。

表 4-177　wx. onBLECharacteristicValueChange 的参数 res 的属性及说明

序号	属　　性	说　　明
1	deviceId	蓝牙设备的 id。该属性的类型为 string
2	serviceId	蓝牙特征值对应服务的 uuid。该属性的类型为 string
3	characteristicId	蓝牙特征值的 uuid。该属性的类型为 string
4	value	特征值最新的值。该属性的类型为 ArrayBuffer

图 4-82 为 wx. onBLECharacteristicValueChange 的示例代码。

```
// ArrayBuffer 转 16 进制字符串示例
function ab2hex(buffer) {
  let hexArr = Array.prototype.map.call(
    new Uint8Array(buffer),
    function(bit) {
      return ('00' + bit.toString(16)).slice( - 2)
    }
  )
  return hexArr.join('');
}
wx.onBLECharacteristicValueChange(function(res) {
  console.log('characteristic ${res.characteristicId} has changed, now is ${res.value}')
  console.log(ab2hex(res.value))
})
```

图 4-82　wx. onBLECharacteristicValueChange 的示例代码

wx. offBLECharacteristicValueChange(function callback)用于取消监听低功耗蓝牙设备的特征值变化事件。参数 function callback 为低功耗蓝牙设备的特征值变化事件的回调函数。

wx. notifyBLECharacteristicValueChange(Object object)用于启用低功耗蓝牙设备特征值变化时的 notify 功能,订阅特征值。它的参数 object 的属性如表 4-178 所示。

表 4-178　wx. notifyBLECharacteristicValueChange 的参数 object 的属性及说明

序号	属　　性	说　　明
1	deviceId	蓝牙设备 id。该属性的类型为 string,是必填字段
2	serviceId	蓝牙特征值对应服务的 uuid。该属性的类型为 string,是必填字段
3	characteristicId	蓝牙特征值的 uuid。该属性的类型为 string,是必填字段
4	state	是否启用 notify。该属性的类型为 boolean,是必填字段
5	success	接口调用成功的回调函数
6	fail	接口调用失败的回调函数
7	complete	接口调用结束的回调函数(调用成功、失败都会执行)

注意:

(1) 必须设备的特征值支持 notify 或者 indicate 才可以成功调用。

(2) 必须先启用 notifyBLECharacteristicValueChange 才能监听到设备 characteristic-ValueChange 事件。在 Android 平台上,在调用 notifyBLECharacteristicValue-Change 成功后立即调用 writeBLECharacteristicValue 接口,在部分机型上会发生 10008 系统错误。

(3) 订阅操作成功后需要设备主动更新特征值的 value,才会触发 wx. onBLE-CharacteristicValueChange 回调。

10 wx.getBLEDeviceServices 和 wx.getBLEDeviceCharacteristics

wx.getBLEDeviceServices(Object object)用于获取蓝牙设备所有服务(service)。它的参数 object 的属性如表 4-179 所示。

表 4-179　wx.getBLEDeviceServices 的参数 object 的属性及说明

序号	属　　性	说　　明
1	deviceId	蓝牙设备 id。该属性的类型为 string,是必填字段
2	success	接口调用成功的回调函数
3	fail	接口调用失败的回调函数
4	complete	接口调用结束的回调函数(调用成功、失败都会执行)

object.success 回调函数的参数 res 的属性 services 的类型为 Array.<Object>,表示设备服务列表。res.services 的结构的属性为 uuid(该属性的类型为 string,表示蓝牙设备服务的 uuid)和 isPrimary(该属性的类型为 boolean,表示该服务是否为主服务)。

图 4-83 为 wx.getBLEDeviceServices 的示例代码。

```
wx.getBLEDeviceServices({
  // 这里的 deviceId 需要已经通过 createBLEConnection 与对应设备建立链接 deviceId,
  success (res) {
    console.log('device services:', res.services)
  }
})
```

图 4-83　wx.getBLEDeviceServices 的示例代码

wx.getBLEDeviceCharacteristics(Object object)用于获取蓝牙设备某个服务中所有特征值(characteristic)。它的参数 object 的属性如表 4-180 所示。

表 4-180　wx.getBLEDeviceCharacteristics 的参数 object 的属性及说明

序号	属　　性	说　　明
1	deviceId	蓝牙设备 id。该属性的类型为 string,是必填字段
2	serviceId	蓝牙服务的 uuid,需要使用 getBLEDeviceServices 获取。该属性的类型为 string,是必填字段
3	success	接口调用成功的回调函数
4	fail	接口调用失败的回调函数
5	complete	接口调用结束的回调函数(调用成功、失败都会执行)

object.success 回调函数的参数 res 的属性 characteristics 的类型为 Array.<Object>,表示设备特征值列表。res.characteristics 的结构如表 4-181 所示。

表 4-181　res.characteristics 的结构

序号	属　　性	说　　明
1	uuid	蓝牙设备特征值的 uuid,该属性的类型为 string
2	properties	该特征值支持的操作类型。该属性的类型为 Object,它的结构包括 read(表示该特征值是否支持 read 操作)、write(表示该特征值是否支持 write 操作)、notify(表示该特征值是否支持 notify 操作)和 indicate(该特征值是否支持 indicate 操作)4 个 boolean 类型的属性

图 4-84 为 wx. getBLEDeviceCharacteristics 的示例代码。

```
wx.getBLEDeviceCharacteristics({
  // 这里的 deviceId 需要已经通过 createBLEConnection 与对应设备建立链接 deviceId,
  // 这里的 serviceId 需要在 getBLEDeviceServices 接口中获取 serviceId,
  success (res) {
    console.log('device getBLEDeviceCharacteristics:', res.characteristics)
  }
})
```

图 4-84   wx. getBLEDeviceCharacteristics 的示例代码

4.11.4   电量

1 wx. getBatteryInfo

wx. getBatteryInfo(Object object)用于获取设备。它的参数 object 如表 4-182 所示。

表 4-182   wx. getBatteryInfo 的参数 object 的属性及说明

序　号	属　　性	说　　明
1	success	接口调用成功的回调函数
2	fail	接口调用失败的回调函数
3	complete	接口调用结束的回调函数(调用成功、失败都会执行)

object. success 回调函数的参数 res 的属性如表 4-183 所示。

表 4-183   object. success 回调函数的参数 res 的属性及说明

序　号	属　　性	说　　明
1	level	设备电量,范围为 1～100。该属性的类型为 string
2	isCharging	是否正在充电中。该属性的类型为 boolean

2 wx. getBatteryInfoSync

wx. getBatteryInfoSync( )为 wx. getBatteryInfo 的同步版本,其返回值 res 为 Object 类型,属性与 wx. getBatteryInfo 的回调函数(object. success)的参数 res 的属性相同。

注意:同步 API wx. getBatteryInfoSync 在 iOS 上不可用。

4.11.5   剪贴板

1 wx. setClipboardData

wx. setClipboardData(Object object)用于设置系统剪贴板的内容。若调用成功,会弹出 toast 提示"内容已复制",持续 1.5s。它的参数 object 的属性如表 4-184 所示。

表 4-184 wx.setClipboardData 的参数 object 的属性及说明

序号	属 性	说 明
1	data	剪贴板的内容。该属性的类型为 string,是必填字段
2	success	接口调用成功的回调函数
3	fail	接口调用失败的回调函数
4	complete	接口调用结束的回调函数(调用成功、失败都会执行)

图 4-85 为 wx.setClipboardData 的示例代码。

```
wx.setClipboardData({
  data: 'data',
  success (res) {
    wx.getClipboardData({
      success (res) {
        console.log(res.data) // data
      }
    })
  }
})
```

图 4-85 wx.setClipboardData 的示例代码

2 wx.getClipboardData

wx.getClipboardData(Object object)用于获取系统剪贴板的内容。它的参数 object 如表 4-185 所示。

表 4-185 wx.getClipboardData 的参数 object 的属性及说明

序号	属 性	说 明
1	success	接口调用成功的回调函数
2	fail	接口调用失败的回调函数
3	complete	接口调用结束的回调函数(调用成功、失败都会执行)

object.success 回调函数的参数 object 的属性 data 为 string 类型,表示剪贴板的内容。
图 4-86 为 wx.getClipboardData 的示例代码。

```
wx.getClipboardData({
  success (res){
    console.log(res.data)
  }
})
```

图 4-86 wx.getClipboardData 的示例代码

4.11.6 网络

1 wx.getNetworkType

wx.getNetworkType(Object object)用于获取网络类型。它的参数 object 如表 4-186 所示。

表 4-186   wx.getNetworkType 的参数 object 的属性及说明

序号	属 性	说 明
1	success	接口调用成功的回调函数
2	fail	接口调用失败的回调函数
3	complete	接口调用结束的回调函数（调用成功、失败都会执行）

object.success 回调函数的参数 object 的属性 networkType 为 string 类型,表示网络类型。该属性的合法值有 wifi(表示 WiFi 网络)、2g(表示 2g 网络)、3g(表示 3g 网络)、4g(表示 4g 网络)、unknown(表示 Android 下不常见的网络类型)和 none(表示无网络)。

图 4-87 为 wx.getNetworkType 的示例代码。

```
wx.getNetworkType({
  success (res) {
    const networkType = res.networkType
  }
})
```

图 4-87   wx.getNetworkType 的示例代码

2 wx.onNetworkStatusChange

wx.onNetworkStatusChange(function callback)用于监听网络状态变化事件。参数 function callback 为网络状态变化事件的回调函数。它的参数 res 包括 isConnected(该属性为 boolean 类型,表示当前是否有网络连接)和 networkType(该属性为 string 类型,表示网络类型)。其中,networkType 属性的合法值与 wx.getNetworkType 的回调函数(object.success)的参数 object 的属性 networkType 的合法值相同。

图 4-88 为 wx.onNetworkStatusChange 的示例代码。

```
wx.onNetworkStatusChange(function (res) {
  console.log(res.isConnected)
  console.log(res.networkType)
})
```

图 4-88   wx.onNetworkStatusChange 的示例代码

3 wx.offNetworkStatusChange

wx.offNetworkStatusChange(function callback)用于取消监听网络状态变化事件,若参数为空,则取消所有的事件监听。参数 function callback 为网络状态变化事件的回调函数。

4.11.7   屏幕

1 wx.setScreenBrightness 和 wx.getScreenBrightness

wx.setScreenBrightness(Object object)用于设置屏幕亮度,它的参数 object 的属性如表 4-187 所示。

表 4-187 wx.setScreenBrightness 的参数 object 的属性及说明

序号	属 性	说 明
1	value	屏幕亮度值,范围 0～1。0 最暗,1 最亮。该属性的类型为 number,是必填字段
2	success	接口调用成功的回调函数
3	fail	接口调用失败的回调函数
4	complete	接口调用结束的回调函数(调用成功、失败都会执行)

wx.getScreenBrightness(Object object)用于获取屏幕亮度,它的参数 object 的属性如表 4-188 所示。

表 4-188 wx.getScreenBrightness 的参数 object 的属性及说明

序号	属 性	说 明
1	success	接口调用成功的回调函数
2	fail	接口调用失败的回调函数
3	complete	接口调用结束的回调函数(调用成功、失败都会执行)

object.success 回调函数的参数 object 的属性 value 为 number 类型,表示屏幕亮度值,其范围为 0～1,0 表示最暗,1 表示最亮。

说明:若 Android 系统设置中开启了自动调节亮度功能,则屏幕亮度会根据光线自动调整,该接口仅能获取自动调节亮度之前的值,而非实时的亮度值。

2 wx.setKeepScreenOn

wx.setKeepScreenOn(Object object)用于设置是否保持常亮状态(仅在当前小程序生效,离开小程序后设置失效),它的参数 object 的属性如表 4-189 所示。

表 4-189 wx.setKeepScreenOn 的参数 object 的属性及说明

序号	属 性	说 明
1	keepScreenOn	是否保持屏幕常亮。该属性的类型为 boolean,是必填字段
2	success	接口调用成功的回调函数
3	fail	接口调用失败的回调函数
4	complete	接口调用结束的回调函数(调用成功、失败都会执行)

图 4-89 为 wx.setKeepScreenOn 的示例代码。

```
wx.setKeepScreenOn({
  keepScreenOn: true
})
```

图 4-89 wx.setKeepScreenOn 的示例代码

3 wx.onUserCaptureScreen 和 wx.offUserCaptureScreen

wx.onUserCaptureScreen(function callback)用于监听用户主动截屏事件。用户使用系统截屏按键截屏时触发,只能注册一个监听。它的参数 function callback 为用户主动截屏事件的回调函数。

图 4-90 为 wx.onUserCaptureScreen 的示例代码。

```
wx.onUserCaptureScreen(function (res) {
  console.log('用户截屏了')
})
```

图 4-90 wx.onUserCaptureScreen 的示例代码

wx.offUserCaptureScreen(function callback)用于取消监听用户主动截屏事件。它的参数 function callback 为用户主动截屏事件的回调函数。

4.11.8 电话

wx.makePhoneCall(Object object)用于拨打电话,它的参数 object 的属性如表 4-190 所示。

表 4-190 wx.makePhoneCall 的参数 object 的属性及说明

序号	属　　性	说　　明
1	phoneNumber	需要拨打的电话号码。该属性的类型为 string,是必填字段
2	success	接口调用成功的回调函数
3	fail	接口调用失败的回调函数
4	complete	接口调用结束的回调函数(调用成功、失败都会执行)

图 4-91 为 wx.makePhoneCall 的示例代码。

```
wx.makePhoneCall({
  phoneNumber: '1340000' //仅为示例,并非真实的电话号码
})
```

图 4-91 wx.makePhoneCall 的示例代码

4.11.9 加速度计

1 wx.startAccelerometer 和 wx.stopAccelerometer

wx.startAccelerometer(Object object)用于开始监听加速度数据。它的参数 object 的属性如表 4-191 所示。

表 4-191 wx.startAccelerometer 的参数 object 的属性及说明

序号	属　　性	说　　明
1	interval	监听加速度数据回调函数的执行频率。该属性的类型为 string,默认值为 normal。该属性的合法值为 game(适用于更新游戏的回调频率,在 20ms/次左右)、ui(适用于更新 UI 的回调频率,在 60ms/次左右)和 normal(普通的回调频率,在 200ms/次左右)
2	success	接口调用成功的回调函数
3	fail	接口调用失败的回调函数
4	complete	接口调用结束的回调函数(调用成功、失败都会执行)

图 4-92 为 wx.startAccelerometer 的示例代码。

```
wx.startAccelerometer({
  interval: 'game'
})
```

图 4-92　wx.startAccelerometer 的示例代码

> **注意**：根据机型性能、当前 CPU 与内存的占用情况，interval 的设置与实际 wx.on-AccelerometerChange() 回调函数的执行频率会有一些出入。

wx.stopAccelerometer(Object object) 用于停止监听加速度数据。它的参数 object 的属性如表 4-192 所示。

表 4-192　wx.stopAccelerometer 的参数 object 的属性及说明

序号	属 性	说 明
1	success	接口调用成功的回调函数
2	fail	接口调用失败的回调函数
3	complete	接口调用结束的回调函数（调用成功、失败都会执行）

2 wx.onAccelerometerChange 和 wx.offAccelerometerChange

wx.onAccelerometerChange(function callback) 用于监听加速度数据事件。监听时的频率是根据 wx.startAccelerometer() 的 interval 参数，接口调用后会自动开始监听。它的参数 function callback 是加速度数据事件的回调函数，参数 res 的三个属性分别为 x（表示 x 轴）、y（表示 y 轴）和 z（表示 z 轴），它们均为 number 类型。

wx.offAccelerometerChange(function callback) 用于取消监听加速度数据事件，若参数为空，则取消所有的事件监听。参数 function callback 为加速度数据事件的回调函数。

4.11.10　罗盘

1 wx.startCompass 和 wx.stopCompass

wx.startCompass(Object object) 用于开始监听罗盘数据；wx.stopCompass(Object object) 用于停止监听罗盘数据。它们的参数 object 的属性如表 4-193 所示。

表 4-193　wx.startCompass 和 wx.stopCompass 的参数 object 的属性及说明

序号	属 性	说 明
1	success	接口调用成功的回调函数
2	fail	接口调用失败的回调函数
3	complete	接口调用结束的回调函数（调用成功、失败都会执行）

2 wx.onCompassChange 和 wx.offCompassChange

wx.onCompassChange(function callback) 用于监听罗盘数据变化事件。频率为 5 次/s，接口调用后会自动开始监听，可使用 wx.stopCompass 停止监听。参数 function callback 为罗盘数据变化事件的回调函数。参数 res 的属性如表 4-194 所示。

表 4-194　wx.onCompassChange 和 wx.offCompassChange 的参数 object 的属性及说明

序号	属　性	说　明
1	direction	面对的方向度数。该属性的类型为 number
2	accuracy	精度。该属性的类型为 number/string

由于平台差异,accuracy 在 iOS/Android 的值不同,具体如下。

(1) iOS:accuracy 是一个 number 类型的值,表示相对于磁北极的偏差。0 表示设备指向磁北,90 表示指向东,180 表示指向南,以此类推。

(2) Android:accuracy 是一个 string 类型的枚举值,它的取值分别为 high(高精度)、medium(中等精度)、low(低精度)、no-contact(不可信,传感器失去连接)、unreliable(不可信,原因未知)和 unknow ${value}(未知的精度枚举值,即在 Android 系统中返回的表示精度的 value 不是一个标准的精度枚举值)。

wx.offcompasschange(function callback)用于取消监听罗盘数据变化事件。若参数为空,则意味着取消所有的事件监听。参数 function callback 为罗盘数据变化事件的回调函数。

4.11.11　陀螺仪

1 wx.startGyroscope 和 wx.stopGyroscope

wx.startGyroscope(Object object)用于开始监听陀螺仪数据。它的参数 object 的属性如表 4-195 所示。

表 4-195　wx.startGyroscope 的参数 object 的属性及说明

序号	属　性	说　明
1	interval	监听陀螺仪数据回调函数的执行频率。该属性的类型为 string,默认值为 normal。该属性的合法值为 game(适用于更新游戏的回调频率,在 20ms/次左右)、ui(适用于更新 UI 的回调频率,在 60ms/次左右)和 normal(普通的回调频率,在 200ms/次左右)
2	success	接口调用成功的回调函数
3	fail	接口调用失败的回调函数
4	complete	接口调用结束的回调函数(调用成功、失败都会执行)

wx.stopGyroscope(Object object)用于停止监听陀螺仪数据。它的参数 object 的属性如表 4-196 所示。

表 4-196　wx.stopGyroscope 的参数 object 的属性及说明

序号	属　性	说　明
1	success	接口调用成功的回调函数
2	fail	接口调用失败的回调函数
3	complete	接口调用结束的回调函数(调用成功、失败都会执行)

2 wx.onGyroscopeChange 和 wx.offGyroscopeChange

wx.onGyroscopeChange(function callback)用于监听陀螺仪数据变化事件。它的参数 function callback 为陀螺仪数据变化事件的回调函数。参数 res 有三个 number 类型的属性,分别为 x(表示 x 轴的角速度)、y(表示 y 轴的角速度)和 z(表示 z 轴的角速度)。

> **注意**：陀螺仪的执行频率可根据 wx.startGyroscope() 的 interval 参数。可以使用 wx.stopGyroscope()停止监听。

wx.offGyroscopeChange(function callback)用于取消监听陀螺仪数据变化事件。它的参数 function callback 为陀螺仪数据变化事件的回调函数。

4.11.12　性能

wx.onMemoryWarning(function callback)用于监听内存不足警告事件。当 iOS/Android 向小程序进程发出内存警告时,触发该事件。触发该事件不意味小程序被杀,大部分情况下仅仅是警告,开发者可在收到通知后回收一些不必要资源避免进一步加剧内存紧张。参数 function callback 为内存不足警告事件的回调函数。参数 res 的属性 level 为 number 类型,表示内存警告等级(只有 Android 才有,对应系统宏定义),它的合法值为 5(表示 TRIM_MEMORY_RUNNING_MODERATE)、10(表示 TRIM_MEMORY_RUNNING_LOW)和 15(表示 TRIM_MEMORY_RUNNING_CRITICAL)。

wx.offMemoryWarning(function callback)用于取消监听内存不足警告事件。参数 function callback 为内存不足警告事件的回调函数。

图 4-93 为 wx.onMemoryWarning 的示例代码。

```
wx.onMemoryWarning(function () {
  console.log('onMemoryWarningReceive')
})
```

图 4-93　wx.onMemoryWarning 的示例代码

4.11.13　扫码

wx.scanCode(Object object)用于调起客户端扫码界面进行扫码。它的参数 object 的属性如表 4-197 所示。

表 4-197　wx.scanCode 的参数 object 的属性及说明

序号	属 性	说 明
1	onlyFromCamera	是否只能从相机扫码,不允许从相册选择图片。该属性的类型为 boolean,默认值为 false
2	scanType	扫码类型。该属性的类型为 Array.<string>,其合法值为'barCode'(表示一维码)、'qrCode'(表示二维码)、datamatrix(表示 Data Matrix 码)和 pdf417(表示 PDF417 条码)
3	success	接口调用成功的回调函数
4	fail	接口调用失败的回调函数
5	complete	接口调用结束的回调函数(调用成功、失败都会执行)

object. success 回调函数的参数 res 的属性如表 4-198 所示。

表 4-198　参数 res 的属性及说明

序号	属　　性	说　　明
1	result	所扫码的内容。该属性的类型为 string
2	scanType	所扫码类型。该属性的类型为 string。合法值有一维码（AZTEC、CODABAR、CODE_39、CODE_93、CODE_128、EAN_8、EAN_13、ITF、MAXICODE、RSS_14、RSS_EXPANDED、UPC_A、UPC_E、UPC_EAN_EXTENSION 和 CODE_25）和二维码（QR_CODE、DATA_MATRIX、PDF_417 和 WX_CODE）
3	charSet	所扫码的字符集。该属性的类型为 string
4	path	当所扫的码为当前小程序二维码时，会返回此字段，内容为二维码携带的 path。该属性的类型为 string
5	rawData	原始数据，base64 编码。该属性的类型为 string

图 4-94 为 wx. scanCode 的示例代码。

```
// 允许从相机和相册扫码
wx.scanCode({
  success (res) {
    console.log(res)
  }
})

// 只允许从相机扫码
wx.scanCode({
  onlyFromCamera: true,
  success (res) {
    console.log(res)
  }
})
```

图 4-94　wx. scanCode 的示例代码

4.11.14　振动

wx. vibrateShort(Object object)用于使手机发生 15ms 的振动（仅在 iPhone 7 或 iPhone7 Plus 以上及 Android 机型生效）；wx. vibrateLong(Object object)用于使手机发生 400 ms 的振动。它们的参数 object 的属性如表 4-199 所示。

表 4-199　wx. vibrateShort 和 wx. vibrateLong 的参数 object 的属性及说明

序号	属　　性	说　　明
1	success	接口调用成功的回调函数
2	fail	接口调用失败的回调函数
3	complete	接口调用结束的回调函数（调用成功、失败都会执行）

4.12 其他类 API

4.12.1 路由类

1 wx.switchTab、wx.reLaunch 和 wx.redirectTo

wx.switchTab(Object object)用于跳转到 tabBar 页面,并关闭其他所有非 tabBar 页面;wx.reLaunch(Object object)用于关闭所有页面,打开到应用内的某个页面;wx.redirectTo(Object object)用于关闭当前页面,跳转到应用内的某个页面,但是不允许跳转到 tabbar 页面。它们的参数 object 的属性如表 4-200 所示。

表 4-200 wx.switchTab、wx.reLaunch 和 wx.redirectTo 的参数 object 的属性及说明

序号	属 性	说 明
1	url	对于 wx.switchTab,该属性为需要跳转的 tabBar 页面的路径(需在 app.json 的 tabBar 字段定义的页面),路径后不能带参数; 对于 wx.reLaunch,该属性为需要跳转的应用内页面路径,路径后可以带参数; 对于 wx.redirectTo,该属性为需要跳转的应用内非 tabBar 的页面的路径,路径后可以带参数; 对于 wx.reLaunch 和 wx.redirectTo,参数与路径之间使用? 分隔,参数键与参数值用＝相连,不同参数用 & 分隔;如 'path? key＝value&key2＝value2'
2	success	接口调用成功的回调函数
3	fail	接口调用失败的回调函数
4	complete	接口调用结束的回调函数(调用成功、失败都会执行)

图 4-95 为 wx.switchTab、wx.reLaunch 和 wx.redirectTo 的示例代码。

```
{
  "tabBar": {
    "list": [{
      "pagePath": "index",
      "text": "首页"
    },{
      "pagePath": "other",
      "text": "其他"
    }]
  }
}

wx.switchTab({
  url: '/index'
})
wx.reLaunch({
```

图 4-95 wx.switchTab、wx.reLaunch 和 wx.redirectTo 的示例代码

```
    url: 'test?id = 1'
  })
  wx.redirectTo({
    url: 'test?id = 1'
  })
```

图 4-95　wx.switchTab、wx.reLaunch 和 wx.redirectTo 的示例代码（续）

2 wx.navigateTo 和 wx.navigateBack

wx.navigateTo(Object object)用于保留当前页面，跳转到应用内的某个页面（注意：使用 wx.navigateBack 可以返回到原页面），但是不能跳到 tabbar 页面。它的参数 object 的属性如表 4-201 所示。

表 4-201　wx.navigateTo 的参数 object 的属性及说明

序号	属　　性	说　　明
1	url	需要跳转的应用内非 tabBar 的页面的路径，路径后可以带参数。参数与路径之间使用? 分隔，参数键与参数值用＝相连，不同参数用 & 分隔；如 'path? key＝value&key2＝value2'。该属性的类型为 string，为必填字段
2	events	页面间通信接口，用于监听被打开页面发送到当前页面的数据。该属性的类型为 Object
3	success	接口调用成功的回调函数
4	fail	接口调用失败的回调函数
5	complete	接口调用结束的回调函数（调用成功、失败都会执行）

object.success 回调函数的参数 res 的属性 eventChannel 的类型为 EventChannel，表示和被打开页面进行通信。

EventChannel 为页面间事件通信通道，它的方法如表 4-202 所示。

表 4-202　EventChannel 的方法及说明

1	emit(string eventName, any args)
说明	触发一个事件
参数及说明	参数 eventName 为 string 类型，表示事件名称。 参数 args 为 any 类型，表示事件参数
2	on(string eventName, function fn)
说明	持续监听一个事件
参数及说明	参数 eventName 为 string 类型，表示事件名称。 function fn 为事件监听函数，参数 args 为 any 类型，表示触发事件参数
3	once(string eventName, function fn)
说明	监听一个事件一次，触发后失效
参数及说明	参数 eventName 为 string 类型，表示事件名称。 function fn 为事件监听函数，参数 args 为 any 类型，表示触发事件参数
4	off(string eventName, function fn)
说明	取消监听一个事件。给出第二个参数时，只取消给出的监听函数，否则取消所有监听函数
参数及说明	参数 eventName 为 string 类型，表示事件名称。 function fn 为事件监听函数，参数 args 为 any 类型，表示触发事件参数

wx. navigateBack(Object object)用于关闭当前页面,返回上一页面或多级页面。可通过 getCurrentPages 获取当前的页面栈,决定需要返回几层。它的参数 object 的属性如表 4-203 所示。

表 4-203　wx.navigateBack 的参数 object 的属性及说明

序号	属　　性	说　　明
1	delta	返回的页面数,如果 delta 大于现有页面数,则返回到首页。该属性的类型为 number,默认值为 1
2	success	接口调用成功的回调函数
3	fail	接口调用失败的回调函数
4	complete	接口调用结束的回调函数(调用成功、失败都会执行)

图 4-96 为 wx. navigateTo 和 wx. navigateBack 的示例代码。

```
wx.navigateTo({
  url: 'B?id = 1'
})

// 此处是 B 页面
wx.navigateTo({
  url: 'C?id = 1'
})

// 在 C 页面内 navigateBack,将返回 A 页面
wx.navigateBack({
  delta: 2
})
```

图 4-96　wx. navigateTo 和 wx. navigateBack 的示例代码

注意:小程序中页面栈最多 10 层。

4.12.2　Worker

wx. createWorker(string scriptPath)用于创建一个 Worker 线程。目前限制最多只能创建一个 Worker,创建下一个 Worker 前请先调用 Worker. terminate。它的参数 scriptPath 为 string 类型,表示 worker 入口文件的绝对路径,返回值为 Worker 类型的 Worker 对象。

Worker 实例,主线程中可通过 wx. createWorker 接口获取,worker 线程中可通过全局变量 worker 获取。Worker 的方法如表 4-204 所示。

表 4-204　Worker 的方法及说明

1	postMessage(Object message)
说明	向主线程/Worker 线程发送的消息
参数及说明	参数 message 为 Object 类型,表示需要发送的消息,必须是一个可序列化的 JavaScript key-value 形式的对象
2	terminate()
说明	结束当前 Worker 线程。仅限在主线程 Worker 对象上调用

续表

参数及说明	无
3	onMessage(function callback)
说明	监听主线程/Worker 线程向当前线程发送的消息的事件
参数及说明	function callback 为主线程/Worker 线程向当前线程发送消息事件的回调函数。参数 res 的 message 为 Object 类型,表示主线程/Worker 线程向当前线程发送的消息

图 4-97 为 Worker 的示例代码。

```
const worker = wx.createWorker('workers/request/index.js')
// 文件名指定 worker 的入口文件路径,绝对路径
worker.onMessage(function (res) {
  console.log(res)
})
worker.postMessage({
  msg: 'hello worker'
})
worker.terminate()
```

图 4-97　Worker 的示例代码

4.12.3　第三方平台

1 wx.getExtConfig

wx.getExtConfig(Object object)用于获取第三方平台自定义的数据字段。它的参数 object 的属性如表 4-205 所示。

表 4-205　wx.getExtConfig 的参数 object 的属性及说明

序号	属　　性	说　　明
1	success	接口调用成功的回调函数
2	fail	接口调用失败的回调函数
3	complete	接口调用结束的回调函数(调用成功、失败都会执行)

object.success 回调函数的参数 res 的属性 extConfig 的类型为 Object,表示第三方平台自定义的数据。

wx.getExtConfig 暂时无法通过 wx.canIUse 判断是否兼容,开发者需要自行判断它是否存在兼容性,如图 4-98 所示。

```
if (wx.getExtConfig) {
  wx.getExtConfig({
    success (res) {
      console.log(res.extConfig)
    }
  })
}
```

图 4-98　wx.getExtConfig 的示例代码

2 wx.getExtConfigSync

wx.getExtConfigSync()是 wx.getExtConfig 的同步版本。它的返回值为 Object 对象，属性 extConfig 表示第三方平台自定义的数据。

wx.getExtConfigSync()暂时无法通过 wx.canIUse 判断是否兼容，开发者需要自行判断它是否存在兼容性，如图 4-99 所示。

```
let extConfig = wx.getExtConfigSync? wx.getExtConfigSync(): {}
console.log(extConfig)
```

图 4-99　wx.getExtConfigSync 的示例代码

4.12.4　WXML

1 wx.createSelectorQuery

wx.createSelectorQuery()用于返回一个 SelectorQuery 对象实例。在自定义组件或包含自定义组件的页面中，应使用 this.createSelectorQuery()来代替。

图 4-100 是 wx.createSelectorQuery 的示例代码。

```
const query = wx.createSelectorQuery()
query.select('#the-id').boundingClientRect()
query.selectViewport().scrollOffset()
query.exec(function(res){
  res[0].top      // #the-id 节点的上边界坐标
  res[1].scrollTop // 显示区域的竖直滚动位置
})
```

图 4-100　wx.createSelectorQuery 的示例代码

SelectorQuery 为查询节点信息的对象。它的方法如表 4-206 所示。

表 4-206　SelectorQuery 的方法及说明

1	in(Component component)
说明	将选择器的选取范围更改为自定义组件 component 内。(初始时，选择器仅选取页面范围的节点，不会选取任何自定义组件中的节点)
参数及说明	参数 component 为 Component 类型，表示自定义组件实例
返回值及说明	返回值为 SelectorQuery 对象
2	select(string selector)
说明	在当前页面下选择第一个匹配选择器 selector 的节点
参数及说明	参数 selector 为 string 类型，即选择器
返回值及说明	返回一个 NodesRef 对象实例，可以用于获取节点信息
3	selectAll(string selector)
说明	在当前页面下选择匹配选择器 selector 的所有节点
参数及说明	参数 selector 为 string 类型，即选择器
返回值及说明	返回 NodesRef 对象实例
4	selectViewport()
说明	选择显示区域。可用于获取显示区域的尺寸、滚动位置等信息

续表

参数及说明	无
返回值及说明	返回 NodesRef 对象实例
5	exec(function callback)
说明	执行所有的请求。请求结果按请求次序构成数组,在 callback 的第一个参数中返回
参数及说明	参数 function callback 为回调函数
返回值及说明	返回 NodesRef 对象实例

NodesRef 用于获取 WXML 节点信息的对象。它所有的方法如表 4-207 所示,返回值都是 nodesRef 对应的 selectorQuery。

表 4-207　NodesRef 的方法及说明

序号	方　　法
1	NodesRef. fields(Object fields,function callback)
2	NodesRef. boundingClientRect(function callback)
3	NodesRef. scrollOffset(function callback)
4	NodesRef. context(function callback)
5	NodesRef. node(function callback)

（1）NodesRef. fields(Object fields,function callback)用于获取节点的相关信息。它的第一个参数 fields 为 Object 类型,属性如表 4-208 所示。

表 4-208　fields 的属性及说明

序号	属　　性	说　　明
1	id	是否返回节点 id。该属性的类型为 boolean,默认值为 false
2	dataset	是否返回节点 dataset。该属性的类型为 boolean,默认值为 false
3	mark	是否返回节点 mark。该属性的类型为 boolean,默认值为 false
4	rect	是否返回节点布局位置(left right top bottom)。该属性的类型为 boolean,默认值为 false
5	size	是否返回节点尺寸(width height)。该属性的类型为 boolean,默认值为 false
6	scrollOffset	是否返回节点的 scrollLeft scrollTop,节点必须是 scroll-view 或者 viewport。该属性的类型为 boolean,默认值为 false
7	properties	指定属性名列表,返回节点对应属性名的当前属性值(只能获得组件文档中标注的常规属性值,id class style 和事件绑定的属性值不可获取)。该属性的类型为 Array.<string>,默认值为[]
8	computedStyle	指定样式名列表,返回节点对应样式名的当前值。该属性的类型为 Array.<string>,默认值为[]
9	context	是否返回节点对应的 Context 对象。该属性的类型为 boolean,默认值为 false
10	node	是否返回节点对应的 Node 实例。该属性的类型为 boolean,默认值为 false

第二个参数 function callback 回调函数的参数 res 为节点的相关信息。

图 4-101 为 fields 的示例代码。

```
Page({
  getFields () {
    wx.createSelectorQuery().select('#the-id').fields({
      dataset: true,
      size: true,
      scrollOffset: true,
      properties: ['scrollX', 'scrollY'],
      computedStyle: ['margin', 'backgroundColor'],
      context: true,
    }, function (res) {
      res.dataset      // 节点的 dataset
      res.width        // 节点的宽度
      res.height       // 节点的高度
      res.scrollLeft   // 节点的水平滚动位置
      res.scrollTop    // 节点的竖直滚动位置
      res.scrollX      // 节点 scroll-x 属性的当前值
      res.scrollY      // 节点 scroll-y 属性的当前值
      // 此处返回指定要返回的样式名
      res.margin
      res.backgroundColor
      res.context      // 节点对应的 Context 对象
    }).exec()
  }
})
```

图 4-101 fields 的示例代码

注意：
computedStyle 的优先级高于 size，当同时在 computedStyle 里指定了 width/height 和传入了 size:true，则优先返回 computedStyle 获取到的 width/height。

（2）NodesRef.boundingClientRect(function callback)用于添加节点的布局位置的查询请求。它的参数 function callback 为回调函数，在执行 SelectorQuery.exec 方法后，节点信息会在 callback 中返回。参数 res 如表 4-209 所示。

表 4-209 boundingClientRect 的属性及说明

序号	属 性	说 明
1	id	节点 id。该属性的类型为 string
2	dataset	节点 dataset。该属性的类型为 Object
3	left	节点的左边界坐标。该属性的类型为 number
4	right	节点的右边界坐标。该属性的类型为 number
5	top	节点的上边界坐标。该属性的类型为 number
6	bottom	节点的下边界坐标。该属性的类型为 number
7	width	节点的宽度。该属性的类型为 number
8	height	节点的高度。该属性的类型为 number

图 4-102 为 boundingClientRect 的示例代码。

```
Page({
  getRect () {
    wx.createSelectorQuery().select('#the-id').boundingClientRect(function(rect){
      rect.id          // 节点的 id
      rect.dataset     // 节点的 dataset
      rect.left        // 节点的左边界坐标
      rect.right       // 节点的右边界坐标
      rect.top         // 节点的上边界坐标
      rect.bottom      // 节点的下边界坐标
      rect.width       // 节点的宽度
      rect.height      // 节点的高度
    }).exec()
  },
  getAllRects () {
    wx.createSelectorQuery().selectAll('.a-class').boundingClientRect(function(rects){
      rects.forEach(function(rect){
        rect.id          // 节点的 id
        rect.dataset     // 节点的 dataset
        rect.left        // 节点的左边界坐标
        rect.right       // 节点的右边界坐标
        rect.top         // 节点的上边界坐标
        rect.bottom      // 节点的下边界坐标
        rect.width       // 节点的宽度
        rect.height      // 节点的高度
      })
    }).exec()
  }
})
```

图 4-102　boundingClientRect 的示例代码

（3）NodesRef.scrollOffset(function callback)用于添加节点的滚动位置查询请求。以像素为单位。节点必须是 scroll-view 或者 viewport。参数 function callback 为回调函数，在执行 SelectorQuery.exec 方法后，节点信息会在 callback 中返回。参数 res 的属性如表 4-210 所示。

表 4-210　scrollOffset 的属性及说明

序号	属　　性	说　　明
1	id	节点 id。该属性的类型为 string
2	dataset	节点 dataset。该属性的类型为 Object
3	scrollLeft	节点的水平滚动位置。该属性的类型为 number
4	scrollTop	节点的竖直滚动位置。该属性的类型为 number

图 4-103 为 scrollOffset 的示例代码。

```
Page({
  getScrollOffset () {
    wx.createSelectorQuery().selectViewport().scrollOffset(function(res){
```

图 4-103　scrollOffset 的示例代码

```
      res.id            // 节点的 id
      res.dataset        // 节点的 dataset
      res.scrollLeft     // 节点的水平滚动位置
      res.scrollTop      // 节点的竖直滚动位置
    }).exec()
  }
})
```

图 4-103　scrollOffset 的示例代码(续)

（4）NodesRef. context(function callback)用于添加节点的 Context 对象查询请求。目前支持 VideoContext、CanvasContext、LivePlayerContext、EditorContext 和 MapContext 的获取。参数 function callback 为回调函数,在执行 SelectorQuery. exec 方法后,返回节点信息。参数 res 的属性 context 的类型为 Object,表示节点对应的 Context 对象。

图 4-104 为 context 的示例代码。

```
Page({
  getContext () {
    wx.createSelectorQuery().select('.the-video-class').context(function(res){
      console.log(res.context) // 节点对应的 Context 对象.如:选中的节点是 <video> 组件,那
                            么此处即返回 VideoContext 对象
    }).exec()
  }
})
```

图 4-104　context 的示例代码

（5）NodesRef. node(function callback)用于获取 Node 节点实例。目前支持 Canvas 的获取。参数 function callback 为回调函数,在执行 SelectorQuery. exec 方法后,返回节点信息。参数 res 的属性 node 为 Object 类型,表示节点对应的 Node 实例。

图 4-105 为 node 的示例代码。

```
Page({
  getNode() {
    wx.createSelectorQuery().select('.canvas').node(function(res){
      console.log(res.node) // 节点对应的 Canvas 实例
    }).exec()
  }
})
```

图 4-105　node 的示例代码

2 wx. createIntersectionObserver

wx. createIntersectionObserver(Object component，Object options)用于创建并返回一个 IntersectionObserver 对象实例。在自定义组件或包含自定义组件的页面中,应使用 this. createIntersectionObserver([options]) 来代替。该接口的第一个参数 component 为自定义组件实例；第二个参数 options 为选项,它的属性如表 4-211 所示。

表 4-211 options 的属性及说明

序号	属 性	说 明
1	thresholds	一个数值数组,包含所有阈值。该属性的类型为 Array.＜number＞,默认值为[0]
2	initialRatio	初始的相交比例,如果调用时检测到的相交比例与这个值不相等且达到阈值,则会触发一次监听器的回调函数。该属性的类型为 number,默认值为 0
3	observeAll	是否同时观测多个目标节点(而非一个),如果设为 true,observe 的 targetSelector 将选中多个节点(注意:同时选中过多节点将影响渲染性能)。该属性的类型为 boolean,默认值为 false

IntersectionObserver 对象,用于推断某些节点是否可以被用户看见、有多大比例可以被用户看见,它的四个方法如表 4-212 所示。

表 4-212 IntersectionObserver 的方法及说明

序号	方 法
1	IntersectionObserver. relativeToViewport(Object margins)
2	IntersectionObserver. relativeTo(string selector, Object margins)
3	observe(string targetSelector, function callback)
4	disconnect()

(1) relativeToViewport(Object margins)和 relativeTo(string selector,Object margins)。relativeToViewport(Object margins)用于指定页面显示区域作为参照区域之一;relativeTo(string selector,Object margins)使用选择器指定一个节点,作为参照区域之一,它的第一个参数 selector 为 string 类型,表示选择器,第二个参数 margins 和 relativeToViewport 的参数 margins 一样,都表示用来扩展(或收缩)参照节点布局区域的边界,具体如表 4-213 所示。

表 4-213 参数 margins 的属性及说明

序号	属 性	说 明
1	left	节点布局区域的左边界。该属性的类型为 number
2	right	节点布局区域的右边界。该属性的类型为 number
3	top	节点布局区域的上边界。该属性的类型为 number
4	bottom	节点布局区域的下边界。该属性的类型为 number

图 4-106 为 relativeToViewport 的示例代码。

```
Page({
  onLoad: function(){
    wx.createIntersectionObserver().relativeToViewport({bottom: 100}).observe('.target -
class', (res) => {
      res.intersectionRatio      // 相交区域占目标节点的布局区域的比例
      res.intersectionRect       // 相交区域
```

图 4-106 relativeToViewport 的示例代码

```
         res.intersectionRect.left    // 相交区域的左边界坐标
         res.intersectionRect.top     // 相交区域的上边界坐标
         res.intersectionRect.width   // 相交区域的宽度
         res.intersectionRect.height  // 相交区域的高度
      })
    }
  })
```

图 4-106　relativeToViewport 的示例代码（续）

（2）observe(string targetSelector，function callback)用于指定目标节点并开始监听相交状态变化情况。它的第一个参数 targetSelector 为 string 类型，表示选择器；第二个参数 function callback 为监听相交状态变化的回调函数。参数 res 的属性如表 4-214 所示。

表 4-214　参数 res 的属性及说明

序 号	属　　性	说　　明
1	intersectionRatio	相交比例。该属性的类型为 number
2	intersectionRect	相交区域的边界。该属性的类型为 Object
3	boundingClientRect	目标边界。该属性的类型为 Object
4	relativeRect	参照区域的边界。该属性的类型为 Object
5	time	相交检测时的时间戳。该属性的类型为 number

res. intersectionRect 和 res. boundingClientRect 的结构如表 4-215 所示。

表 4-215　res. intersectionRect 和 res. boundingClientRect 的结构

序 号	属　　性	说　　明
1	left	左边界。该属性的类型为 number
2	right	右边界。该属性的类型为 number
3	top	上边界。该属性的类型为 number
4	bottom	下边界。该属性的类型为 number
5	width	宽度。该属性的类型为 number
6	height	高度。该属性的类型为 number

res. relativeRect 的结构如表 4-216 所示。

表 4-216　res. relativeRect 的结构

序 号	属　　性	说　　明
1	left	左边界。该属性的类型为 number
2	right	右边界。该属性的类型为 number
3	top	上边界。该属性的类型为 number
4	bottom	下边界。该属性的类型为 number

（3）disconnect()用于停止监听。回调函数将不再触发。

4. 12. 5　广告

1 wx. createRewardedVideoAd

wx. createRewardedVideoAd(Object object)用于创建激励视频广告组件。请通过 wx.

getSystemInfoSync()返回对象的 SDKVersion 判断基础库版本号后再使用该 API(小游戏端要求>=2.0.4,小程序端要求>=2.6.0)。调用该方法创建的激励视频广告是一个单例(小游戏端是全局单例,小程序端是页面内单例,在小程序端的单例对象不允许跨页面使用)。参数 object 的属性及说明如表 4-217 所示。

表 4-217　参数 object 的属性及说明

序号	属　　性	说　　明
1	adUnitId	广告单元 id。该属性的类型为 string,是必填字段
2	multiton	是否启用多例模式,默认值为 false。该属性的类型为 boolean

返回值为 RewardedVideoAd 对象,表示激励视频广告组件。激励视频广告组件是一个原生组件,层级比普通组件高。激励视频广告是一个单例(小游戏端是全局单例,小程序端是页面内单例,在小程序端的单例对象不允许跨页面使用),默认是隐藏的,需要调用 RewardedVideoAd.show()将其显示,它的方法如表 4-218 所示。

表 4-218　RewardedVideoAd 的方法及说明

序号	方　　法	说　　明
1	load()	加载激励视频广告。返回 Promise 对象
2	show()	显示激励视频广告。激励视频广告将从屏幕下方推入。返回 Promise 对象
3	destroy()	销毁激励视频广告实例
4	onLoad(function callback)	监听激励视频广告加载事件
5	offLoad(function callback)	取消监听激励视频广告加载事件
6	onError(function callback)	监听激励视频错误事件
7	offError(function callback)	取消监听激励视频错误事件
8	onClose(function callback)	监听用户点击关闭广告按钮的事件
9	offClose(function callback)	取消监听用户点击关闭广告按钮的事件

2 wx. createInterstitialAd

wx. createInterstitialAd(Object object)用于创建插屏广告组件。请通过 wx. getSystemInfoSync()返回对象的 SDKVersion 判断基础库版本号后再使用该 API。每次调用该方法创建插屏广告都会返回一个全新的实例(小程序端的插屏广告实例不允许跨页面使用)。参数 object 的属性 adUnitId 的类型为 string,表示广告单元 id,是必填字段。

返回值为 InterstitialAd 对象,表示插屏广告组件。插屏广告组件是一个原生组件,层级比普通组件高。插屏广告组件每次创建都会返回一个全新的实例(小程序端的插屏广告实例不允许跨页面使用),默认是隐藏的,需要调用 InterstitialAd.show()将其显示,它的方法如表 4-219 所示。

表 4-219　InterstitialAd 的方法及说明

序号	方　　法	说　　明
1	load()	加载插屏广告。返回 Promise 对象
2	show()	显示插屏广告。返回 Promise 对象
3	destroy()	销毁插屏广告实例

续表

序号	方　　法	说　　明
4	onLoad(function callback)	监听插屏广告加载事件
5	offLoad(function callback)	取消监听插屏广告加载事件
6	onError(function callback)	监听插屏错误事件
7	offError(function callback)	取消监听插屏错误事件
8	onClose(function callback)	监听插屏广告关闭事件
9	offClose(function callback)	取消监听插屏广告关闭事件

4.13　小结

　　本章系统而全面介绍了小程序的 API,重点介绍了基础类、界面类、网络类、数据缓存类、媒体类、位置类、转发类、画布类、文件类、开放接口类和设备类中重要的或常用的 API,对于路由类、Worker、第三方平台、WXML 和广告涉及的 API,仅在其他类中作简单介绍。由于本章内容较多,读者在学习本章内容只须先大致有个了解即可,不建议逐一记忆每一类 API 的属性或方法,而是结合后续章节的实例进行理解,并逐步掌握之。

资讯类微信小程序

　　在信息时代,每个人每天都要阅读并了解各种信息,尤其是那些影响人们日常生活的新闻、通知和广告等资讯。目前已经有一些资讯类的微信小程序,如腾讯新闻、新闻联播、东方头条新闻和网易新闻精选等。

　　在前面的章节中,已经详细介绍微信小程序开发的基础知识。本章将结合资讯类微信小程序项目详细讲解这类项目的设计和开发思路,该项目使用的数据及图片均为开发本项目时事先从网络抓取好存放在本地,并非利用接口实时动态获取,因此运行时无须联网获取这些数据。

本章学习目标

- 了解 app.json 在微信小程序中的作用。
- 了解并掌握 scroll-view 组件的使用。
- 了解并掌握 swiper 组件的使用。
- 了解并掌握 view 组件的使用。
- 了解并掌握 image 组件的使用。
- 了解并掌握 switch 组件的使用。
- 了解并掌握 text 组件的使用。
- 了解并掌握 bindtap 和 wx.navigateTo 的用法。

5.1 项目需求和设计思路

　　在开始设计资讯类微信小程序之前,可以先来看下目前已经有一部分人使用的阅读资讯的微信小程序。图 5-1 为腾讯新闻小程序的主界面。

　　图 5-2 为新闻联播小程序的主界面。

　　图 5-3 为东方头条新闻小程序的主界面。

　　参照上述资讯类小程序,本项目的需求和设计思路如下:

　　(1) 本项目包含首页、设置和日志三个标签页面。小程序启动后,默认显示"首页"界面,点击页面底部的"设置"标签,显示"设置"标签的对应界面;点击页面底部"日志"标签,显示"日志"标签的对应界面。

　　(2) 首页标签在默认的 index 文件夹下,包括七个频道,分别为推荐、热点、美食、娱乐、图片、科技和体育。在频道内左右滑动可以显示对应频道的内容,首页默认显示推荐频道的内容,在某一频道内点击某一新闻内容可以在新的页面里查看相应的详情(以在推荐频道点击第一个新闻为例),该页面在 detail 文件夹下。

图 5-1　腾讯新闻小程序主界面

图 5-2　新闻联播小程序主界面

图 5-3　东方头条新闻小程序主界面

（3）设置标签在 setting 文件夹下，包括消息通知、资讯商城、我要爆料和用户反馈。

5.2　项目实现的准备工作

首先按照第 1 章中介绍的创建新项目的方法和步骤创建一个新项目。启动微信开发者工具，如图 5-4 所示。

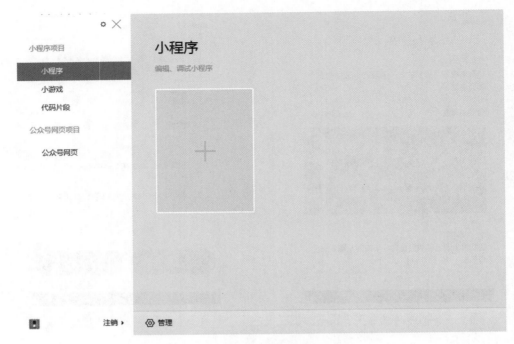

图 5-4   微信开发者工具主界面

单击"＋"创建小程序，项目名称为 chapter05，如果没有 AppID（可以阅读第 1 章学习如何获取 AppID），也可以使用测试号，如图 5-5 所示。

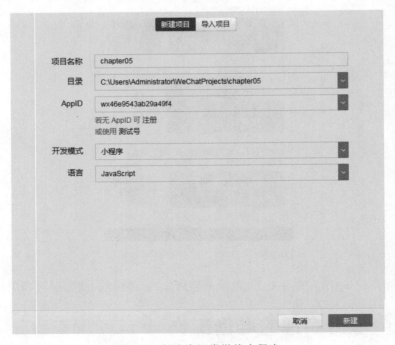

图 5-5   创建资讯类微信小程序

单击"新建"后，将出现如图 5-6 所示的界面，这是开发时的主界面。

在目录树左上角单击"＋"，如图 5-7 所示。

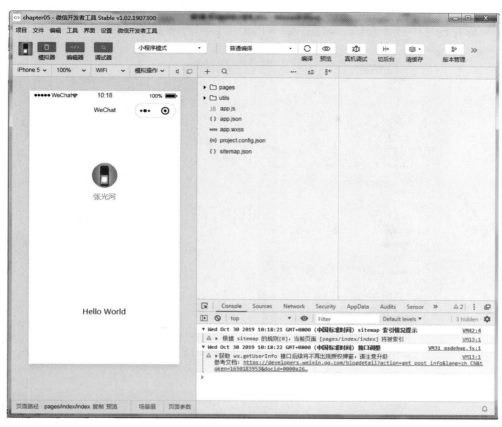

图 5-6　资讯类微信小程序

此时将弹出如图 5-8 所示的菜单,选择"目录"。

图 5-7　资讯类微信小程序　　　　　　　　图 5-8　弹出快捷菜单

输入目录名 images，如图 5-9 所示。

用鼠标左键选中目录 images，右击，将弹出如图 5-10 所示菜单，用鼠标左键在弹出的菜单中选择"新建目录"。

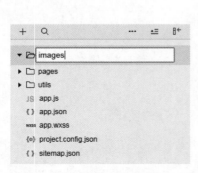

图 5-9　创建 images 目录　　　　　　　　　　图 5-10　新建目录

在目录 images 下依次创建子目录 icon、swiper 和 tabBar，如图 5-11 所示。

打开文件 app.json，修改第 8 和第 9 行代码，如图 5-12 所示。

图 5-11　在目录 images 下新建子目录　　　　　图 5-12　编辑 app.json

此时背景为红色，标题为"资讯类小程序"，在模拟器运行的效果如图 5-13 所示。

修改 app.wxss 文件，删除掉"align-items：center；"，并将第 7 行代码中的 padding 设置为 0 0，修改后的代码如图 5-14 所示。

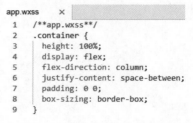

图 5-13　修改 app.json 文件后的界面效果　　　图 5-14　修改 app.wxss 文件

5.3 项目实现的关键之处

该项目对应的完整代码请参考教材配套的 chapter05 文件夹下的代码,接下来仅详细介绍项目实现时的关键代码。

5.3.1 标签导航的实现

为了实现点击页面底部的"设置"标签,显示"设置"标签的对应界面;点击页面底部"日志"标签,显示"日志"标签的对应界面。首先要对 app.json 文件进行编辑,增加第 4 行代码,即"pages/setting/setting",如图 5-15 所示。

接下来将教材配套代码 chapter05 文件夹下的图片 indexAfter.jpg、indexBefore.jpg、logAfter.jpg、logBefore.jpg、settingAfter.jpg 和 settingBefore.jpg 复制到本项目中 images\tabBar 下。

继续对 app.json 文件进行编辑,在第 12 行之后增加图 5-16 所示的第 13 行到第 37 行代码。

```json
app.json        ×
1   {
2     "pages": [
3       "pages/index/index",
4       "pages/setting/setting",
5       "pages/logs/logs"
6     ],
7     "window": {
8       "backgroundTextStyle": "light",
9       "navigationBarBackgroundColor": "#D53C3E",
10      "navigationBarTitleText": "资讯类小程序",
11      "navigationBarTextStyle": "black"
12    },
13    "sitemapLocation": "sitemap.json"
14  }
```

图 5-15 修改 app.json 文件(一)

```json
13    "tabBar": {
14      "selectedColor": "#D53C3E",
15      "borderStyle": "black",
16      "backgroundColor": "#F9F9F9",
17      "list": [
18        {
19          "pagePath": "pages/index/index",
20          "text": "首页",
21          "iconPath": "images/tabBar/indexBefore.jpg",
22          "selectedIconPath": "images/tabBar/indexAfter.jpg"
23        },
24        {
25          "pagePath": "pages/setting/setting",
26          "text": "设置",
27          "iconPath": "images/tabBar/settingBefore.jpg",
28          "selectedIconPath": "images/tabBar/settingAfter.jpg"
29        },
30        {
31          "pagePath": "pages/logs/logs",
32          "text": "日志",
33          "iconPath": "images/tabBar/logBefore.jpg",
34          "selectedIconPath": "images/tabBar/logAfter.jpg"
35        }
36      ]
37    },
```

图 5-16 修改 app.json 文件(二)

修改完成后,底部界面将如图 5-17 所示。

图 5-17 修改 app.json 文件的底部界面

至此,标签导航已经实现。此时若点击页面底部的"设置"标签,将显示"设置"标签的对应界面,如图 5-18 所示。

点击页面底部"日志"标签,显示"日志"标签的对应界面,如图 5-19 所示。

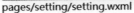

pages/setting/setting.wxml

1. 2019/10/30 11:09:31

2. 2019/10/30 11:08:01

3. 2019/10/30 11:01:23

4. 2019/10/30 10:50:55

5. 2019/10/30 10:18:21

6. 2019/10/30 08:31:29

7. 2019/10/30 08:31:24

图 5-18　设置标签对应的界面

图 5-19　日志标签对应的界面

5.3.2　滑动效果的实现

为了实现在频道内左右滑动可以显示对应频道的内容,需要对 index. wxml、index. wxss 和 index. js 这三个文件进行编辑。

1 编辑 index. wxml

将 index. wxml 文件内默认的内容修改为如图 5-20 所示的内容。

```
index.wxml    ×
1    <!--index.wxml-->
2    <view class="container">
3      <view class="navbg">
4        <view class="nav">
5          <scroll-view class="scroll-view_H" scroll-x="true">
6            <view class="scroll-view_H">
7              <view><view class="{{flag==0?'select':'normal'}}" id="0" bindtap="switchNav">推荐</view></view>
8              <view><view class="{{flag==1?'select':'normal'}}" id="1" bindtap="switchNav">热点</view></view>
9              <view><view class="{{flag==2?'select':'normal'}}" id="2" bindtap="switchNav">美食</view></view>
10             <view><view class="{{flag==3?'select':'normal'}}" id="3" bindtap="switchNav">娱乐</view></view>
11             <view><view class="{{flag==4?'select':'normal'}}" id="4" bindtap="switchNav">图片</view></view>
12             <view><view class="{{flag==5?'select':'normal'}}" id="5" bindtap="switchNav">科技</view></view>
13             <view><view class="{{flag==6?'select':'normal'}}" id="6" bindtap="switchNav">体育</view></view>
14           </view>
15         </scroll-view>
16       </view>
17     </view>
18   </view>
```

图 5-20　编辑 index. wxml

此时在模拟器上,该小程序运行的效果如图 5-21 所示。

2 编辑 index.wxss

打开文件 index.wxss,将之前的样式修改为如图 5-22 所示的第 2 行到第 37 行代码。

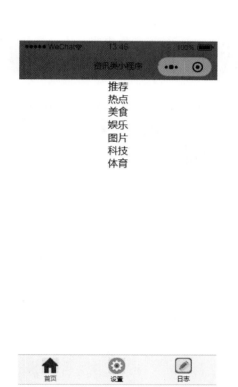

图 5-21 编辑 index.wxml 后的效果图

```
index.wxss    ×
1   /**index.wxss**/
2   .navbg{
3     background-color: #F6F5F3;
4     height: 36px;
5     color: #000000;
6     display: flex;
7     flex-direction: row;
8     align-items: center;
9   }
10  .nav{
11    width:85%;
12    height: 36px;
13  }
14  .scroll-view_H{
15    height: 40px;
16    display: flex;
17    flex-direction: row;
18    margin-left: 5px;
19  }
20  .normal{
21    width: 40px;
22    height: 40px;
23    line-height: 40px;
24    padding-left:5px;
25    padding-right: 5px;
26    font-size: 14px;
27  }
28  .select{
29    width:40px;
30    height: 40px;
31    line-height: 40px;
32    padding-left: 5px;
33    padding-right: 5px;
34    font-size: 14px;
35    background-color: #D53C3E;
36    color: #ffffff;
37  }
```

图 5-22 修改 index.wxss

3 再次编辑 index.wxml

在 index.xml 文件的第 17 行之后插入如图 5-23 所示的第 18 行至第 33 行的代码。

```
18  <swiper current="{{currentTab}}" style="height:800px">
19    <!--推荐内容-->
20    <swiper-item>推荐内容</swiper-item>
21    <!--热点内容-->
22    <swiper-item>热点内容</swiper-item>
23    <!--美食内容-->
24    <swiper-item>美食内容</swiper-item>
25    <!--娱乐内容-->
26    <swiper-item>娱乐内容</swiper-item>
27    <!--图片内容-->
28    <swiper-item>图片内容</swiper-item>
29    <!--科技内容-->
30    <swiper-item>科技内容</swiper-item>
31    <!--体育内容-->
32    <swiper-item>体育内容</swiper-item>
33  </swiper>
34  </view>
```

图 5-23 再次编辑 index.wxml

4 编辑 index.js

继续打开文件 index.js 进行编辑，输入如图 5-24 所示第 5 行至第 22 行的所有代码，删除 onLoad 函数内默认的代码及其后的函数 getUserInfo（注意：其实可以不删除这些代码，而是只增加第 5 行至第 22 行的代码，并不影响本程序的运行，只是怕一堆不认识的代码在那里影响初学者）。在 data 中增加了 currentTab 和 flag，并设其初值为 0，并将其他变量删除（也是为了不让无关变量影响初学者）。

至此，滑动效果已经完全实现。读者可以尝试在真机上调试本程序，也可以在模拟器上用鼠标代表手指在不同的频道上滑动，可以看到滑到不同的频道，下方的内容是不一样的。默认的热点频道里显示的是热点内容，如图 5-25 所示。

```javascript
index.js        ×
1   //index.js
2   //获取应用实例
3   const app = getApp()
4
5   Page({
6     data: {
7       currentTab: 0,
8       flag: 0
9     },
10
11    switchNav: function (e) {
12      console.log(e);
13      var page = this;
14      var id = e.target.id;
15      if (this.data.currentTab == id) {
16        return false;
17      }
18      else {
19        page.setData({ currentTab: id })
20      }
21      page.setData({ flag: id });
22    },
23    //事件处理函数
24    bindViewTap: function() {
25      wx.navigateTo({
26        url: '../logs/logs'
27      })
28    },
29    onLoad: function () {
30
31    }
32  })
```

图 5-24　修改 index.js　　　　图 5-25　修改后的滑动效果

5.3.3　首页新闻内容的实现

为了实现首页热点频道的新闻内容，需要在本项目的 pages\index\ 文件夹下创建 rec.wxml 文件，将推荐频道的内容写入该文件，对应的样式写入 index.wxss；

1 创建 rec.xml 并写入推荐频道的推荐内容

在目录树中选择 pages 文件夹的子文件夹 index，右击，在弹出的菜单中选择"新建 WXML"，如图 5-26 所示。

输入 rec，完成 rec.wxml 文件的创建，如图 5-27 所示。

在文件 rec.wxml 中写入如图 5-28 所示的所有代码（第 1 行到第 31 行）。

2 将样式写入 index.wxss

将如图 5-29 所示的所有代码（第 38 行到第 90 行）写入 index.wxss 文件的第 37 行之后。

图 5-26　新建 WXML

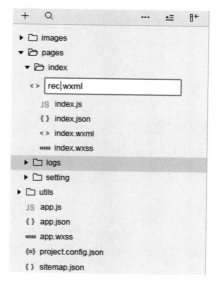

图 5-27　新建 rec.wxml

```
rec.wxml      X
1    <view class="item">
2      <view class="title">中国共产党第十九届中央委员会第四次全体会议公报</view>
3      <view class="info">
4        <text class="squa_blue">时政</text>
5        <image class="tb" src="../../images/icon/img_xhw.jpg"></image>
6        <text>新华网客户端　·　39评论　·　1分钟前</text>
7      </view>
8      <view class="hr"></view>
9    </view>
10   <view class="info_image">
11     <view><image class="big_img" src="../../images/icon/img_kx_big.jpg"></image>
12     </view>
13     <view class="item">
14       <view class="title">商务部：中美双方经贸团队牵头人将于本周五再次通话</view>
15       <view class="info">
16         <text class="squa_blue">国际</text>
17         <image class="tb" src="../../images/icon/img_bjrb.jpg"></image>
18         <text>　北京日报客户端　·　22评论　·　20分钟前</text>
19       </view>
20       <view class="hr"></view>
21     </view>
22   </view>
23   <view class="item">
24     <view class="title">这个经验，历久弥新</view>
25     <view class="info">
26       <text class="squa_red">视频</text>
27       <image class="tb" src="../../images/icon/img_xhs.jpg"></image>
28       <text>　新华社　·　310评论　·　12分钟前</text>
29     </view>
30     <view class="hr"></view>
31   </view>
```

图 5-28　新建 rec.wxml

至此,首页新闻内容的已经实现,如图 5-30 所示。

```
38    .item{
39      margin: 10px;
40    }
41    .title{
42      color: #444444;
43      font-weight: bold;
44      font-size: 18px;
45    }
46    .info{
47      display:flex;
48      flex-direction:row;
49      font-size:12px;
50      color: #999999;
51    }
52    .tb{
53      color: #fff;
54      margin-right: 5px;
55      margin-left: 5px;
56      width: 18px;
57      height: 18px;
58      line-height: 18px;
59      text-align: center;
60    }
61    .squa_blue{
62      padding: 1px 2px;
63      border: 1px solid #87a5b5;
64      color: #87a5b5;
65      width: 26px;
66    }
67    .squa_red{
68      padding: 1px 2px;
69      border: 1px solid #ff7920;
70      color: #ff7920;
71      width: 26px;
72    }
73    .info_image{
74      display:flex;
75      flex-direction:column;
76    }
77    .big_img{
78      color: #fff;
79      margin-right: 5px;
80      margin-left: 5px;
81      width: 300px;
82      height: 200px;
83      line-height: 18px;
84      text-align: center;
85    }
86    .hr{
87      border: 1px solid #cccccc;
88      opacity: 0.2;
89      margin-top:10px;
90    }
```

图 5-29　将样式写入 index.wxss

图 5-30　首页新闻内容

5.3.4　首页新闻详情的实现

本节将以在推荐频道点击标题为"商务部:中美双方经贸团队牵头人将于本周五再次通话"的新闻显示其详情(该页面在 pages/detail 文件夹下)为例,演示如何实现在某一频道内点击某一新闻内容可以在新的页面里查看相应的详情。具体步骤如下。

1 修改小程序的公共文件 app.json

为了将新闻详情页面加入,首先要修改小程序的公共 app.json 文件。在该文件中增加第 4 行代码之后增加第 5 行代码""pages/detail/detail",",如图 5-31 所示。

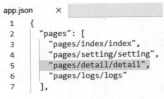

```
app.json        ×
1    {
2      "pages": [
3        "pages/index/index",
4        "pages/setting/setting",
5        "pages/detail/detail",
6        "pages/logs/logs"
7      ],
```

图 5-31　首页新闻内容

注意：添加第 5 行代码时，一定不要漏掉该行尾部的英文逗号 (,)。

2 在 rec. wxml 中增加 bindtap 事件

在新闻内容页面文件 rec. wxml 的第 10 行 view 中增加代码 bindtap = "recDetail"，如图 5-32 所示。

```
rec.wxml    ×
 1  <view class="item">
 2    <view class="title">中国共产党第十九届中央委员会第四次全体会议公报</view>
 3    <view class="info">
 4      <text class="squa_blue">时政</text>
 5      <image class="tb" src="../../images/icon/img_xhw.jpg"></image>
 6      <text>新华网客户端  · 39评论  · 1分钟前</text>
 7    </view>
 8    <view class="hr"></view>
 9  </view>
10  <view class="info_image" bindtap="recDetail">
11    <view>
12      <image class="big_img" src="../../images/icon/img_kx_big.jpg"></image>
13    </view>
14    <view class="item">
15      <view class="title">商务部：中美双方经贸团队牵头人将于本周五再次通话</view>
16      <view class="info">
17        <text class="squa_blue">国际</text>
18        <image class="tb" src="../../images/icon/img_bjrb.jpg"></image>
19        <text>  北京日报客户端  · 22评论  · 20分钟前</text>
20      </view>
21      <view class="hr"></view>
22    </view>
23  <view class="item">
24    <view class="item">
25      <view class="title">这个经验，历久弥新</view>
26      <view class="info">
27        <text class="squa_red">视频</text>
28        <image class="tb" src="../../images/icon/img_xhs.jpg"></image>
29        <text> 新华社  · 310评论  · 12分钟前</text>
30      </view>
31      <view class="hr"></view>
32  </view>
```

图 5-32   在 rec. wxml 中增加 recDetail 事件

注意：之所以将 bindtap 事件 recDetail 添加在 rec. wxml 文件中的第 10 行的 view 中，是因为这个 view 对应标题为"商务部：中美双方经贸团队牵头人将于本周五再次通话"的新闻。

3 修改 index. js

为了实现在 rec. wxml 中点击标题为"商务部：中美双方经贸团队牵头人将于本周五再次通话"的新闻，跳转到该新闻的详情页面，还需要修改 index. js 文件。即在 index. js 中第 22 行之后插入 recDetail 函数的实现代码，如图 5-33 第 23 行至第 27 行所示。

至此，已经实现了从点击标题为"商务部：中美双方经贸团队牵头人将于本周五再次通话"的新闻，到该新闻详情页面的跳转。跳转后的效果如图 5-34 所示。

由于目前尚未在该页面内添加任何代码，因此该页面仅显示 pages/detail/detail. wxml。

4 编辑 detail. wxml

打开 detail. wxml 文件，输入如图 5-35 所示的代码。

5 编辑 detail. wxss 文件

打开 detail. wxss 文件，输入如图 5-36 所示的代码。

```
index.js        ×
1    //index.js
2    //获取应用实例
3    const app = getApp()
4
5    Page({
6      data: {
7        currentTab: 0,
8        flag: 0
9      },
10
11     switchNav: function (e) {
12       console.log(e);
13       var page = this;
14       var id = e.target.id;
15       if (this.data.currentTab == id) {
16         return false;
17       }
18       else {
19         page.setData({ currentTab: id })
20       }
21       page.setData({ flag: id });
22     },
23     recDetail:function(){
24       wx.navigateTo({
25         url: '../detail/detail',
26       })
27     },
28
29     //事件处理函数
30     bindViewTap: function() {
31       wx.navigateTo({
32         url: '../logs/logs'
33       })
34     },
35     onLoad: function () {
36
37     }
38   })
```

pages/detail/detail.wxml

图 5-33　在 index.js 中增加 recDetail 事件的
　　　　　实现代码

图 5-34　新闻详情页面 detail.wxml

```
detail.wxml     ×
1    <view>
2      <scroll-view>
3        <view class="title">商务部：中美双方经贸团队牵头人将于本周五再次通话</view>
4        <view class="info">北京日报客户端 2019-10-31 12:29:27</view>
5        <view>
6          <image src="../../images/swiper/img_kx_big.jpg" style="width:360;height:240"></image>
7        </view>
8        <text>商务部新闻发言人31日发表声明说，中美双方经贸团队一直保持密切沟通，目前磋商工作进展顺利。双方将按原计划继续推进磋商等各项工作。双方牵头人将于本周五再次通话。</text>
9      </scroll-view>
10   </view>
```

图 5-35　在 detail.wxml 中输入代码

```
detail.wxss     ×
1    .title {
2      font-size: 34px;
3      font-weight: 700;
4      line-height: 44px;
5      color: ■#222;
6    }
7
8    .info {
9      color: ■#777;
10     margin-right: 2px;
11     font-size: 13px;
12   }
```

图 5-36　在 detail.wxss 中输入代码

此时已经完成了新闻详情页面代码的编写,若在首页新闻页面点击标题为"商务部:中美双方经贸团队牵头人将于本周五再次通话"的新闻,则会跳转到该新闻详情页面,其效果如图 5-37 所示。

图 5-37 标题为"商务部:中美双方经贸团队牵头人
将于本周五再次通话"的新闻详情

5.4 设置页面的实现

设置页面的实现分为两步,第一步是在 setting.wxml 页面中写入代码,第二步是在 setting.wxss 页面中写入样式。

1 编辑 setting.wxml 页面

在文件 setting.wxml 页面中输入如图 5-38 所示的所有代码(从第 1 行到第 46 行)。

2 编辑 setting.wxss 页面

在文件 setting.wxss 页面中输入如图 5-39 所示的所有代码(从第 1 行到第 27 行)。

设置页面代码编写完成后,该页面的效果如图 5-40 所示。

setting.wxml ×

```
1    <view class="hr"></view>
2    <view class="item">
3      <view class="order">消息通知</view>
4      <view class="detail">
5        <text></text>
6      </view>
7    </view>
8    <view class="hr"></view>
9    <view class="item">
10     <view class="order">资讯商城</view>
11     <view class="detail">
12       <text>点击加入天猫11.11</text>
13     </view>
14   </view>
15   <view class="hr"></view>
16   <view class="item">
17     <view class="order">我要爆料</view>
18     <view class="detail">
19       <text></text>
20     </view>
21   </view>
22   <view class="xian"></view>
23   <view class="item ">
24     <view class="order ">用户反馈</view>
25     <view class="detail ">
26       <text></text>
27     </view>
28   </view>
29   <view class="hr "></view>
30   <view class="item ">
31     <view class="order ">自动清除缓存</view>
32     <switch class="detail "></switch>
33   </view>
34   <view class="xian "></view>
35   <view class="item ">
36     <view class="order ">显示摘要</view>
37     <switch class="detail "></switch>
38   </view>
39   <view class="xian "></view>
40   <view class="item ">
41     <view class="order ">字体大小</view>
42     <view class="detail ">
43       <text>小</text>
44     </view>
45   </view>
46   <view class="hr "></view>
```

setting.wxss ×

```
1    .hr{
2      width: 100%;
3      height: 15px;
4      background-color: □#F4F5F6;
5    }
6    .item{
7      display: flex;
8      flex-direction: row;
9    }
10   .order{
11     padding-top: 16px;
12     padding-left: 16px;
13     padding-bottom: 16px;
14     font-size: 16px;
15   }
16   .detail{
17     font-size: 16px;
18     position: absolute;
19     right: 10px;
20     height: 50px;
21     line-height: 50px;
22     color: □#888888;
23   }
24   .xian{
25     border: 1px solid ■#cccccc;
26     opacity:0.3;
27   }
```

图 5-38　在文件 setting. wxml 中输入的代码　　　　图 5-39　在文件 setting. wxss 中输入的代码

图 5-40　系统设置页面的运行效果

5.5 小结

本章详细描述了一个资讯类微信小程序开发的全过程。从介绍项目的需求和设计思路开始,到实现该项目的准备工作,再到该项目实现的关键之处,包括如何实现标签导航,如何实现滑动效果,如何实现首页新闻,如何实现在首页新闻中点击某一条新闻跳转到该新闻的详情界面,最后介绍了设置页面的实现。

在实现这一项目的过程中,读者可以了解修改 app.json,index.wxml,index.wxss 和 index.js 等文件后的作用,也可以进一步了解 view,scroll-view,swiper,image,switch,text 等组件的用法。

本章介绍的资讯类微信小程序所有的数据和图片均存储在手机上,无须联网即可运行。

← Chapter 6

音乐类微信小程序

在信息时代,听音乐是日常娱乐最为普遍的一种形式。目前已经有一些音乐类的微信小程序,如 QQ 音乐和酷狗音乐等。

在前面的章节中,不但详细了介绍微信小程序开发的基础知识,而且还结合资讯类小程序介绍了一些常用组件的用法。本章将结合音乐类微信小程序项目详细讲解这类项目的设计和开发思路,该项目使用的音乐数据及对应的图片均为程序运行时从腾讯官网实时获取,因此运行时需要联网。

本章学习目标

- 了解媒体音频组件 audio 的用法。
- 了解并掌握 progress 组件的使用。
- 了解并掌握 wx:if…wx:else 的用法。
- 了解并掌握 wx:for 和 block 用法。
- 了解并掌握 wx.createInnerAudioContext() 的用法。
- 了解并掌握 wx.getBackgroundAudioManager() 的用法。
- 了解并掌握 wx.getStorageSync() 和 wx.setStorageSync() 的用法。
- 了解并掌握 wx.navigateBack() 的用法。

6.1 项目需求和设计思路

在开始设计音乐类微信小程序之前,可以先来看下目前已经有一部分人使用的播放音乐的微信小程序。图 6-1 为 QQ 音乐小程序的主界面。

图 6-2 为酷狗音乐小程序的主界面。

图 6-3 为其他音乐播放的小程序的主界面。

参照上述音乐类小程序,本项目的需求和设计思路如下:

(1) 本项目包含首页、歌曲列表和显示歌词三个页面。

(2) 首页在默认的 index 文件夹下,在此界面使用 wx.createInnerAudioContext() 创建并返回 InnerAudioContext 对象进行单曲音乐播放(默认播放歌手许巍的歌曲此时此刻)。首页的布局大致为三部分。第一部分即为最上方,显示流行歌曲、古典音乐、经典民谣和影视歌曲;第二部分为中间部分,由两段组成,第一段为本地音乐和显示歌词两个按钮;第二段为歌曲对应的图片、歌曲名和歌手;第三部分即最下方,显示播放或暂停按钮,当前播放时间,播放进度和播放总时长。

图 6-1 QQ音乐小程序主界面

图 6-2 酷狗音乐小程序主界面

图 6-3 其他音乐播放小程序主界面

在该页面里,默认播放歌手许巍的歌曲此时此刻。点击开始播放按钮后,该按钮将变为暂停播放,歌曲开始播放;点击暂停播放该按钮将变为播放按钮,歌曲暂停播放;歌曲播放时,当前播放时间和播放总时长均以"00：00"的格式显示，播放进度也要显示。

（3）歌曲列表页面在 songList 文件夹下。在该页面中以列表的形式显示自己喜欢的歌曲。上方为文本输入框、确定按钮和暂停播放按钮；在文本框中输入歌曲名或歌手名，点击确定按钮，可实现查找相应的歌曲；下方为歌曲列表，从左到右为歌曲对应的图片、歌曲编号、歌曲名称和演唱者、歌曲的类型（分为儿歌和其他类型，儿歌的颜色与其他类型的歌曲字体颜色不同）、播放歌曲的按钮。

在 app.js 中，通过使用 loadSongs 载入所有歌曲，并在歌曲列表页面显示这些歌曲，在列表中按歌曲对应的图片、歌曲的序号、歌曲的名称和播放/暂停的形式组织；提供根据歌曲的名称查找歌曲的功能；可点击列表中的某一首歌曲对应的播放按钮，播放该歌曲；可点击确定之后的暂停按钮，暂停播放当前歌曲。

（4）显示歌词页面在 showLrc 文件夹下。在该页面中播放单首歌曲并显示歌词（实现时以播放许巍的"此时此刻"为例）。点击播放按钮，开始播放许巍的"此时此刻"，变为暂停按钮，下方显示对应歌词；进度条同步显示；当前播放的歌词显示为红色；超过 6 行，歌词向上方滚动。

6.2　项目实现的准备工作

首先按照第 1 章中介绍的创建新项目的方法和步骤创建一个新项目。启动微信开发者工具，如图 6-4 所示。

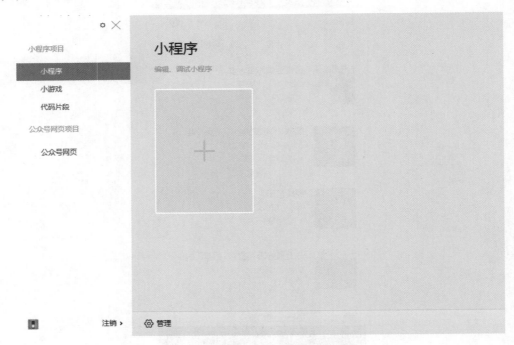

图 6-4　微信开发者工具主界面

单击"＋"创建小程序，项目名称为 chapter06，如果没有 AppID（可以阅读第 1 章学习如何获取 AppID），也可以使用测试号，如图 6-5 所示。

单击"新建"后，将出现如图 6-6 所示的界面，这是开发时的主界面。

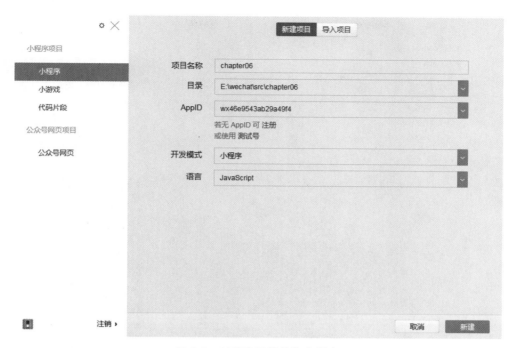

图 6-5　创建音乐类微信小程序

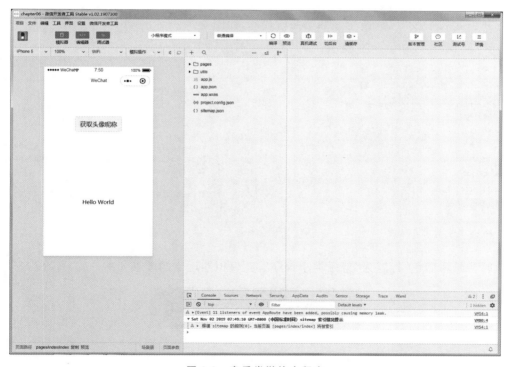

图 6-6　音乐类微信小程序

在目录树左上角单击"＋"，如图 6-7 所示。

此时将弹出如图 6-8 所示的菜单，选择"目录"。

图 6-7　音乐类微信小程序

图 6-8　弹出快捷菜单

输入目录名 images，如图 6-9 所示。

打开 app.json 文件，修改第 8 和第 9 行代码，如图 6-10 所示。

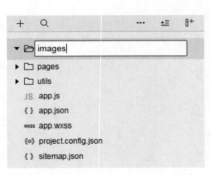

图 6-9　创建 images 目录

图 6-10　编辑 app.json 文件

此时背景为蓝色，标题为"音乐类小程序"，在模拟器运行的效果如图 6-11 所示。

图 6-11　修改 app.json 文件后的界面效果

继续编辑 app.json 文件，首先删除原第 4 行代码"pages/logs/logs"，同时一定要记得删除第 3 行代码最后的"，"（逗号）。然后在第 10 行代码之后增加第 11 行到第 14 行代码，修改后的代码如图 6-12 所示。

```
app.json          ×
 1   {
 2     "pages": [
 3       "pages/index/index"
 4     ],
 5     "window": {
 6       "backgroundTextStyle": "light",
 7       "navigationBarBackgroundColor": "#1797D4",
 8       "navigationBarTitleText": "音乐类小程序",
 9       "navigationBarTextStyle": "black"
10     },
11     "requiredBackgroundModes": [
12       "audio"
13     ],
14     "debug": true,
15   "sitemapLocation": "sitemap.json"
16   }
```

图 6-12　修改 app.json 文件

6.3　项目实现的关键之处

该项目对应的完整代码请参考教材配套的名为 chapter06 文件夹下的代码，接下来仅详细介绍项目实现时的关键代码。

6.3.1　首页界面的实现

按照项目的需求和设计思路，首页在默认的 index 文件夹下，其布局大致为三部分。第一部分即为最上方，显示流行歌曲、古典音乐、经典民谣和影视歌曲；第二部分为中间部分，由两段组成，第一段为本地音乐和显示歌词两个按钮；第二段为歌曲对应的图片，歌曲名和歌手；第三部分即最下方，显示播放或暂停按钮，当前播放时间、播放进度和播放总时长。

1 编辑 index.wxml 实现首页的第一部分

为了实现首页的第一部分，先将 index.wxml 中默认的代码（创建项目时自动产生的代码）全部删除，再将图 6-13 中的第 1 行到第 36 行代码输入 index.wxml 文件中。

接下来再将教材配套代码 chapter06 文件夹下的图片 lx.jpg，gd.jpg，my.jpg 和 gz.jpg 复制到本项目中"images"文件夹下。

2 编辑 index.wxss 实现首页的第一部分

继续对 index.wxss 文件进行编辑，先将该文件内默认的样式全部删除，然后再输入图 6-14 所示的样式代码（从第 1 行到第 29 行）。

修改完成后，该页面上方效果如图 6-15 所示。

3 编辑 index.wxml 实现首页的第二部分

继续编辑 index.wxml 以实现首页的第二部分。在 index.wxml 中第 36 行代码后继续输入图 6-16 所示的第 37 行至第 59 行代码。

4 编辑 index.wxss 实现首页的第二部分

继续编辑 index.wxss 文件，在第 29 行之后插入如图 6-17 所示的第 30 行到第 77 行代码。

在完成了上述代码的输入之后，首页界面的效果如图 6-18 所示。

5 编辑 index.wxml 实现首页的第三部分

在 index.wxml 文件第 59 行之后插入如图 6-19 所示的第 60 行至第 77 行的所有代码。

```
index.wxml  ×
1    <view class="topBg">
2      <view class="nav">
3        <view class="box">
4          <view class="nav-item">
5            <view>
6              <image src="../../images/lx.jpg"></image>
7            </view>
8            <view class="txt">流行歌曲</view>
9          </view>
10       </view>
11       <view class="box">
12         <view class="nav-item">
13           <view>
14             <image src="../../images/gd.jpg"></image>
15           </view>
16           <view class="txt">古典音乐</view>
17         </view>
18       </view>
19       <view class="box">
20         <view class="nav-item">
21           <view>
22             <image src="../../images/my.jpg"></image>
23           </view>
24           <view class="txt">经典民谣</view>
25         </view>
26       </view>
27       <view class="box">
28         <view class="nav-item">
29           <view>
30             <image src="../../images/gz.jpg"></image>
31           </view>
32           <view class="txt">影视歌曲</view>
33         </view>
34       </view>
35     </view>
36   </view>
```

图 6-13 修改 index.wxml 文件

```
index.wxss  ×
1    .topBg {
2      height: 130px;
3      background-color: #0976D5;
4      padding:5px;
5    }
6    .nav {
7      display: flex;
8      flex-direction: row;
9      text-align: center;
10     padding-top: 5px;
11   }
12   .box{
13     width: 75px;
14     height: 110px;
15     padding: 2px;
16     border: 2px solid #ffffff;
17   }
18   .nav-item{
19     width:100%;
20     color: #ffffff;
21     line-height: 20px;
22   }
23   .txt{
24     padding-top: 5px;
25   }
26   .nav-item image{
27     width:70px;
28     height:75px;
29   }
```

图 6-14 修改 index.wxss 文件

图 6-15 修改 index.wxml 和 index.wxss 文件后的效果

```
37   <view class="line"></view>
38   <view class="music">
39     <view>
40       <image src="../../images/bdyy.jpg" style="width:50px;height:50px;"></image>
41     </view>
42     <view class="btn" bindtap='goToSongList'>
43       <text>本地音乐</text>
44     </view>
45     <view class="btn" bindtap='goToShowLrc'>
46       <text>显示歌词</text>
47     </view>
48   </view>
49   <view class="playMusic">
50     <view class="left">
51       <image src="../../images/csck.jpg" style="width:100px;height:100px;"></image>
52     </view>
53     <view class="right" >
54       <view class="songInfo">
55         <view class="songName">歌曲名：此时此刻</view>
56         <view class="songSinger">歌手：许巍</view>
57       </view>
58     </view>
59   </view>
```

图 6-16 在 index.wxml 中实现首页第二部分的代码

```
30   .line {
31      border: 2px solid ■#cccccc;
32      opacity:0.2;
33   }
34   .music{
35      display:flex;
36      flex-direction: row;
37      height:100px;
38      justify-content: space-evenly;
39      align-items: center;
40      background-color: ■rgb(100,100,100);
41      border: 5px solid ■#0976D5;
42   }
43   .btn{
44      color: ■#f80ba9;
45      margin-left: 10px;
46      font-size: 24px;
47   }
48   .btn text{
49      border: 4px solid □rgb(199, 227, 252);
50      align-self: center;
51   }
52   .playMusic{
53      border: 5px solid ■#0976D5;
54      display: flex;
55      flex-direction: row;
56      background-color: ■rgb(179, 171, 171);
57   }
58   .left{
59      padding:5px;
60   }
61   .right{
62      width:100%;
63      align-items:center;
64   }
65   .songInfo{
66      padding-top: 20px;
67      font-size: 20px;
68   }
69   .songName{
70      color: ■#0976D5;
71      font-weight: bold;
72   }
73   .songSinger{
74      color: □#ffffff;
75      padding-top:10px;
76      font-size:32px;
77   }
```

图 6-17 在 index.wxss 中输入
代码实现第二部分

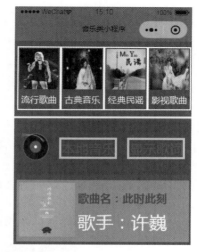

图 6-18 修改 index.wxml 和 index.wxss
后的效果

```
60   <view class="btnPlayPause">
61      <view>
62         <block wx:if="{{isPlaying===false}}">
63            <image class="imgStyle" src="../../images/pause.jpg" bindtap="pausePlay"></image>
64         </block>
65         <block wx:if="{{isPlaying===true}}">
66            <image class="imgStyle" src="../../images/play.jpg" bindtap="startPlay"></image>
67         </block>
68      </view>
69      <view class="progressText">
70         <text class="ctime">当前播放时间：{{smCurrentTime}}</text>
71         <view class="progress">
72            <progress percent='{{playPercent}}' activeColor='red'> </progress>
73         </view>
74         <text class="ctime">播放总时长：{{smDuration}}</text>
75      </view>
76   </view>
77   <view class="bottomTxt">当前正在播放此时此刻，由歌手许巍演唱</view>
```

图 6-19 编辑 index.wxml 实现首页第三部分

6 编辑 index.wxss 实现首页的第三部分

在 index.wxss 文件第 77 行之后插入如图 6-20 所示的第 78 行至第 110 行的所有代码。

7 编辑 index.js 实现首页的第三部分中播放按钮的显示

删除 index.js 内创建工程时自动生成的代码，并在 data 中定义三个变量 isPlaying（初始值为 true）、smCurrentTime（初始值为"00：00"）和 smDuration（初始值为"00：00"），修改后 index.js 的代码如图 6-21 所示。

```
78    .btnPlayPause {
79      display: flex;
80      flex-direction: row;
81      justify-content: space-between;
82      height: 90px;
83      border: 5px solid ■#0976d5;
84    }
85    .imgStyle{
86        width:70px;
87        height:70px;
88        padding-top:10px;
89    }
90    .progressText {
91      display: flex;
92      flex-direction: column;
93      width: 100%;
94      align-items: stretch;
95      padding:10px 0px;
96    }
97    .progress {
98      border: 2px solid ■#1302fd;
99    }
100   .ctime {
101     background-color: ■#445d81;
102     line-height: 30px;
103     color: □white;
104     font-size: 18px;
105   }
106   .bottomTxt{
107     color: ■red;
108     border: 2px solid ■#0976d5;
109     text-align: center;
110   }
```

```
index.js      ×
1   //index.js
2   //获取应用实例
3   const app = getApp()
4
5   Page({
6     data: {
7       isPlaying: true,
8       smCurrentTime: "00:00",
9       smDuration: "00:00",
10
11    },
12    onLoad: function() {
13
14    }
15  })
```

图 6-20   编辑 index.wxss 实现首页第三部分   图 6-21   编辑 index.js 实现首页第三部分

完成上述步骤后，首页界面的效果已经按照项目的设计思路完全实现，如图 6-22 所示。

图 6-22   首页界面的效果图

6.3.2　首页音乐播放的实现

实现首页音乐播放涉及三个方面：播放音乐和暂停播放；显示歌曲的当前播放时间和总时长；显示播放进度。通过修改 index.js 文件可实现之。

1 播放音乐和暂停播放

在 index.js 文件中作了以下修改：新增第 4 行用于创建 InnerAudioContext 对象 iAC；在第 11 行之后增加第 12 行至第 29 行的代码，包括 starPlay 和 pausePlay 函数；在 onLoad 函数中增加第 31 行代码，用于指定该歌曲的 URL 路径，如图 6-23 所示。

```
index.js      ×
1    //index.js
2    //获取应用实例
3    const app = getApp()
4    const iAC = wx.createInnerAudioContext();
5    Page({
6      data: {
7        isPlaying: true,
8        smCurrentTime: "00:00",
9        smDuration: "00:00",
10
11     },
12     startPlay: function() {
13       var that = this;
14       iAC.play();
15
16       that.setData({
17         isPlaying: false
18       });
19       console.log("音乐播放开始");
20     },
21     pausePlay: function() {
22       var that = this;
23
24       iAC.pause();
25       that.setData({
26         isPlaying: true
27       })
28       console.log("音乐播放暂停");
29     },
30     onLoad: function() {
31       iAC.src = 'http://117.169.85.23/amobile.music.tc.qq.com/C400003CnRwN39RuJO.m4a?guid=4192588280&
       vkey=9EB4B4E7958FCE36854D87BFCAC73D62BB89E2AB3BCEDBE494F126B54CA3D0DCE6C10E60F6D9C1F274EBBF63378493FE0C74EC85C3ABAAD1&uin=7434&fromtag=66';
32     }
33   })
```

图 6-23　编辑 index.js

> **注意**：由于第 31 行代码中 iAC.src 的 URL 并非一直有效，因此读者若按照本节的代码调试程序，可能会发生音乐无法播放的问题。本章配套的课件中详细介绍了如何获取有效的 URL，请不熟悉该操作的读者参考课件中该部分内容。

此时在界面上点击播放按钮，就能听到该歌曲播放的声音，同时播放按钮也会变成暂停按钮，如图 6-24 所示。

若在歌曲播放时点击暂停按钮，则歌曲将停止播放。暂停播放的图标将重新变成播放按钮。

2 显示歌曲的当前播放时间和总时长

为了显示歌曲当前的播放时间和总时长，需要获取正在播放的歌曲已经播放到了多少秒及其总时长为多少秒，然后分别将当前的播放时间和总时长转换为"00：00"的分秒格式（通常一首歌曲的播放总时长都不会超过 59min，当前播放时间也不会超过总时长，所以转换时只需考虑秒到分，而不用进一步考虑分钟到小时的问题）。

在文件 index.js 中，在第 11 行代码之后新增第 12 行至第 39 行代码，分别为获取在播放的歌曲已经播放到了多少秒并将其转换为"00：00"的分秒格式的函数 getCurrentTime 和获取歌曲的总时长并将其转换为"00：00"的分秒格式的函数 getDuration；在第 45 行代码之后新增的第 46 行代码至第 54 行代码为监听音频播放进度更新事件，在其中获取当前的播放时间和总时长，并调用 setData 方法更新首页上当前播放时间和播放总时长的值，如图 6-25 所示。

图 6-24 歌曲播放的效果图

```
12   getCurrentTime: function () {
13
14       var strCurrentTime = iAC.currentTime;
15       var intCurrentTime = parseInt(iAC.currentTime);
16       var minCurrentTime = "0" + parseInt(intCurrentTime / 60);
17       var secCurrentTime = intCurrentTime % 60;
18
19       if (secCurrentTime < 10) {
20           secCurrentTime = "0" + secCurrentTime;
21       };
22
23       var tCurrentTime = minCurrentTime + ':' + secCurrentTime;    /*  00:00  */
24       return tCurrentTime;
25   },
26
27   getDuration: function () {
28       strDuration = iAC.duration;
29       var intDuration = parseInt(iAC.duration);
30       var minDuration = "0" + parseInt(intDuration / 60);
31       var secDuration = intDuration % 60;
32
33       if (secDuration < 10) {
34           secDuration = "0" + secDuration;
35       };
36
37       var tDuration = minDuration + ':' + secDuration;
38       return tDuration;
39   },
40   startPlay: function() {
41       var that = this;
42       iAC.play();
43       that.setData({
44           isPlaying: false
45       });
46       iAC.onTimeUpdate(() => {
47           console.log("音乐播放开始");
48           var tmpCurrentTime = that.getCurrentTime();
49           var tmpDuration = that.getDuration();
50           that.setData({
51               smCurrentTime: tmpCurrentTime,
52               smDuration: tmpDuration
53           })
54       });
55       console.log("音乐播放开始");
56   },
```

图 6-25 修改 index.js

至此,程序运行的效果如图 6-26 所示。

3 显示播放进度

为了显示播放进度,需要引入存储播放进度的变量,并在歌曲的播放过程中计算并更新其值。如图 6-27 所示,在 index.js 中第 9 行代码之后增加了变量 playPercent 并将其初始化为 0,用于表示程序开始运行时播放进度为 0;在第 52 行代码之后增加了第 53 行代码,即用歌曲的当前播放时间除以歌曲的总时长,然后乘以 100,表示播放进度条的值,通过使用 setData 方法将该值赋给 playPercent,从而最终实现了用进度条显示歌曲的播放进度。

图 6-26 显示歌曲的当前播放
进度和总时长

```
8      smCurrentTime: "00:00",
9      smDuration: "00:00",
10     playPercent:0,
11   },
12   getCurrentTime: function () {
13
14     var strCurrentTime = iAC.currentTime;
15     var intCurrentTime = parseInt(iAC.currentTime);
16     var minCurrentTime = "0" + parseInt(intCurrentTime / 60);
17     var secCurrentTime = intCurrentTime % 60;
18
19     if (secCurrentTime < 10) {
20       secCurrentTime = "0" + secCurrentTime;
21     };
22
23     var tCurrentTime = minCurrentTime + ':' + secCurrentTime;   /*  00:00  */
24     return tCurrentTime;
25   },
26
27   getDuration: function () {
28     var strDuration = iAC.duration;
29     var intDuration = parseInt(iAC.duration);
30     var minDuration = "0" + parseInt(intDuration / 60);
31     var secDuration = intDuration % 60;
32
33     if (secDuration < 10) {
34       secDuration = "0" + secDuration;
35     };
36
37     var tDuration = minDuration + ':' + secDuration;
38     return tDuration;
39   },
40   startPlay: function() {
41     var that = this;
42     iAC.play();
43     that.setData({
44       isPlaying: false
45     });
46     iAC.onTimeUpdate(() => {
47       console.log("音乐播放开始");
48       var tmpCurrentTime = that.getCurrentTime();
49       var tmpDuration = that.getDuration();
50       that.setData({
51         smCurrentTime: tmpCurrentTime,
52         smDuration: tmpDuration,
53         playPercent:100*iAC.currentTime/iAC.duration,
54       })
```

图 6-27 再次编辑 index.html

图 6-28 显示了音乐播放时的效果,包括显示了当前的播放时间、总时长和播放进度,播放的按钮为暂停播放。

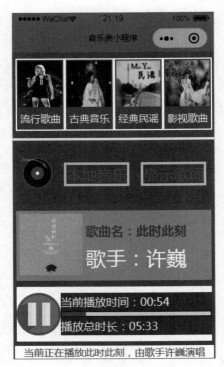

图 6-28　首页音乐播放的效果

6.3.3　歌曲列表界面的实现

为了实现歌曲列表的界面,需要先在 app.json 文件中增加歌曲列表界面对应的文件夹 songList,然后分别编辑 songList.wxml 和 songList.wxss,再修改 app.js 和 songList.js 文件实现载入歌曲并显示在歌曲列表中,最后为了能从首页界面跳转到歌曲列表界面,还需要修改 index.js 文件为跳转函数 goToSongList 编写实现的代码。

1 修改 app.json 文件

在 app.json 文件第 3 行后新增第 4 行 pages/songList/songList,如图 6-29 所示。

```
app.json          ×
1    {
2      "pages": [
3        "pages/index/index",
4        "pages/songList/songList"
5      ],
6      "window": {
7        "backgroundTextStyle": "light",
8        "navigationBarBackgroundColor": "#1797D4",
9        "navigationBarTitleText": "音乐类小程序",
10       "navigationBarTextStyle": "black"
11     },
12       "requiredBackgroundModes": [
13         "audio"
14       ],
15       "debug": true,
16     "sitemapLocation": "sitemap.json"
17   }
```

图 6-29　修改 app.json 文件

在 app.json 中增加的第 4 行代码将在 pages 文件夹下创建 songList 子文件夹。由于 pages 文件夹下仍存在 logs 子文件夹,此时将其删除之,最终的效果如图 6-30 所示。

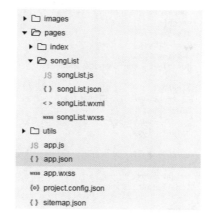

图 6-30 在 pages 文件夹中删除 logs 子文件夹
并创建 songList 子文件夹后的效果

2 编辑 songList.wxml 和 songList.wxss

将如图 6-31 所示的所有代码(第 1 行到第 38 行)写入 songList.wxml 文件中。

```
songList.wxml ×
 1   <!--pages/songList/songList.wxml-->
 2   <view class='search'>
 3     <view class='searchBg'>
 4       <input type="text" placeholder='请输入歌曲名或歌手名' placeholder-class="holder"></input>
 5     </view>
 6     <view class="btn" bindtap='searchSong'>确定</view>
 7     <view bindtap='pauseSong'>
 8         <image src="../../images/pause.jpg" style='width:30px;height:30px'></image>
 9     </view>
10   </view>
11   <block wx:for="{{songs}}" wx:key="{{songs.id}}">
12     <block wx:if="{{item.type==1}}">
13       <view class="itemChild">
14         <view><image src="{{item.img}}" style='width:70px;height:70px'></image></view>
15         <view class='song'>
16           <view class="name">
17             <view>{{item.id}}.{{item.name}}</view>
18           </view>
19           <view class='singer'>{{item.singer}}</view>
20         </view>
21         <view class="play" id="{{item.id}}" bindtap='playSong'>
22           <image src="../../images/play.jpg" style='width:40px;height:40px'></image>
23         </view>
24
25       </view>
26     </block>
27     <block wx:else>
28       <view class class="itemPlay" >
29         <view><image src="{{item.img}}" style='width:70px;height:70px'></image></view>
30         <view class="songInfo">
31           <view>{{item.id}}.{{item.singer}}-{{item.name}}</view>
32         </view>
33         <view class="play" id="{{item.id}}" bindtap='playSong'>
34             <image src="../../images/play.jpg" style='width:40px;height:40px'></image>
35         </view>
36       </view>
37     </block>
38   </block>
```

图 6-31 将所有代码写入 songList.wxml

然后再将如图 6-32 所示的第 1 行到第 65 行代码写入文件 songList.wxss 中。

```
songList.wxss  ×
 1    /* pages/songList/songList.wxss */
 2    .search{
 3      display:flex;
 4      flex-direction: row;
 5      padding:5px;
 6      justify-content: space-around;
 7    }
 8    .searchBg{
 9      background-color:□#f2f2f2;
10      width:70%;
11      border-radius:5px;
12      height: 30px;
13    }
14    .search input{
15      margin-left:10px;
16      height:30px;
17      line-height: 30px;
18    }
19    .holder{
20      font-size: 13px;
21    }
22    .btn{
23      color:■#1797D4;
24      font-size: 13px;
25      line-height: 30px;
26      margin-left: 10px;
27    }
28    .itemChild{
29      border: 2px double ■blueviolet;
30      display: flex;
31      flex-direction: row;
32      height: 71px;
33      align-items: center;
34      justify-content: space-between;
35    }
36    .song{
37      color:■#1797D4;
38      padding:10px;
39      width: 100%;
40    }
41    .name{
42      display: flex;
43      flex-direction: row;
44    }
45    .singer{
46      margin-top:5px;
47      font-size: 13px;
48      color:■#666666;
49    }
50    .itemPlay{
51      border: 2px solid ■rgb(23, 247, 41);
52      display: flex;
53      flex-direction: row;
54      background-color: □#F5F5F5;
55      height: 71px;
56      align-items: center;
57      justify-content: space-between;
58    }
59    .play{
60      padding-top:10px;
61    }
62    .songInfo{
63      padding:10px;
64      width: 100%;
65    }
```

图 6-32   编辑 songList.wxss

第6章　音乐类微信小程序　**361**

3 修改 app.js 和 songList.js 文件实现载入歌曲

删除 app.js 中项目创建时自动产生的部分代码,在 onLaunch 函数中写入调用加载歌曲的函数,该函数将 10 首不同类型的歌曲存入变量 songs 中,用于后续显示在歌曲列表界面上。如图 6-33 所示为修改后的 app.js 代码。

```
//app.js
App({
  onLaunch: function () {
    var songs = wx.getStorageSync('songs');
    if (!songs) {
      songs = this.loadSongs();
      wx.setStorageSync('songs', songs);
    }
  },
  loadSongs: function () {
    var songs = new Array();
    var song1 = new Object();
    song1.id = 1;
    song1.name = "虫儿飞";
    song1.singer = "杨烁";
    song1.author = "林夕";
    song1.song = "陈光荣";
    song1.img = "https://y.gtimg.cn/music/photo_new/T002R300x300M000003eVuto0Dae2V.jpg?max_
age=2592000";
    song1.url = "http://117.169.70.22/amobile.music.tc.qq.com/C400004PD71W0q0x2K.m4a?guid=
3864147840&vkey=AF570B41C42CC0C33F3902B4A22833056BB907A5E97CEFFF72ECE9162E3A6FCDB93E5E8
F044FF860601A5B9A057CE747DE6996FAF90FC4D2&uin=7434&fromtag=66";
    song1.type = 1;
    songs.push(song1);

    var song2 = new Object();
    song2.id = 2;
    song2.name = "来自天堂的魔鬼 (Away)";
    song2.singer = "G.E.M.邓紫棋 (Gem Tang)";
    song2.author = "G.E.M.";
    song2.song = "G.E.M.";
    song2.img =
"https://y.gtimg.cn/music/photo_new/T002R300x300M000003c616O2Zlswm.jpg?max_age=2592000";
    song2.url =
"http://dl.stream.qqmusic.qq.com/C400004dFFPd4JNv8q.m4a?guid=3864147840&vkey=A7EA3F0AF8E
A2CA049E4780A30B4339C50B73B63BD61861A89D7D39F46277B3CD0D77A368DEBBEF016DC3CEE3132E0BE67C0F
EC364E8361F&uin=7434&fromtag=66"
    song2.type = 2;
    songs.push(song2);

    var song3 = new Object();
    song3.id = 3;
    song3.name = "西施 (新版)";
    song3.singer = "晏菲";
```

图 6-33　编辑 app.js

```
        song3.author = "晏菲/张";
        song3.song = "承泽训";
        song3.img =
"https://y.gtimg.cn/music/photo_new/T002R300x300M000001L5W9H1l7CEf.jpg";
        song3.url =
'http://117.169.85.21amobile.music.tc.qq.com/C400002EEFck2CAGiP.m4a?guid = 3864147840&vkey =
85B0AA3BFB41CE4F345E4C88CD5B53DBD8ACA67FABF393113F7DF7F846E833004A65369B99DD7658790B80EE8
EE3B7E8D6E50610ED7C9131&uin = 7434&fromtag = 66';
        song3.type = 2;
        songs.push(song3);

        var song4 = new Object();
        song4.id = 4;
        song4.name = "小兔子乖乖";
        song4.singer = "儿歌";
        song4.author = "黎锦晖";
        song4.song = "黎锦晖";
        song4.img =
"https://y.gtimg.cn/music/photo_new/T002R300x300M000002bwyC53qyMSP.jpg?max_age = 2592000";
        song4.url =
'http://117.169.70.15amobile.music.tc.qq.com/C400002P5WoA4XBHqx.m4a?guid = 3864147840&vkey
= 18D7081444E9D5351D99ED71CB9A138DBD287736AE843C5114C0F89D06BAB62E1DBD937E2708B6AB9569417
13BC51AB5E679EE36E6583128&uin = 7434&fromtag = 66';
        song4.type = 1;
        songs.push(song4);

        var song5 = new Object();
        song5.id = 5;
        song5.name = "数鸭子";
        song5.singer = "儿歌";
        song5.author = "胡小环";
        song5.song = "胡小环";
        song5.img =
"https://y.gtimg.cn/music/photo_new/T002R300x300M000001KLLNA3uiRhr.jpg?max_age = 2592000";
        song5.url =
'http://117.169.70.23/amobile.music.tc.qq.com/C400000HgNMp1vCeYR.m4a?guid = 3864147840&vkey
= AA6D647A0B2CC70A33C2BBB2BF4CCC82000DBF8FF9277423CF4B27E633332E09E07122C85EA333CB9E9C797
66A9932D03718DB63BADB5FA8&uin = 7434&fromtag = 66';
        song5.type = 1;
        songs.push(song5);

        var song6 = new Object();
        song6.id = 6;
        song6.name = "该死的温柔";
        song6.singer = "马天宇";
        song6.author = "秦天";
        song6.song = "秦天";
        song6.img =
"https://y.gtimg.cn/music/photo_new/T002R300x300M000000mtyRr43VBPu.jpg?max_age = 2592000";
```

图 6-33　编辑 app.js（续）

```
    song6.url =
'http://117.169.70.20/amobile.music.tc.qq.com/C400000TIBdC0xuRPc.m4a?guid = 3864147840&vkey =
4FB8CBE2387BBF7EFBE3360238C6342F62417B0456EF0B3FF1542C4AE1F6C46E172476D70BBEBAB2D3EAE40C4F
9962914341534EF55359AB&uin = 7434&fromtag = 66';
    song6.type = 2;
    songs.push(song6);

    var song7 = new Object();
    song7.id = 7;
    song7.name = "拔萝卜";
    song7.singer = "儿歌";
    song7.author = "陈歌辛";
    song7.song = "陈歌辛";
    song7.img =
"https://y.gtimg.cn/music/photo_new/T002R300x300M000000L6nUC4Ahw9t.jpg?max_age = 2592000";
    song7.url =
'http://117.169.70.20/amobile.music.tc.qq.com/C400001QZU723FkjFs.m4a?guid = 3864147840&vkey
= 1DBA667403CD41A9B06C01C27B9145699E97F318C7AA9228D49C8503AC43379EAA08A88B5E52C25E1FE54C8
BEB83D6FF904579BCE425D544&uin = 7434&fromtag = 66';
    song7.type = 1;
    songs.push(song7);

    var song8 = new Object();
    song8.id = 8;
    song8.name = "捉泥鳅";
    song8.singer = "卓依婷";
    song8.author = "侯德健";
    song8.song = "侯德健";
    song8.img =
"https://y.gtimg.cn/music/photo_new/T002R300x300M0000008OsNo3oznw2.jpg?max_age = 2592000";
    song8.url =
'http://117.169.70.21/amobile.music.tc.qq.com/C400003mj9BY0oMM4w.m4a?guid = 3864147840&vkey
= A0B44AA70C6B9FE3F0389F6978FD2969591563DC42E544EB499142633A631095429D7FD9E2175451D3983DC
AD6EB87253823F5F9CCA82B05&uin = 7434&fromtag = 66';
    song8.type = 1;
    songs.push(song8);

    var song9 = new Object();
    song9.id = 9;
    song9.name = "棋子（台视二八年华片头曲）";
    song9.singer = "王菲";
    song9.author = "潘丽玉";
    song9.song = "杨明煌";
    song9.img =
"https://y.gtimg.cn/music/photo_new/T002R300x300M000000FNu3x0z6JQr.jpg?max_age = 2592000";
    song9.url =
'http://117.169.70.22/amobile.music.tc.qq.com/C400003Yhimu4ByKlb.m4a?guid = 3864147840&vkey
= 05DB95D472A067FEE0EFE2CEDC5DF2388299BE644423A9F5C7621271E06F8FA747B62366956D667AFA24099E
7B7FCE85FB39C2E01DA475BB&uin = 7434&fromtag = 66';
```

图 6-33　编辑 app.js（续）

```
        song9.type = 2;
        songs.push(song9);

        var song10 = new Object();
        song10.id = 10;
        song10.name = "王老先生有块地";
        song10.singer = "儿歌";
        song10.author = " ";
        song10.song = " ";
        song10.img =
"https://y.gtimg.cn/music/photo_new/T002R300x300M000001aMfG71F5umR.jpg?max_age=2592000";
        song10.url =
'http://117.169.85.21/amobile.music.tc.qq.com/C400003AOvCD1eyV6P.m4a?guid=3864147840&vkey=
A8D4156374352E27941F102779641397D9A5EF426843683260ACB80801B7DB8199299BF3EEEAA5BF1DA65D754
675AA6B4FBCF2E78AB6087C&uin=7434&fromtag=66';
        song10.type = 1;
        songs.push(song10);
        return songs;
    },
    globalData: {
      userInfo: null
    }
})
```

图 6-33　编辑 app.js（续）

　　继续编辑文件 songList.js，增加了第 8 行代码（申明了变量 songs），第 10 行到第 13 行代码（定义 loadSongs 方法，将存有 10 首歌曲的对象存入变量 songs 中，并用 setData 方法将其显示在视图层）及第 18 行代码（在 onLoad 函数中调用 loadSongs 方法），如图 6-34 所示。

　　4 修改 index.js 文件实现从首页跳转至歌曲列表界面

　　为了实现在首页界面点击本地音乐按钮跳转到列表界面，还需要修改 index.js 文件，在第 69 行之后增加图 6-35 所示的第 70 行到第 74 行代码。上述代码实现了 goToSongList 函数，通过使用 wx.navigateTo 方法实现跳转至 songList（即歌曲列表界面）。

```
songList.js  ×
 1  // pages/songList/songList.js
 2  Page({
 3
 4    /**
 5     * 页面的初始数据
 6     */
 7    data: {
 8      songs: []
 9    },
10    loadSongs: function () {
11      var songs = wx.getStorageSync('songs');
12      this.setData({ songs: songs });
13    },
14    /**
15     * 生命周期函数--监听页面加载
16     */
17    onLoad: function (options) {
18      this.loadSongs();
19    },
```

```
70    goToSongList:function(){
71      wx.navigateTo({
72        url: '../songList/songList',
73      })
74    }
```

图 6-34　编辑 songList.js　　　　　　　　图 6-35　编辑 app.js

至此,歌曲列表界面实现完毕,在首页界面点击本地音乐按钮,将跳转到歌曲列表界面,如图 6-36 所示。儿童歌曲的信息分为两行显示,非儿童歌曲的信息仅显示在单行上。

图 6-36　歌曲列表界面的效果

```javascript
// pages/songList/songList.js
const bgA = wx.getBackgroundAudioManager();
Page({

  /**
   * 页面的初始数据
   */
  data: {
    songs: []
  },
  loadSongs: function () {
    var songs = wx.getStorageSync('songs');
    this.setData({ songs: songs });
  },
  playSong: function (e) {
    var that = this;
    var id = e.currentTarget.id;


    var songs = wx.getStorageSync('songs');
    var arr = new Array();

    for (var i = 0; i < songs.length; i++) {
      if (id == songs[i].id) {
        var song = songs[i];
        break;
      }
    }

    bgA.title = song.name;
    bgA.epname = song.name;
    bgA.singer = song.singer;
    bgA.coverImgUrl = song.img;

    bgA.src = song.url;
    bgA.play();
  },
  pauseSong: function (e) {
    if (!bgA.paused)
      bgA.pause();
  },
```

图 6-37　修改 songList.js 文件

6.3.4　歌典列表界面音乐的播放和暂停的实现

在本节实现音乐的播放和暂停时,不再使用首页界面中音乐播放的方法 wx.createInnerAudioContext( )创建 InnerAudioContext 对象,而是使用 wx. getBackground-AudioManager( )方法创建 BackgroundAudioManager 对象来实现音乐播放。接下来对 songList. js 文件进行编辑,在第 1 行代码后添加第 2 行代码(即用 wx. getBackground-AudioManager( )方法创建一个 BackgroundAudioManager 类型的全局对象 bgA),在第 14 行代码之后添加第 15 行到第 41 行代码,分别实现 playSong 函数(第 15 行代码到第 37 行代码)和 pauseSong 函数(第 38 行代码到第 41 行代码),具体如图 6-37 所示。

至此,已经实现了歌曲列表界面。点击某一首歌曲对应的播放按钮,则可播放该首歌曲;点击界面右上方的暂停按钮,则当前播放的歌曲暂停播放。

请注意:由于 app. js 文件中 loadSongs 函数内 10 首歌曲的 URL 并非一直有效,因此,若按照本节的代码调试程序,可能会发生音乐无法播放的问题。本章配套的课件中详细介绍了如何获取有效的 URL,请不熟悉该操作的读者参考课件中该部分内容。

6.3.5　歌典列表界面按歌手名或歌曲名查找歌曲

为了实现按歌手名或歌曲名查找歌曲,需要对 songList.wxml 和 songList.js 文件进行编辑。

如图 6-38 所示,在 songList.wxml 文件的第 4 行对 input 组件添加 bindblur 事件,绑定 getName 函数。

```
songList.wxml ×
 1   <!--pages/songList/songList.wxml-->
 2   <view class='search'>
 3     <view class='searchBg'>
 4       <input type="text" placeholder='请输入歌曲名或歌手名' placeholder-class="holder" bindblur='getName'></input>
 5     </view>
 6     <view class='btn' bindtap='searchSong'>确定</view>
 7     <view bindtap='pauseSong'>
 8       <image src="../../images/pause.jpg" style='width:30px;height:30px'></image>
 9     </view>
10   </view>
```

图 6-38　修改 songList.wxml 文件

如图 6-39 所示,在文件 songList.js 中第 2 行代码之后插入了第 3 行代码,该行代码定义了一个变量 name,并将其初始化为空;在第 11 行代码之后添加第 12 行到第 26 行代码,其中第 12 行到第 14 行代码实现了 getName 函数,将用户输入的歌手名或歌曲名存放变量 name 中;第 15 行代码到第 26 行代码实现了 searchSong 函数,在变量 songs 中查找 name,由于 songs 中存放了所有的歌曲和歌手名,因此实现了按歌手名或歌曲名查找歌曲。

```
songList.js  ●
 1   // pages/songList/songList.js
 2   const bgA = wx.getBackgroundAudioManager();
 3   var name = '';
 4   Page({
 5
 6     /**
 7      * 页面的初始数据
 8      */
 9     data: {
10       songs: []
11     },
12     getName: function (e) {
13       name = e.detail.value;
14     },
15     searchSong: function () {
16       console.log("name:" + name);
17       var songs = wx.getStorageSync('songs');
18       var arr = new Array();
19       for (var i = 0; i < songs.length; i++) {
20         var m = songs[i];
21         if (m.name.indexOf(name) > -1 || m.singer.indexOf(name) > -1) {
22           arr.push(m);
23         }
24       }
25       this.setData({ songs: arr });
26     },
```

图 6-39　修改 songList.js 文件

图 6-40 显示了在 input 组件中输入"子"并点击确定按钮后查找的结果,由于歌曲名为"小兔子乖乖""数鸭子"和"棋子"这三首歌曲中均包含"子",因此都被查找出来并显示在结果列表中。

图 6-40 按歌手名或歌曲名查找的结果

6.3.6 歌词动态显示的实现

本节将以播放歌曲此时此刻并动态显示其歌词为例来详细介绍如何实现在播放歌曲时同步动态显示歌词。首先需要修改 app.json 文件,从而实现在 pages 文件夹下自动创建 showLrc 子文件夹及相关文件,然后需要编辑 showLrc.wxml 和 showLrc.wxss 实现该页面的显示,还需要修改 showLrc.js 和 index.js 实现歌词的动态显示,最后修改 index.js 文件实现从首页界面跳转到歌词动态显示的界面,具体步骤如下。

1 修改小程序的公共文件 app.json

为了在 pages 文件夹下自动创建 showLrc 子文件夹及相关文件,首先要修改小程序的公共文件 app.json。在该文件中增加第 4 行代码之后增加第 5 行代码 pages/showLrc/showLrc,如图 6-41 所示。

> **注意**:添加第 5 行代码时,一定不要漏掉添加第 4 行尾部的英文逗号(,)。

图 6-42 显示了添加代码后在 pages 文件夹下成功创建子文件夹 showLrc,并在其下成功创建 showLrc.wxml、showLrc.wxss 和 showLrc.js 三个文件。

2 编辑 showLrc.wxml 和 showLrc.wxss

在文件 showLrc.wxml 中输入如图 6-43 所示的第 1 行到第 20 行所有代码。

继续在 showLrc.wxss 文件中输入如图 6-44 中所有代码。

图 6-45 为编辑 showLrc.wxml 和 showLrc.wxss 后的界面效果。

3 修改 showLrc.js

为了实现歌词的动态显示,还需要进一步编辑 showLrc.js,代码如图 6-46 所示。

```
app.json        ×
1   {
2       "pages": [
3           "pages/index/index",
4           "pages/songList/songList",
5           "pages/showLrc/showLrc"
6       ],
7       "window": {
8           "backgroundTextStyle": "light",
9           "navigationBarBackgroundColor": "#1797D4",
10          "navigationBarTitleText": "音乐类小程序",
11          "navigationBarTextStyle": "black"
12      },
13      "requiredBackgroundModes": [
14          "audio"
15      ],
16      "debug": true,
17      "sitemapLocation": "sitemap.json"
18  }
```

图 6-41　修改 app.json

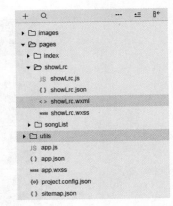

图 6-42　修改 app.json 后的效果

```
showLrc.wxml    ×
1   <!--pages/showLrc/showLrc.wxml-->
2   <view class="nav">
3       <image src="../../images/csck.jpg" class="img"></image>
4       <block wx:if="{{isPlaying===true}}">
5           <image src="../../images/play.jpg" class="img" bindtap="startPlay"></image>
6       </block>
7       <block wx:if="{{isPlaying===false}}">
8           <image src="../../images/pause.jpg" class="img" bindtap="pausePlay"></image>
9       </block>
10  </view>
11  <view class=".progress"><progress percent='{{playPercent}}' activeColor='red'> </progress></view>
12  <view>
13  <scroll-view  scroll-y="true" scroll-with-animation='true' scroll-top='{{marginTop}}' >
14      <view class='contentText'>
15          <block wx:for='{{strContent}}'>
16              <text class="{{currentIndex == index ? 'currentTime' : ''}}">{{item[1]}}</text>
17          </block>
18      </view>
19  </scroll-view>
20  </view>
```

图 6-43　编辑 showLrc.wxml

```
showLrc.wxss    ×
1   .nav {
2       display: flex;
3       flex-direction: row;
4       border: 2px solid #1dff23;
5       justify-content: space-evenly;
6   }
7
8   .img {
9       width: 100px;
10      height: 100px;
11      padding-top: 0px;
12  }
13
14  .progress {
15      border: 2px solid #7196fa;
16  }
17
18  scroll-view {
19      width: 100%;
20      height: 380px;
21      white-space: nowrap;
22  }
23
24  .contentText {
25      display: flex;
26      flex-direction: column;
27  }
28
29  .currentTime {
30      font-size: 28px;
31      color: red;
32  }
```

图 6-44　编辑 showLrc.wxss

图 6-45　编辑 showLrc.wxml 和 showLrc.wxss
的歌词动态显示界面的效果

```
const innerAudioContext = wx.createInnerAudioContext();
var result = [];
Page({

  /**
   * 页面的初始数据
   */
  data: {
    isPlaying: true,
    //文稿内容
    lrcDir: " '[00:01.27]此时此刻\n', '[00:03.56]演唱: 许巍\n', '[00:11.13]\n', '[00:20.93]此
刻谁在茫茫人海之中\n', '[00:26.11]\n', '[01:27.87]在这浩瀚的宇宙\n', '[01:31.12]蓝色的城市\
n', '[01:34.69]只是生命的旅程\n', '[01:38.06]瞬间的停留\n', '[01:40.95]无论欢乐和悲伤\n',
'[01:44.31]我已不会再回头\n', '[01:47.74]只是自在向远方\n', '[01:51.49]也来不及感伤\n',
'[01:54.38]\n', '[01:56.88]如此难舍的美丽\n', '[02:00.42]萦绕我脑海\n', '[02:03.73]难以挥去
的不安\n', '[02:07.17]曾在我心里\n', '[02:10.00]无论欢乐和悲伤\n', '[02:13.57]我已不会再回
头\n', '[02:16.87]只是寂静向远方\n', '[02:20.52]这光明的旅程\n', '[02:23.55]\n', '[02:25.68]
此刻谁在群山云海之巅\n', '[02:32.86]自在的心畅游天外之天\n', '[02:39.71]此刻谁在清晨伫立
海边\n', '[02:45.77]迎着朝阳缓缓升起\n', '[02:52.44]心中开启无言欣喜\n', '[02:58.32]\n',
'[03:27.80]此刻谁在茫茫人海之中\n', '[03:34.55]久久凝视日落向着天边\n', '[03:41.36]心中绽
放自由的梦想\n', '[03:48.30]默默思念旅行的终点\n', '[03:52.99]\n', '[04:22.77]此刻谁在茫茫人
海之中\n', '[04:29.40]久久凝视日落向着天边\n', '[04:36.21]心中绽放自由的梦想\n', '[04:43.01]默
默思念旅行的终点\n'",
    //文稿数组,转化完成用来在 wxml 中使用
    strContent: [],
    //文稿滚动距离
    marginTop: 0,
    //当前正在第几行
    currentIndex: 0,
    playPercent: 0,
  },


  parseLyric: function(text) {
    result = [];
    var lines = text.split(','); //切割每一行
    var mpattern = /\[\d{2}:\d{2}.\d{2}\]/g;
    var rpattern = /'\[\d{2}:\d{2}.\d{2}\] * '/g;
    lines.forEach(function(v /* 数组元素值 */, i /* 元素索引 */, a /* 数组本身 */) {
      //提取出时间[xx:xx.xx]
      var time = v.match(mpattern);
      //提取歌词
      var value = v.replace(rpattern, '');
      //console.log('value:' + value);
      // 因为一行里面可能有多个时间,所以 time 有可能是[xx:xx.xx][xx:xx.xx][xx:xx.xx]的形
式,需要进一步分隔
      time.forEach(function(v1, i1, a1) {
        //去掉时间里的中括号得到 xx:xx.xx
        var t = v1.slice(1, -1).split(':');
        //将结果压入最终数组
```

图 6-46 编辑 showLrc.js

```
            result.push([parseInt(t[0], 10) * 60 + parseFloat(t[1]), value.slice(12, value.
length - 1)]);
        });
    });
    //最后将结果数组中的元素按时间大小排序,以便保存之后正常显示歌词
    result.sort(function(a, b) {
        return a[0] - b[0];
    });
    return result;
},

sliceNull: function(lrc) {
    var result = []
    for (var i = 0; i < lrc.length; i++) {
        if (lrc[i][1] == "") {} else {
            result.push(lrc[i]);
        }
    }
    return result;
},

startPlay: function() {
    var that = this;
    //var playPercent = 0;
    innerAudioContext.src =
'http://117.169.85.16/amobile.music.tc.qq.com/C4000019AA3loPDANA.m4a?guid = 4192588280&vkey =
2BB6EC4B91E195067D4F0A57888923B4E75DADD177AEB29AD96E322F47473363E711A6EF36986B8850CCA2C599
D3EA5927EEBB7D351D49B6&uin = 7434&fromtag = 66'
    //innerAudioContext.loop = true;
    innerAudioContext.autoplay = true;
    that.setData({
        isPlaying: false
    });

    innerAudioContext.onTimeUpdate(function() {
        var playPercent = 100 * innerAudioContext.currentTime / innerAudioContext.duration;
        that.setData({
            playPercent: 100 * innerAudioContext.currentTime / innerAudioContext.duration,
        })

        if (that.data.currentIndex >= 6) { //超过 6 行开始滚动
            var marginTop = that.data.marginTop;
            that.setData({
                marginTop: (that.data.currentIndex - 6) * 20
            })
        }
        // 文稿对应行颜色改变
        if (that.data.currentIndex != that.data.strContent.length - 1) { //
            var j = 0;
```

图 6-46　编辑 showLrc.js（续）

```
        for (var j = that.data.currentIndex; j < that.data.strContent.length; j++) {
            // 当前时间与前一行,后一行时间作比较,j:代表当前行数
            if (that.data.currentIndex == that.data.strContent.length - 2) {
                //最后一行只能与前一行时间比较
                if (parseFloat(innerAudioContext.currentTime) >
parseFloat(that.data.strContent[that.data.strContent.length - 1][0])) {
                    that.setData({
                        currentIndex: that.data.strContent.length - 1
                    })
                    return;
                }
            } else {
                if (parseFloat(innerAudioContext.currentTime) >
parseFloat(that.data.strContent[j][0]) && parseFloat(innerAudioContext.currentTime) <
parseFloat(that.data.strContent[j + 1][0])) {
                    that.setData({
                        currentIndex: j
                    })
                    return;
                }
            }
        }
    })
},

pausePlay: function() {
    var that = this;
    innerAudioContext.pause();
    that.setData({
        isPlaying: true
    });
},

/**
 * 生命周期函数 -- 监听页面加载
 */
onLoad: function(options) {
    var that = this;
    this.setData({
        strContent: that.sliceNull(that.parseLyric(that.data.lrcDir))
    })
},

/**
 * 生命周期函数 -- 监听页面初次渲染完成
 */
```

图 6-46 编辑 showLrc.js（续）

```
    onReady: function() {

    },

    /**
     * 生命周期函数－－监听页面显示
     */
    onShow: function() {

    },

    /**
     * 生命周期函数－－监听页面隐藏
     */
    onHide: function() {
      wx.navigateBack({

      })
    },

    /**
     * 生命周期函数－－监听页面卸载
     */
    onUnload: function() {

    },

    /**
     * 页面相关事件处理函数－－监听用户下拉动作
     */
    onPullDownRefresh: function() {

    },

    /**
     * 页面上拉触底事件的处理函数
     */
    onReachBottom: function() {

    },

    /**
     * 用户点击右上角分享
     */
    onShareAppMessage: function() {

    }
})
```

图 6-46　编辑 showLrc.js（续）

4 编辑 index.js

为了实现从首页界面跳转到歌词动态显示的界面,在 index.js 文件第 74 行代码之后输入图 6-47 所示的第 75 行至第 79 行代码,即实现了 goToShowLrc 函数。

至此,已经完成了歌曲播放时歌词的动态显示,播放歌曲"此时此刻",其歌词动态显示的效果如图 6-48 所示。

```
75    goToShowLrc: function () {
76      wx.navigateTo({
77        url: '../showLrc/showLrc',
78      })
79    }
```

图 6-47 在 detail.wxml 中输入代码   图 6-48 歌曲播放时歌词动态播放的效果

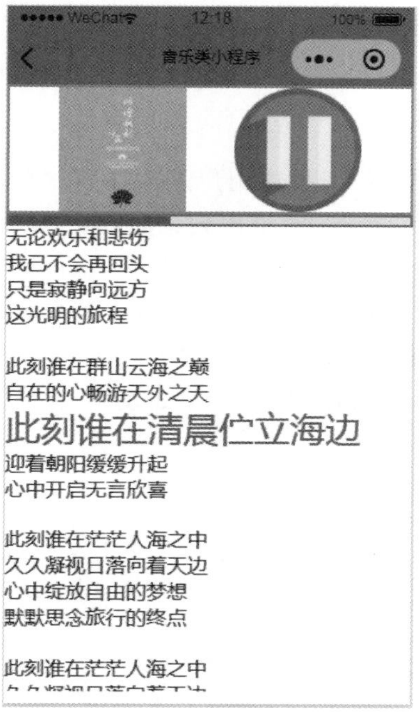

6.4 小结

本章详细描述了一个音乐类微信小程序开发的全过程。从介绍项目的需求和设计思路开始,到实现该项目的准备工作,再到该项目实现的关键之处,包括如何实现首页界面,如何在首页里实现音乐播放,如何实现歌曲列表界面并实现从首页界面跳转至该界面,如何实现在歌曲列表界面按歌手名或歌曲名查找相关歌曲,如何实现歌曲播放时歌词的动态显示等。

在实现这一项目的过程中,读者除了可以了解 app.json 和 app.js 的作用,还可以进一步了解并掌握 wx.getStorageSync() 和 wx.setStorageSync() 等数据缓存类 API 的用法、wx.createInnerAudioContext() 和 wx.getBackgroundAudioManager() 等媒体类音频 API 的用法。

本章介绍的音乐类微信小程序的音乐数据和对应图片均为运行时从网络上动态获取,故需联网才可运行。

附录 A 小程序场景值

场景值用来描述用户进入小程序的路径。由于安卓（Android）系统的限制，目前还无法获取到按 Home 键退出到桌面，然后从桌面再次进小程序的场景值，对于这种情况，会保留上一次的场景值。对于小程序，开发者可以在 App 的 onLaunch 和 onShow，或 wx. getLaunchOptionsSync 中获取上述场景值。部分场景值下还可以获取来源应用、公众号或小程序的 APPID，获取方式请参考对应 API 的说明文档。

完整场景值 ID 及说明如表 A.1 所示。

A.1 场景值 ID 和说明

序号	场景值 ID	说　明
1	1001	发现栏小程序主入口，「最近使用」列表（基础库 2.2.4 版本起包含「我的小程序」列表）
2	1005	微信首页顶部搜索框的搜索结果页
3	1006	发现栏小程序主入口搜索框的搜索结果页
4	1007	单人聊天会话中的小程序消息卡片
5	1008	群聊会话中的小程序消息卡片
6	1011	扫描二维码
7	1012	长按图片识别二维码
8	1013	扫描手机相册中选取的二维码
9	1014	小程序模板消息
10	1017	前往小程序体验版的入口页
11	1019	微信钱包（微信客户端 7.0.0 版本改为支付入口）
12	1020	公众号 profile 页相关小程序列表（其 appId 含义为来源公众号）
13	1022	聊天顶部置顶小程序入口（微信客户端 6.6.1 版本起废弃）
14	1023	安卓系统桌面图标
15	1024	小程序 profile 页
16	1025	扫描一维码
17	1026	发现栏小程序主入口，「附近的小程序」列表
18	1027	微信首页顶部搜索框搜索结果页「使用过的小程序」列表
19	1028	我的卡包
20	1029	小程序中的卡券详情页
21	1030	自动化测试下打开小程序
22	1031	长按图片识别一维码
23	1032	扫描手机相册中选取的一维码
24	1034	微信支付完成页
25	1035	公众号自定义菜单（其 appId 含义为来源公众号）

续表

序号	场景值 ID	说　明
26	1036	App 分享消息卡片（其 appId 含义为来源 App）
27	1037	小程序打开小程序（其 appId 含义为来源小程序）
28	1038	从另一个小程序返回（其 appId 含义为来源小程序）
29	1039	摇电视
30	1042	添加好友搜索框的搜索结果页
31	1043	公众号模板消息（其 appId 含义为来源公众号）
32	1044	带 shareTicket 的小程序消息卡片详情
33	1045	朋友圈广告
34	1046	朋友圈广告详情页
35	1047	扫描小程序码
36	1048	长按图片识别小程序码
37	1049	扫描手机相册中选取的小程序码
38	1052	卡券的适用门店列表
39	1053	搜一搜的结果页
40	1054	顶部搜索框小程序快捷入口（微信客户端版本 6.7.4 起废弃）
41	1056	聊天顶部音乐播放器右上角菜单
42	1057	钱包中的银行卡详情页
43	1058	公众号文章
44	1059	体验版小程序绑定邀请页
45	1064	微信首页连 WiFi 状态栏
46	1067	公众号文章广告
47	1068	附近小程序列表广告（已废弃）
48	1069	移动应用
49	1071	钱包中的银行卡列表页
50	1072	二维码收款页面
51	1073	客服消息列表下发的小程序消息卡片
52	1074	公众号会话下发的小程序消息卡片
53	1077	摇周边
54	1078	微信连 Wi-Fi 成功提示页
55	1079	微信游戏中心
56	1081	客服消息下发的文字链
57	1082	公众号会话下发的文字链
58	1084	朋友圈广告原生页
59	1089	微信聊天主界面下拉，「最近使用」栏（基础库 2.2.4 版本起包含「我的小程序」栏）
60	1090	长按小程序右上角菜单唤出最近使用历史
61	1091	公众号文章商品卡片
62	1092	城市服务入口
63	1095	小程序广告组件
64	1096	聊天记录
65	1097	微信支付签约页
66	1099	页面内嵌插件
67	1102	公众号 profile 页服务预览
68	1103	发现栏小程序主入口，「我的小程序」列表（基础库 2.2.4 版本起废弃）

续表

序号	场景值 ID	说　明
69	1104	微信聊天主界面下拉,「我的小程序」栏(基础库 2.2.4 版本起废弃)
70	1124	扫"一物一码"打开小程序
71	1125	长按图片识别"一物一码"
72	1126	扫描手机相册中选取的"一物一码"
73	1129	微信爬虫访问

注意：以上小程序场景值的定义及说明来自官方文档,其链接如下：

https://developers.weixin.qq.com/miniprogram/dev/framework/app-service/scene.html
https://developers.weixin.qq.com/miniprogram/dev/reference/scene-list.html。

小程序中canvas的颜色

在小程序的 canvas 中，可以用以下几种方式来表示其使用的颜色：

1. RGB 颜色值。

如：rgb(255，0，0)

2. RGBA 颜色值。

如：rgba(255，0，0，0.3)

3. 十六进制颜色值。

如：#FF0000

4. 预定义的颜色名称。

如：red

若需将某十六进制颜色值转 RGB 颜色值，方法如下。

例：将十六进制颜色值'#F0F8FF'转换为 RGB 颜色值。

首先得要知道十六进制数与十进制数的对应关系，如表 B.1 所示。

B.1　十六进制和十进制的对应关系

十六进制	0	1	2	3	4	5	6	7	8	9	A	B	C	D	E	F
十进制	0	1	2	3	4	5	6	7	8	9	10	11	12	13	14	15

（1）先将除#号以外的 6 位的十六进制颜色值按两位一组分成三组(F0)，(F8)和(FF)。

请注意十六进制的 F 为十进制数中的 15，十六进制 0 为十进制数中的 0，十六进制 8 为十进制数中的 8。

（2）将每一组十六进制数转换为十进制数。

$(F0)_{十进制}＝15*16＋0＝240$

$(F8)_{十进制}＝15*16＋8＝248$

$(FF)_{十进制}＝15*16＋15＝255$

十六进制颜色值 #F0F8FF 转换为 RGB 颜色值 rgb(240,248,255)。

在小程序的 canvas 中，预定义颜色有以下 148 个，颜色名称和十六进制颜色值见表 B.2，其中颜色名称大小写不敏感。欲了解更多信息，请访问以下官方链接：https://developers. weixin. qq. com/miniprogram/dev/api/canvas/Color. html。

表 B.2   预定义颜色名称和对应十六进制颜色值

序号	颜 色 名 称	十六进制颜色值
1	AliceBlue	#F0F8FF
2	AntiqueWhite	#FAEBD7
3	Aqua	#00FFFF
4	Aquamarine	#7FFFD4
5	Azure	#F0FFFF
6	Beige	#F5F5DC
7	Bisque	#FFE4C4
8	Black	#000000
9	BlanchedAlmond	#FFEBCD
10	Blue	#0000FF
11	BlueViolet	#8A2BE2
12	Brown	#A52A2A
13	BurlyWood	#DEB887
14	CadetBlue	#5F9EA0
15	Chartreuse	#7FFF00
16	Chocolate	#D2691E
17	Coral	#FF7F50
18	CornflowerBlue	#6495ED
19	Cornsilk	#FFF8DC
20	Crimson	#DC143C
21	Cyan	#00FFFF
22	DarkBlue	#00008B
23	DarkCyan	#008B8B
24	DarkGoldenRod	#B8860B
25	DarkGray	#A9A9A9
26	DarkGrey	#A9A9A9
27	DarkGreen	#006400
28	DarkKhaki	#BDB76B
29	DarkMagenta	#8B008B
30	DarkOliveGreen	#556B2F
31	DarkOrange	#FF8C00
32	DarkOrchid	#9932CC
33	DarkRed	#8B0000
34	DarkSalmon	#E9967A
35	DarkSeaGreen	#8FBC8F
36	DarkSlateBlue	#483D8B
37	DarkSlateGray	#2F4F4F
38	DarkSlateGrey	#2F4F4F
39	DarkTurquoise	#00CED1
40	DarkViolet	#9400D3
41	DeepPink	#FF1493
42	DeepSkyBlue	#00BFFF
43	DimGray	#696969

续表

序 号	颜 色 名 称	十六进制颜色值
44	DimGrey	＃696969
45	DodgerBlue	＃1E90FF
46	FireBrick	＃B22222
47	FloralWhite	＃FFFAF0
48	ForestGreen	＃228B22
49	Fuchsia	＃FF00FF
50	Gainsboro	＃DCDCDC
51	GhostWhite	＃F8F8FF
52	Gold	＃FFD700
53	GoldenRod	＃DAA520
54	Gray	＃808080
55	Grey	＃808080
56	Green	＃008000
57	GreenYellow	＃ADFF2F
58	HoneyDew	＃F0FFF0
59	HotPink	＃FF69B4
60	IndianRed	＃CD5C5C
61	Indigo	＃4B0082
62	Ivory	＃FFFFF0
63	Khaki	＃F0E68C
64	Lavender	＃E6E6FA
65	LavenderBlush	＃FFF0F5
66	LawnGreen	＃7CFC00
67	LemonChiffon	＃FFFACD
68	LightBlue	＃ADD8E6
69	LightCoral	＃F08080
70	LightCyan	＃E0FFFF
71	LightGoldenRodYellow	＃FAFAD2
72	LightGray	＃D3D3D3
73	LightGrey	＃D3D3D3
74	LightGreen	＃90EE90
75	LightPink	＃FFB6C1
76	LightSalmon	＃FFA07A
77	LightSeaGreen	＃20B2AA
78	LightSkyBlue	＃87CEFA
79	LightSlateGray	＃778899
80	LightSlateGrey	＃778899
81	LightSteelBlue	＃B0C4DE
82	LightYellow	＃FFFFE0
83	Lime	＃00FF00
84	LimeGreen	＃32CD32
85	Linen	＃FAF0E6
86	Magenta	＃FF00FF

序 号	颜 色 名 称	十六进制颜色值
87	Maroon	#800000
88	MediumAquaMarine	#66CDAA
89	MediumBlue	#0000CD
90	MediumOrchid	#BA55D3
91	MediumPurple	#9370DB
92	MediumSeaGreen	#3CB371
93	MediumSlateBlue	#7B68EE
94	MediumSpringGreen	#00FA9A
95	MediumTurquoise	#48D1CC
96	MediumVioletRed	#C71585
97	MidnightBlue	#191970
98	MintCream	#F5FFFA
99	MistyRose	#FFE4E1
100	Moccasin	#FFE4B5
101	NavajoWhite	#FFDEAD
102	Navy	#000080
103	OldLace	#FDF5E6
104	Olive	#808000
105	OliveDrab	#6B8E23
106	Orange	#FFA500
107	OrangeRed	#FF4500
108	Orchid	#DA70D6
109	PaleGoldenRod	#EEE8AA
110	PaleGreen	#98FB98
111	PaleTurquoise	#AFEEEE
112	PaleVioletRed	#DB7093
113	PapayaWhip	#FFEFD5
114	PeachPuff	#FFDAB9
115	Peru	#CD853F
116	Pink	#FFC0CB
117	Plum	#DDA0DD
118	PowderBlue	#B0E0E6
119	Purple	#800080
120	RebeccaPurple	#663399
121	Red	#FF0000
122	RosyBrown	#BC8F8F
123	RoyalBlue	#4169E1
124	SaddleBrown	#8B4513
125	Salmon	#FA8072
126	SandyBrown	#F4A460
127	SeaGreen	#2E8B57
128	SeaShell	#FFF5EE
129	Sienna	#A0522D

续表

序　号	颜 色 名 称	十六进制颜色值
130	Silver	#C0C0C0
131	SkyBlue	#87CEEB
132	SlateBlue	#6A5ACD
133	SlateGray	#708090
134	SlateGrey	#708090
135	Snow	#FFFAFA
136	SpringGreen	#00FF7F
137	SteelBlue	#4682B4
138	Tan	#D2B48C
139	Teal	#008080
140	Thistle	#D8BFD8
141	Tomato	#FF6347
142	Turquoise	#40E0D0
143	Violet	#EE82EE
144	Wheat	#F5DEB3
145	White	#FFFFFF
146	WhiteSmoke	#F5F5F5
147	Yellow	#FFFF00
148	YellowGreen	#9ACD32

图书资源支持

感谢您一直以来对清华版图书的支持和爱护。为了配合本书的使用,本书提供配套的资源,有需求的读者请扫描下方的"书圈"微信公众号二维码,在图书专区下载,也可以拨打电话或发送电子邮件咨询。

如果您在使用本书的过程中遇到了什么问题,或者有相关图书出版计划,也请您发邮件告诉我们,以便我们更好地为您服务。

我们的联系方式:

地　　址：北京市海淀区双清路学研大厦 A 座 714

邮　　编：100084

电　　话：010-83470236　010-83470237

客服邮箱：2301891038@qq.com

QQ：2301891038（请写明您的单位和姓名）

- -

资源下载：关注公众号"书圈"下载配套资源。

资源下载、样书申请

书　圈

获取最新书目

观看课程直播